人工智能
语音测试原理与实践

张 伟 / 著

清華大學出版社
北 京

内 容 简 介

本书主要介绍关于人工智能语音测试的各方面知识点和实战技术。全书共分为9章，第1章和第2章详细介绍人工智能语音测试各种知识点和人工智能语音交互原理；第3章和第4章介绍人工智能语音产品需求和评价指标及其相对应的验收标准；第5章介绍如何准备语音数据，包括准备方案和具体方法；第6～9章介绍人工智能语音测试涉及的4大模块，即黑盒测试、自动化测试、算法测试、性能测试。本书从理论概念到测试实践，从手工测试到自动化测试，内容翔实且丰富，其中的项目方案、范例和实战代码都是经过长时间验证的，可直接用于实际环境。

本书适合初中高级软件测试工程师，测试经理/总监、开发工程师以及人工智能语音测试爱好者阅读，也可以作为培训机构和大专院校的教学用书。

图书在版编目（CIP）数据

人工智能语音测试原理与实践/张伟著. —北京：清华大学出版社，2022.11

ISBN 978-7-302-62142-3

Ⅰ. ①人… Ⅱ. ①张… Ⅲ. ①人工智能－语音识别 Ⅳ. ①TN912.34

中国版本图书馆 CIP 数据核字（2022）第 204634 号

责任编辑：王金柱
封面设计：王　翔
责任校对：闫秀华
责任印制：朱雨萌

出版发行：清华大学出版社
网　　址：http://www.tup.com.cn，http://www.wqbook.com
地　　址：北京清华大学学研大厦 A 座　　**邮　　编**：100084
社 总 机：010-83470000　　**邮　　购**：010-62786544
投稿与读者服务：010-62776969，c-service@tup.tsinghua.edu.cn
质量反馈：010-62772015，zhiliang@tup.tsinghua.edu.cn
印 装 者：三河市君旺印务有限公司
经　　销：全国新华书店
开　　本：185mm×235mm　　**印　　张**：16.75　　**字　　数**：402 千字
版　　次：2022 年 12 月第 1 版　　**印　　次**：2022 年 12 月第 1 次印刷
定　　价：89.00 元

产品编号：096262-01

前　言

人工智能（AI）是当前最热门的领域，也是未来社会发展的方向。如同第一次工业革命的蒸汽机、第二次工业革命的发电机、第三次工业革命的计算机和互联网，人工智能绝对是推动第四次工业革命的决定性力量。人工智能不仅能够解放人力提高工作效率，推动社会生产力的发展，而且能够降低人为错误，提供更加智能的解决方案。

人工智能的研究方向和应用主要包括两个方面，即语音和图像，本文主要讲解的就是人工智能语音方面的知识。人工智能语音主要包括3大语音技术：一是语音识别技术，这是人工智能语音的核心技术，是机器自动将人的语音转成文字的技术；二是自然语言处理技术，相当于人的“大脑”主抓思考学习任务，是机器分析、理解和处理自然语言的技术；三是语音合成技术，相当于人的“嘴巴”主要负责说话，是机器将任意文字信息转化为语音并播报的技术。

人工智能语音测试主要就是针对这3大语音技术的测试，本书根据不同的知识结构将内容划分为9章，分别为人工智能语音测试介绍、AI语音交互原理介绍、AI语音产品需求和适用场景、AI语音产品评价指标和行业标准、语音数据准备、AI语音产品黑盒测试、AI语音产品自动化测试、AI语音算法测试、AI语音性能测试。

第1章是人工智能语音测试入门篇，主要介绍什么是人工智能、人工智能语音、人工智能语音测试，详细讲解人工智能发展历程以及演变历史。

第2章主要介绍AI语音交互原理，以及AI语音交互的流程，详细讲解从语音收集开始，经过语音识别技术、自然语言处理技术，最后通过语音合成技术完成整个AI语音交互。

第3章是讲解AI语音当前落地的产品和应用方案，并且详细介绍这些AI语音产品的具体需求和适用场景，方便测试人员分析了解AI语音产品。

第4章介绍AI语音产品的评价指标和行业标准，主要针对AI语音技术，即语音唤醒技术、语音识别技术、自然语言处理技术、语音合成技术等。

第5章重点讲解语音数据准备。工欲善其事，必先利其器，要想进行AI语音测试，首先需要准备“语音数据文本”。本章详细介绍如何准备语音数据，以及准备语音数据需要注意的各项知识。

第6章主要介绍AI语音产品黑盒测试，这是AI语音测试的重点之一，包含AI语音效果测试、AI语音基础功能测试、AI语音特性功能测试等。

第7章是讲解AI语音测试的另一个重点“自动化测试”，主要针对AI语音交互涉及的3大语音技术进行自动化测试，包括语音唤醒自动化测试、语音识别自动化测试、自然语言处理自动化测试。

第8章主要介绍AI语音算法测试，这是人工智能语音测试的核心，也是难点。本章详细讲解AI语音算法测试的应用、分类、方法以及方案，并以NLP分类算法模型为例介绍AI语音算法测试的各个环节和重点步骤。

第9章是本书的最后一章，主要介绍AI语音测试的最后一个重点内容“性能测试”，主要从AI语音应用和AI语音服务两个方面详细讲解如何进行性能测试、各种性能测试方法以及性能测试的各项重点和注意事项。

为方便读者学习本书，本书提供了源代码，可以扫描以下二维码下载：

如果下载有问题，请发送电子邮件到booksaga@126.com，邮件主题为“人工智能语音测试原理与实践”。

本书既适合从事测试工作的读者，也适合产品人员、开发人员和爱好人工智能语音测试的人员使用。

限于笔者水平，书中内容难免存在不足和疏漏之处，恳请业界高手与专家批评指正。

张伟

2022.6.5

目　录

第 1 章

人工智能语音测试介绍

1

本章首先介绍语音的基本概念及语音的产生原理，然后介绍什么是人工智能语音、人工智能语音交互和人工智能语音测试，最后阐述人工智能语音测试的目的和意义，引领大家走入人工智能语音测试的世界。

1.1 语音简介

语音是语言的物质材料，是由人的发声器官发出的具有一定语法和意义的声音。学习人工智能语音测试，了解语音的基本概念非常必要。

1.1.1 语音的基本概念

1. 音素

语音中最小的基本单位是音素，音素是人类能区分一个单词和另一个单词的基础。音素构成音节，音节又构成不同的词和短语。音素分为元音和辅音。对汉语来说，一般直接用全部声母和韵母作为音素集。对英语来说，一般使用卡内基梅隆大学的一套由39个音素构成的音素集。比如，“普通话”3个字，可以分成“p, u, t, o, ng, h, u, a”8个音素。

2. 音节

一个音素单独存在或几个音素结合起来，叫作音节。可以从听觉上区分，汉语一般是一字一音节，少数的有两字一音节（如“花儿”）和两音节一字，如表1-1所示。

表 1-1 音节说明

序 号	单 元 名	说 明
1	音节	汉语：1300 个音节，408 个无调音节
2		汉语是单音节语音，英语是多音节语音
3		汉语音节由 3 部分组成：声母（23 个）、韵母（28 个）、声调（4 声）

3. 元音

元音又称母音，是音素的一种，与辅音相对。元音是在发音过程中由气流通过口腔而不受阻碍发出的音。不同的元音是由口腔不同的形状造成的（元音和共振峰关系密切）。

4. 辅音

辅音又称子音，是气流在口腔或咽头受到阻碍而形成的音。不同的辅音是由发音部位和发音方法的不同造成的。

5. 清音

清音和浊音的概念在文献中涉及较多。严格来讲，很多特征的提取都需要区分清音和浊音。当气流通过声门时，如果声道中某处面积很小，气流高速冲过此处时产生湍流，当气流速度与横截面积之比大于某个临界速度便产生摩擦音，即清音。简单来说，发清音时声带不振动，因此清音没有周期性。清音由空气摩擦产生，在分析研究时等效为噪声。

6. 浊音

在语音学中，将发音时声带振动的产生音称为浊音。辅音有清有浊，而多数语言中的元音均为浊音。浊音具有周期性。发清音时声带完全舒展，发浊音时声带紧绷，在气流作用下进行周期性动作。

7. 声强和声强级

在物理学中，把单位时间内通过垂直于声波传播方向的单位面积的平均声能称为声强。声强用I表示，单位为瓦/平方米。实验的研究表明，人对声音强弱的感觉并不与声强呈正比，而是与其对数呈正比，所以一般声强用声强级来表示，声强级的常用单位是分贝（dB）。

8. 响度（俗称音量）

响度是一种主观心理量，是人类主观感觉到的声音强弱程度。一般来说，声音频率一定时，声强越强，响度也越大。但是响度与频率有关，相同的声强，频率不同时，响度也可能不同。响度若用对数值表示，即为响度级，响度级的单位定义为方，符号为phon。

9. 音高（俗称音调）

音高也是一种主观心理量，是人类听觉系统对于声音频率高低的感觉，音高的单位是美尔（Mel）。声音的高低（高音、低音）由“频率”决定，频率越高，则音调越高（频率单位为Hz）。

10. 音色（俗称音质）

音色也是一种主观心理量，是人类听觉系统对于声音品质的感觉。声音的波形决定了声音的音色。声音因不同物体材料的特性而具有不同特性，音色本身是一种抽象的东西，波形是把这个抽象的东西直观地表现出来。音色不同，则波形不同。典型的音色波形有方波、锯齿波、正弦波，脉冲波等。不同的音色，通过波形完全可以分辨。

11. 共振峰

共振峰是指在声音的频谱中能量相对集中的一些区域，共振峰不但是音质的决定因素，而且反映了声道（共振腔）的物理特征。

元音和响辅音声谱包络曲线上的峰巅位置。共振峰的本义是指声腔的共鸣频率。在元音和响辅音的产生中，声源谱经过声腔的调制，原来谐波振幅不再随频率的升高而依次递减，而是有的加强，有的减弱，形成有起伏的新的包络曲线，曲线峰巅位置的频率值和声腔共鸣频率是一致的。就元音来说，头三个共振峰对其音色有决定性的影响。其中头两个共振峰对舌位的高低前后特别敏感，声学元音图就是根据这两个共振峰的频率值绘制的。共振峰三维语图上表现为能量集中的横杠。

共振峰是反映声道谐振特性的重要特征，它代表了发音信息的最直接的来源，而且人在语音感知中利用了共振峰信息。所以共振峰是语音信号处理中非常重要的特征参数，已经广泛地用作语音识别的主要特征和语音编码传输的基本信息。共振峰信息包含在频率包络之中，因此共振峰参数提取的关键是估计自然语音频谱包络，一般认为谱包络中的最大值就是共振峰。

共振峰参数包括共振峰频率、频带宽度和幅值，共振峰信息包含在语音频谱的包络中。

12. 基音周期

（1）基音周期的概念

人在发音时，声带振动产生浊音（清音由空气摩擦产生）。浊音的发音过程是：来自肺部的气流冲击声门，造成声门的一张一合，形成一系列准周期的气流脉冲，经过声道（含口腔、鼻腔）的谐振及唇齿辐射最终形成语音信号。故浊音波形呈现一定的准周期性。所谓基音周期，就是对这种准周期而言的。它反映了声门相邻两次开闭之间的时间间隔或开闭的频率。

基音周期是语音信号最重要的参数之一，它描述了语音激励源的一个重要特征。基音周期信息在语音识别、说话人识别、语音分析与语音合成以及低码率语音编码等多个领域有着广泛的应用。

（2）基音周期的估算方法

基音周期的估算方法很多，比较常用的有自相关法、倒谱法（我们提取基频时用到的倒谱法）、平均幅度差函数法、线性预测法、小波—自相关函数法、谱减—自相关函数法等。

13. 语音识别中的“状态”

状态这里可以理解成比音素更细致的语音单位。通常把一个音素划分成3个状态。

1.1.2　语音的产生原理

了解了语音的基本概念后，接下来了解语音的产生原理，这其中包括发音器官、语音的产生过程以及语音的本质。

1. 发音器官

人体的语音是由人体的发音器官在大脑的控制下做生理运动产生的。人体的发音器官由三部分组成：肺和气管、喉、声道。肺是语音产生的能源所在。气管连接着肺和喉，是肺与声道的联系通道。喉是由一个软骨和肌肉组成的复杂系统，其中包含着重要的发音器官“声带”。声带为产生语音提供主要的激励源。声道是指声门（喉）至嘴唇的所有发音器官，包括咽喉、口腔和鼻腔。

2. 语音的产生流程

语音是由大脑对发音器官发出运动神经指令，控制发音器官各种肌肉运动，从而振动空气形成的。

语音的产生流程是空气由肺进入喉部，经过声带激励，进入声道，最后通过嘴唇辐射形成语音。

语音产生的流程图如图1-1所示。

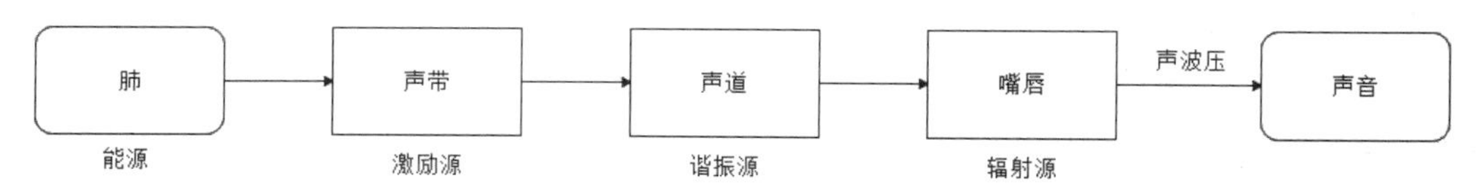

图 1-1　语音产生的流程图

3. 语音的本质

语音的本质是一种波，从信号的角度来看，不同位置的震动频率不一样，最后的信号是由基频和一些谐波构成的，如图1-2所示。

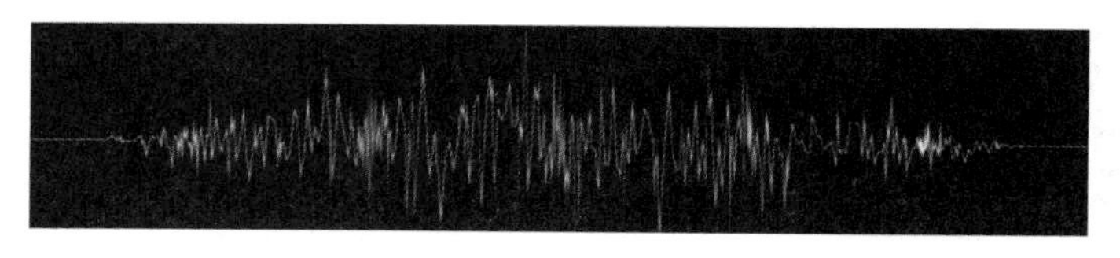

图 1-2　语音波形图

1.1.3　语音交互流程

人与人之间语音的交互过程实际上就是信息的传递与接受的过程，可分为编码、发送、传递、接收、解码5个阶段。

- 编码，就是发送人按语言规则编排相关词语。
- 发送，就是把思维成果变成话语，通过发音器官表达出来。
- 传递，就是通过空气等媒介传递，把话语传达给接受人。
- 接收，是接受人利用听觉器官感知对方所说的话的内容。
- 解码，是“还原”发送人的信息，理解对方话语的含义，从而完成信息的传递和接收。

如果接受人收到语音信息有所反馈，那么可以通过上述5个阶段再次发起交互，只是发送人与接受人的身份互换了。

1.2　人工智能简介

人工智能（Artificial Intelligence，AI，下文都以AI代指人工智能）是研究、开发用于模拟、延伸和扩展人的智能的理论、方法、技术及应用系统的一门新的技术科学。

人工智能是计算机科学的一个分支，它企图了解智能的实质，并生产出一种新的能以与人类智能相似的方式做出反应的智能机器，该领域的研究包括机器人、语言识别、图像识别、自然语言处理和专家系统等。

人工智能的发展之路充满着曲折起伏，大致可以分为以下6个阶段：

（1）起步发展期：1956年到20世纪60年代初。人工智能概念提出后，相继取得了一批令人瞩目的研究成果，如机器定理证明、跳棋程序等，掀起了人工智能发展的第一个高潮。

（2）反思发展期：20世纪60年代到70年代初。人工智能发展初期的突破性进展大大提升了人们对人工智能的期望，人们开始尝试更具挑战性的任务，并提出了一些不切实际的研发目标。然而，接二连三的失败和预期目标的落空（例如无法用机器证明两个连续函数之和还是连续函数、机器翻译闹出笑话等）使人工智能的发展陷入低谷。

（3）应用发展期：20世纪70年代初到80年代中。20世纪70年代出现的专家系统模拟人类专家的知识和经验解决特定领域的问题，实现了人工智能从理论研究走向实际应用、从一般推理策略探讨转向运用专门知识的重大突破。专家系统在医疗、化学、地质等领域取得了成功，推动人工智能走入应用发展的新高潮。

（4）低迷发展期：20世纪80年代中到90年代中。随着人工智能的应用规模不断扩大，专家系统存在的应用领域狭窄、缺乏常识性知识、知识获取困难、推理方法单一、缺乏分布式功能、难以与现有数据库兼容等问题逐渐暴露出来。

（5）稳步发展期：20世纪90年代中到2010年。由于网络技术特别是互联网技术的发展，加速了人工智能的创新研究，促使人工智能技术进一步走向实用化。1997年，国际商业机器公司（简称IBM）深蓝超级计算机战胜了国际象棋世界冠军卡斯帕罗夫，2008年，IBM提出了“智慧地球”的概念。以上都是这一时期的标志性事件。

（6）蓬勃发展期：2011年至今。随着大数据、云计算、互联网、物联网等信息技术的发展，泛在感知数据和图形处理器等计算平台推动以深度神经网络为代表的人工智能技术飞速发展，大幅跨越了科学与应用之间的“技术鸿沟”，诸如图像分类、语音识别、知识问答、人机对弈、无人驾驶等人工智能技术实现了从“不能用、不好用”到“可以用”的技术突破，迎来爆发式增长的新高潮。

1.2.1 机器学习简介

提起人工智能，我们不得不说说人工智能的核心“机器学习”，它是使计算机具有智能的根本途径。

机器学习是一门多领域交叉学科，涉及统计学、系统辨识、逼近理论、神经网络、优化理论、计算机科学、脑科学等诸多领域，专门研究计算机怎样模拟或实现人类的学习行为，以获取新的知识或技能，重新组织已有的知识结构，从而不断改善自身的性能。

1. 机器学习的基本思路

机器学习的基本思路主要包含如下3步：

（1）把现实生活中的任务抽象成“数学函数”，并且很清楚函数中不同参数的作用。

（2）通过数学方法对这个“数学函数”进行求解，从而解决现实生活中的任务。

（3）评估这个“数学函数”是否真正地解决了现实生活中的任务以及评估解决的效果如何。

通过以上思路步骤我们可以知道，现实生活中不是所有的任务都可以转换为“数学函数”，那些无法转换的任务人工智能就无法解决，所以机器学习的核心难点就是如何将现实任务转换为机器能够解决问题的“数学函数”。

2. 机器学习的原理

我们以学习认识汉字“一、二、三”为例，想要学会认识汉字，第一步需要看这个汉字是什么样的，我们可以通过书籍查看汉字“一、二、三”，并区分3个汉字之间的不同，即“一条横线的是一、两条横线的是二、三条横线的是三”。第二步不断重复上面的过程，学习认识汉字“一、二、三”，当重复的次数多了，我们大脑中就会记住汉字“一、二、三”，至此我们就学会了一个新技能——认识汉字“一、二、三”。

如果我们把上面的人类学习过程类比机器学习。

（1）通过书籍查看汉字“一、二、三”中的书籍在机器学习中叫作“训练数据集”。
（2）汉字的区别“一条横线的是一、两条横线的是二、三条横线的是三”叫作“特征”。
（3）我们不断重复学习的过程叫作“建模”。
（4）学会汉字后总结出认识汉字的规律叫作“模型”。

通过训练数据集不断识别特征，不断建模，最后形成有效的模型，这个过程就叫作“机器学习”。

3. 机器学习三要素

机器学习三要素主要包括：模型、策略、算法。指在指定的假设空间中，机器确定学习策略，通过优化算法去学习由输入到输出的映射。

（1）模型：在机器学习中，模型的实质是一个假设空间（Hypothesis Space），这个假设空间是“输入空间到输出空间所有映射”的一个集合。通俗点说模型就相当于一种函数。
（2）策略：机器学习的目标是获得模型的一个最优解，那如何评判模型的优劣？策略就是评判“最优解模型”（最优参数的模型）的准则或方法。
（3）算法：在机器学习中，算法就是对模型最优解的求解方法（等同于求解最优的函数参数）。

1.2.2　深度学习简介

深度学习是机器学习的一种，其概念源于人工神经网络的研究，我们平时所说的深度学习主要是指深度神经网络。人工神经网络（Artificial Neural Networks，ANNs）是一种模仿动物神经网络行为特征，进行分布式并行信息处理的算法数学模型。这种网络依靠系统的复杂程度，通过调整内部大量节点之间相互连接的关系，从而达到处理信息的目的。

通俗点说，人工神经网络就是由许多神经元组成的一个拥有输入层、输出层和隐含层的算法模型，其原理为：输入特征向量并通过隐含层变换到输出层，最后在输出层得到分类/回归结果，如图1-3所示。

人工神经网络按其模型结构大体可以分为前馈型网络（也称为多层感知机网络）和反馈型网络（也称为Hopfield网络）两大类，前者在数学上可以看作是一类大规模的非线性映射系统，后者则是一类大规模的非线性动力学系统。按照学习方式，人工神经网络又可分为有监督学习、非监督学习和半监督学习三类。按工作方式则可分为确定性和随机性两类。按时间特性还可分为连续型或离散型两类。

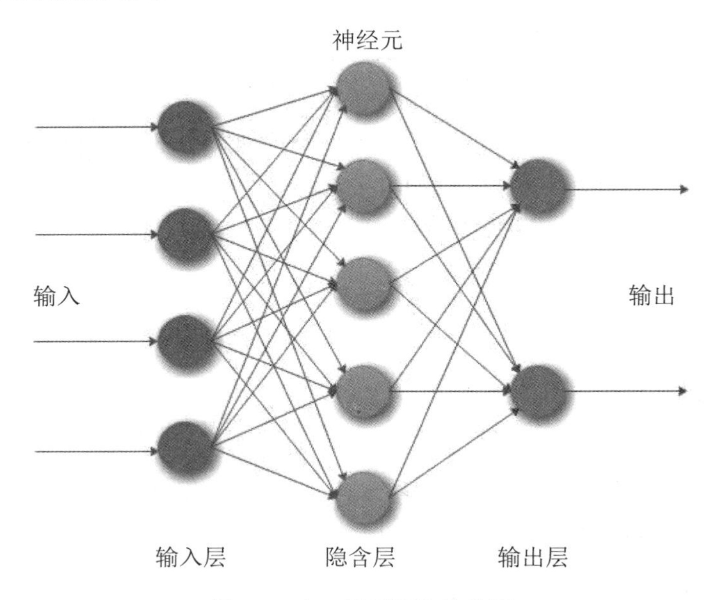

图 1-3　人工神经网络结构图

深度神经网络（Deep Neural Network，DNN）则是对于传统人工神经网络的“进化”，一般把隐含层大于等于4层的深度模型结构的人工神经网络称为“深度神经网络”，这样人工神经网络就有了“深度”，真正意义上有了智能学习的概念。

常见的深度神经网络模型主要包含如下5个模型：

1. 多层自编码器

假设DNN每一层的输出与输入是相同的，然后训练调整其参数，得到每一层中的权重，自然就得到了输入的几种不同表示（特征）。自动编码器就是一种尽可能复现输入信号的多层神经网络。逐层贪婪训练的方法就是针对多层自编码器的优化理论，我们要理解逐层贪婪训练是怎么解决BP算法的梯度弥散和局部最优的。

2. 深度置信网络

深度置信网络（Deep Belief Network，DBN）由多个限制玻尔兹曼机层组成一个概率生成模型，生成模型建立一个观察数据和标签之间的联合分布，对P（观测|标签）和P（标签|观测）都做了评估。一个DBN的连接是通过自顶向下的生成权值来指导确定的，这也是逐层贪婪训练的方法。

3. 卷积神经网络

卷积神经网络（Convolutional Neural Network，CNN）起先是针对图像数据进行建模的深度学习模型，通过权值局部共享来使得大型链接的网络计算可行。CNN包含特征提取层和特征映射层，特征提取主要是通过卷积和池化，卷积可以看作是不同的滤波器，而池化的目的是解决平移、扭转等图像特征不变性。特征映射一般采用全连接处理和softmax分类。CNN的特殊结构使得其在图像和语音识别应用中有着独特的优越性。

4. 循环神经网络

循环神经网络（Recurrent Neural Network，RNN）也被称为递归神经网络，主要用于处理序列时间关联的数据。RNN可以看成是DNN的一种变形，在DNN中的隐含层的输出在下一个时间戳上会作用到本层神经元上，即循环递归的概念。RNN可以很好地处理历史序列数据的应用模式，如自然语言处理。

5. 长短期记忆模型

长短期记忆模型（Long Short-Term Memory，LSTM）是RNN的改进，通过在隐含层上增加输入、输出和遗忘门，改变了历史数据对当前隐含层的影响方式，使得RNN中较远历史数据梯度弥散的问题得以解决。LSTM是现在语言翻译的重要应用模型。对于Sequence to Sequence应用场景，LSTM有着先天优势。

1.3 AI 语音简介

AI语音即人工智能语音技术，以语音识别技术为开端，实现人机语言的通信。通俗点说，通过语音这个媒介进行人与机器交互的技术就是人工智能语音技术。

从上文不难看出，AI语音其实就是将人与人之间的语音交互切换到人与机器的交互，发送人仍然是人，但接受人转换为机器了。

1.3.1 AI 语音技术简介

AI语音技术主要包含语音识别（Automatic Speech Recognition，ASR）、自然语言处理（Natural Language Processing，NLP）和语音合成（Text To Speech，TTS）3大技术。

（1）语音识别技术是自动将语音转化成文字的技术。

（2）自然语言处理技术是理解语音识别的文字并给出理解反馈的技术。

（3）语音合成技术是针对自然语言处理后的需要机器语音反馈的内容，进行文本转化成语音的技术（语音合成技术其实就是语音识别技术的逆过程）。

对标人与人之间的语音交互，我们把发送人想成发送语音命令的用户，接收人想成智能机器。这样语音识别技术就相当于语音交互的“接收”阶段，感知对方说话的内容。自然语言处理技术就相当于语音交互的“解码”阶段，理解对方话语的含义。语音合成技术则相当于“发送”阶段，把智能机器想说的话通过扬声器播放出来，反馈给用户。

1.3.2 AI 语音交互简介

当前AI语音技术的应用落地都采用人工智能语音交互方式，AI语音交互基于语音识别、自然语言处理和语音合成等技术，为企业在多种实际应用场景下赋予产品“能听、会说、懂你”式的智能人机交互体验，适用于多个应用场景中，包括智能问答、智能质检、法庭庭审实时记录、实时演讲字幕、访谈录音转写等场景，在金融、保险、司法、电商等多个领域均有实际应用案例。不仅仅是计算机、手机，人们的衣食住行等方方面面都开始应用出现不久的智能语音技术，如智能电视、智能导航、智能家居等，智能语音技术将在人们生活的各个方面提供更加方便快捷的服务。

如图1-4所示的Siri（苹果智能语音助手）、天猫精灵、百度地图智能助手都是目前成熟的AI语音产品，大家可能在生活中早就有接触。

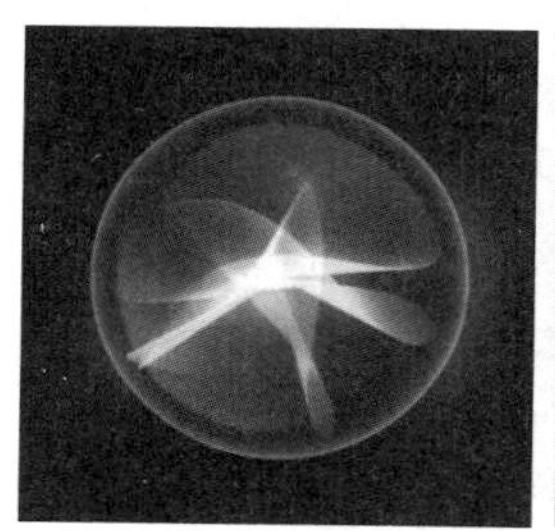  

图 1-4　AI 语音产品：Siri（苹果智能语音助手）、天猫精灵、百度地图智能助手

1.4 AI 语音测试简介

AI语音测试是针对人工智能语音交互的测试，人工智能语音交互一般包含语音识别技术、自然语言处理技术和语音合成技术3大部分，通俗地来讲，AI语音测试就是针对AI语音交互中这3大技术的测试。

1.4.1 AI 语音测试的价值

智能语音交互技术在移动互联网、智能家居、智能车载、智能客服、智慧教育、智慧医疗等领域已有着广泛的应用，随着人工智能时代的到来，智能语音交互作为最自然、最便捷的交互方式，将像水和电一样成为人们智能生活中不可缺少的一部分。

随着人工智能语音产品的普及，人工智能语音测试的意义和价值也会凸显出来，虽然当前除了主流的人工智能语音大厂需要专业的人工智能语音测试人员外，其他的公司暂时没有设置该岗位。但是根据各大招聘网站的信息，人工智能语音开发工程师的需求呈爆炸式增长，与之相对应的AI语音测试工程师在未来也会变得更加重要。

1.4.2　AI 语音测试的应用

AI语音测试应用主要包含3部分：AI语音识别测试应用、自然语言处理测试应用和语音合成测试应用。

- AI语音识别测试应用，主要关注语音识别（声波转换为文字）的正确率，考察和评估AI语音识别的效果。
- AI语音自然语言处理测试应用，主要关注自然语言处理（文本理解和处理）的正确率，考察和评估AI自然语言处理效果。
- AI语音合成测试应用，主要关注语音合成（文本合成语音）的正确率，考察和评估AI语音合成的效果。

本书将从以上3个方面来介绍AI语音测试的相关知识及其在实践中的应用。

1.5　本章小结

本章介绍了什么是语音、人工智能、人工智能语音和人工智能语音测试，并且详细地阐述了人工智能语音测试的价值和应用前景。由浅入深地向大家讲解了人工智能语音测试涉及的各方面的基础知识，为读者打开认识和了解人工智能测试的大门。

第 2 章

AI语音交互原理介绍

2

本章主要介绍AI语音交互的原理，包括语音交互的流程以及各流程节点所涉及的相关知识，如语音采集、语音识别、自然语言处理、语音合成等。

2.1 AI 语音交互

AI语音交互，通俗点说就是人与机器间进行语音理解和交互的过程。

AI语音交互流程是从用户输入语音信号开始，经过语音采集得到原始音频文件，再经过语音识别技术、自然语言处理技术，最后得到机器反馈的过程。

机器反馈一般分为两种：一种是只有文字反馈，即展示自然语言处理后的文字内容；另一种是语音反馈，语音反馈需要语音合成技术，将理解反馈文字信息并转化为声音播报出来。

AI语音交互的流程图如图2-1所示。

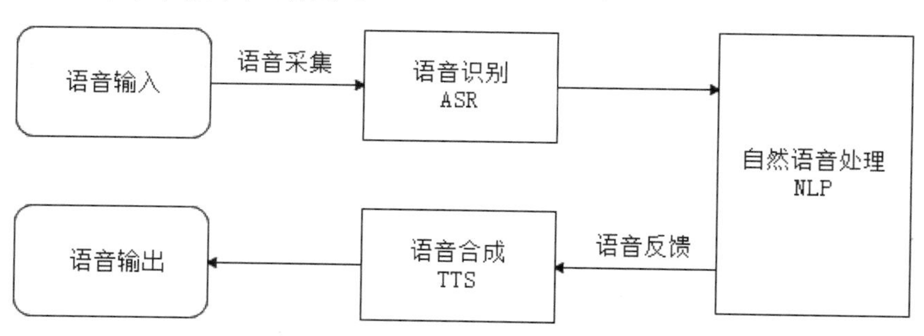

图 2-1 AI 语音交互流程

由图2-1可知，AI语音交互包括语音输入（语音采集）、语音识别、自然语言处理、语音合成和语音输出这样一个过程。

2.2　语音采集

语音采集是以麦克风拾音为开端，经过模拟信号数字化，最后生成原始音频文件的整个过程。

2.2.1　语音采集流程

语音采集流程主要包括如下3个步骤：

（1）麦克风拾音。

（2）模拟信号数字化。

（3）原始音频文件生成。

语音采集的流程图如图2-2所示。

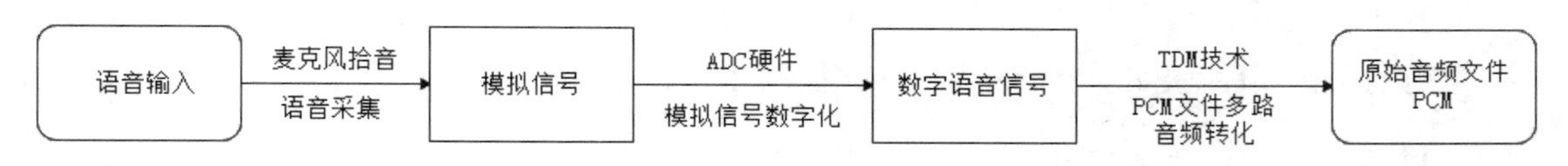

图 2-2　语音采集的流程

1. 麦克风拾音

人输入语音后，产品通过麦克风拾音生成原始模拟信号。

什么是原始模拟信号？一般我们把在时间（或空间）和幅度上都是连续的信号称为模拟信号。在时间上“连续”是指在任何一个指定的时间范围里声音信号都有无穷多个幅值。在幅度上“连续”是指幅度的数值为实数。

2. 模拟信号数字化

将麦克风拾音获取的原始模拟信号转化为数字语音信号的过程就是模拟信号数字化，其中主要包括以下3大步骤：

（1）采样

采样是指将时间轴上连续的信号每隔一定的时间间隔抽取出一个信号的幅度样本，把连续的模拟量用一个个离散的点表示出来，使其成为时间上离散的脉冲序列。

每秒钟采样的次数称为采样频率，用f表示。样本之间的时间间隔称为取样周期，用T表示，$T=1/f$。例如，CD的采样频率为44.1kHz，表示每秒钟采样44100次。

常用的采样频率有8kHz、11.025Hz、22.05kHz、15kHz、44.1kHz、48kHz等。

在对模拟音频进行采样时，采样频率越高，音质越有保证。若采样频率不够高，声音就会产生低频失真。那么怎样才能避免低频失真呢？著名的采样定理（Nyquist定理）中给出了明确的答案：要想不产生低频失真，采样频率至少应为所要录制的音频的最高频率的2倍。例如，电话话音的信号频率约为3.4kHz，采样频率就应该大于等于6.8kHz，考虑到信号的衰减等因素，一般取为8kHz。

（2）量化

采样的离散音频要转化为计算机能够表示的数据范围，这个过程称为量化。

量化的等级取决于量化精度，也就是用多少位二进制数来表示一个音频数据。量化精度越高，声音的保真度越高。比如一台计算机能够接收8位二进制数据，则相当于能够接收256个十进制数，即有256个电平数，用这些数来代表模拟信号的电平，可以有256种，但是实际上采样后的某一时刻信号的电平不一定和256个电平的某一个相等，此时只能用最接近的数字代码表示取样信号电平。

常用的采样精度为8bit/s、12bit/s、16bit/s、20bit/s、24bit/s等。

（3）编码

采样和量化后的信号还不是数字信号，需要把它转换成数字编码脉冲，这一过程称为编码。最简单的编码方式是二进制编码，即将已经量化的信号幅值用二进制数表示，计算机内采用的就是这种编码方式。

模拟音频经过采样、量化和编码后所形成的二进制序列就是数字音频信号。

3. 原始音频文件生成

我们可以将数字音频信号以文件的形式保存在计算机的存储设备中，这样的文件通常称为数字音频文件，到此原始音频文件生成。原始录音文件是一个未压缩的纯波形文件。在计算机应用中，能够达到最高保真水平的就是PCM（Pulse Code Modulation）编码，常见的WAV文件中就有应用。WAV文件中存储的除了一个文件头以外，就是声音波形的一个个点了。

图2-3是一个声音波形的示例。

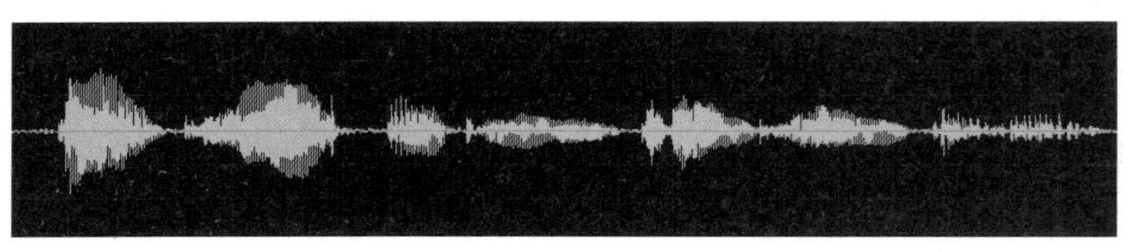

图 2-3　声音波形图

2.2.2　影响语音采集水平的因素

语音采集的水平高低严重影响后续语音识别结果的正确性，因此影响整体语音交互的效果。

一般影响语音采集水平的因素有如下几点：

1. 声源采样率

人类语音的频段集中于50Hz～8kHz，尤其在4kHz以下频段。常用采样率为8kHz（即0～4kHz频段）、16kHz（即0～8kHz频段）。

2. 采集设备：麦克风选型

（1）信噪比（Signal Noise Ratio，SNR）：建议信噪比≥74dB

信噪比衡量一段音频中语音信号与噪声的能量比，即语音的干净程度。分贝在15dB以上为基本干净，6dB为嘈杂，0dB为非常吵。

（2）灵敏度：建议灵敏度≥–33dB

灵敏度定义是在94dB的声压级（SPL）下，用1kHz正弦波进行测量，麦克风在该输入激励下的数字输出信号幅度。灵敏度是表示麦克风声电转换效率的重要指标。

由于人耳所感受到的响度与声功率呈对数关系，因此就用实际功率与参照功率（即0dB）的比值来表示专用级强度，由于这个数值比较小，通常用分贝作为单位，这样在数值上就扩大了10倍。

（3）气密性：建议气密性≥20dB

气密性主要指的是麦克风的封闭性，防止声变。气密性越好，麦克风拾音质量越好。

（4）总谐波失真

总谐波失真（Total Harmonic Distortion，THD）衡量在给定纯单音输入信号下输出信号的失真水平，用百分比表示。此百分比为基频以上所有谐波频率的功率之和与基频信号音功率的比值。

THD数值越大，输入波形的失真越严重，高次谐波越丰富。数值越小，失真越小，高次谐波占的分量越小。

THD要求：

近场应用（≤1m）要求：

- 100Hz～200Hz THD≤20%。

- 200Hz～400Hz THD≤14%。
- 400kHz～8kHz THD≤8%。

远场应用（≥3m）要求：

- 100Hz～200Hz THD≤8%。
- 200Hz～400Hz THD≤5%。
- 400kHz～8kHz THD≤3%。

3. 采集设备：麦克风阵列

当前市场上存在以下几种常见的麦克风阵列设计方案。

（1）双麦线性阵列设计，如图2-4所示。

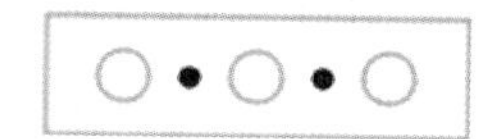

图 2-4　双麦线性阵列

（2）三麦环形阵列设计，如图2-5所示。

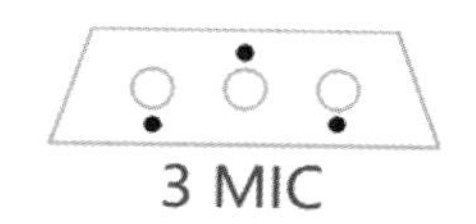

图 2-5　三麦环形阵列

（3）四麦线性阵列设计，如图2-6所示。

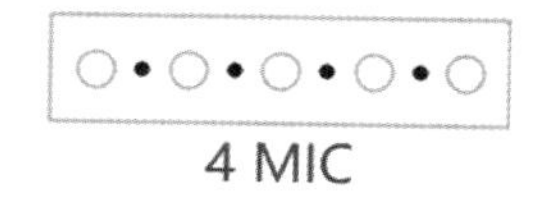

图 2-6　四麦线性阵列

（4）六麦球形阵列设计，如图2-7所示。

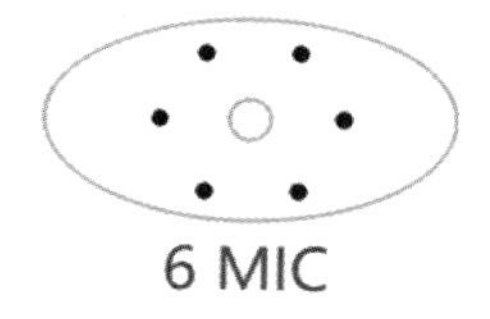

图 2-7　六麦球形阵列

分别说明如下：

（1）按阵列形状：线性、环形、球形麦克风。在原理上，三者并无太大区别，只是由于空间构型不同，导致它们可分辨的空间范围也不同。比如，在声源定位上，线性阵列只有一维信息，只能分辨180°。环形阵列是平面阵列，有两维信息，能分辨360°。球形阵列是立体三维空间阵列，有三维信息，能区分360°方位角和180°俯仰角。

（2）按麦克风个数：双麦、多麦。麦克风的个数越多，对说话人的定位精度越高，在嘈杂环境下的拾音质量越高。

（3）按适用场景。两麦线性阵列对芯片性能要求较低，支持0～180°角度的定位，适用于低成本的智能装备解决方案，支持回声消除和噪声抑制等功能。

四麦线性阵列适用于车载、空调、电视、应用型机器人等智能装备，支持0～180°角度的定位，支持回声消除和连续唤醒等功能。

六麦球形阵列的适用场景较为复杂（例如商场、办公室），对角度定位要求比较高，适用于回声消除和识别率要求较高的机器人和家居产品解决方案。

2.3　语音识别技术

语音采集后，接下来就需要进行AI语音中的一个重点任务“语音识别”，本节将详细介绍语音识别的原理和语音识别流程。

2.3.1　自动语音识别简介

语音识别技术是指机器自动将人的语音转成文字的技术，又称自动语音识别（Automatic Speech Recognition，ASR）技术。行业内常用“语音识别”来代指自动语音识别，后文都将使用这一代称。

语音识别按实际应用场景主要分为近场语音识别和远场语音识别。

2.3.2　近场语音识别

近场语音识别主要指手持产品这种场景，比如手机上的语音智能产品——讯飞输入法的语音输入功能，可拾音距离≤1m，正常拾音距离范围≤10cm。

近场语音识别流程，以讯飞输入法的语音输入为例：在近场识别中，用户是可以手动来对语音产品进行操控的，大概的流程如下：用户手动单击开始说话按钮→打开麦克风→交互界面显示出话筒和说话界面→产品系统同时开始检测人声→接收用户语音开始识别→若没有检测到声音或者声音连续x秒截止→检测识别流程结束。

近场语音识别交互流程图如图2-8所示。

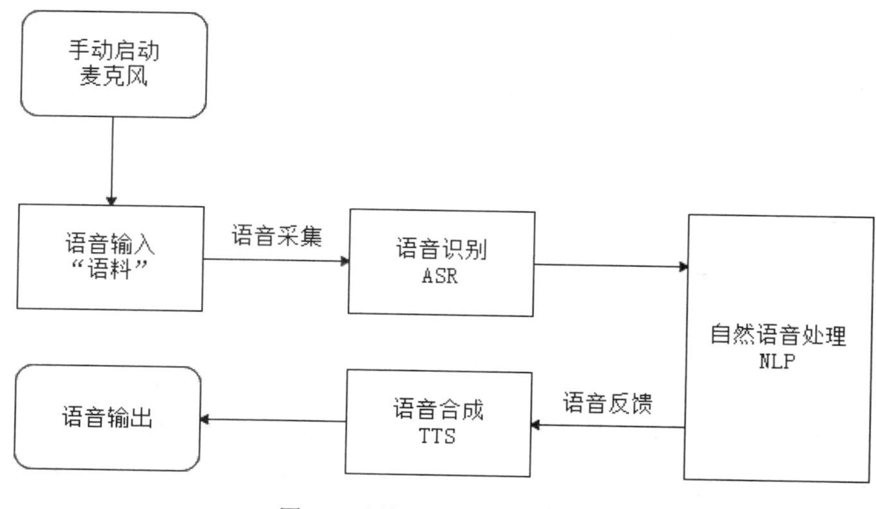

图 2-8　近场语音识别交互流程

说明 语料即语音材料，一般指语音文本内容，在AI语音交互中一般代指语音命令文本，比如“我想听刘德华的歌”就是一个语料。后文中提到的“语料”都采用这个解释。

2.3.3　远场语音识别

远场语音识别主要指“使用麦克风阵列前端处理算法”这种场景，可拾音距离一般≤10m，正常拾音距离范围为1m～5m。

远场语音识别相对于近场语音识别的区别：

- 远场语音识别需要借助语音激活检测（Voice Active Detection，VAD）和语音唤醒（Voice Trigger，VT）。
- 在近场语音识别中，用户是单击按钮后才开始说话的，单击操作起到了VT的效果，同时由于信噪比比较高，可以不需要借助VAD，通过简单的算法便可判断出是否有语音。

从用户的角度来说，真正意义上的语音识别是可以解放双手语音输入的，因此我们一般认为远场语音识别才是未来真正的人机交互方式。

远场语音识别交互流程图如图2-9所示。

本章主要以远场语音识别为主进行介绍。

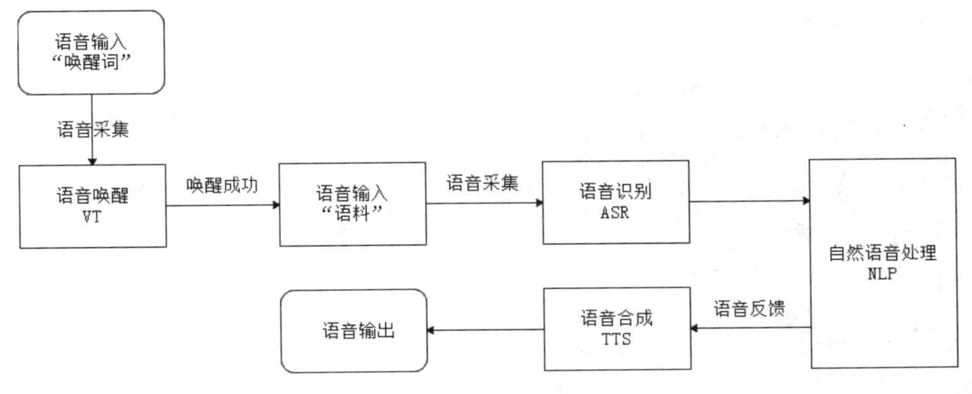

图 2-9　远场语音识别交互流程

2.3.4　语音识别流程

人工智能语音识别技术通过这几十年的发展，尤其是深度学习技术的大举应用，语音识别流程结构进行了一次重大的变化。

1. 传统语音识别流程

1990年到2010年，传统语音识别流程主要包含如下4个步骤：

- 预处理。
- 编码。
- 解码。
- 输出识别结果。

传统语音识别流程图如图2-10所示。

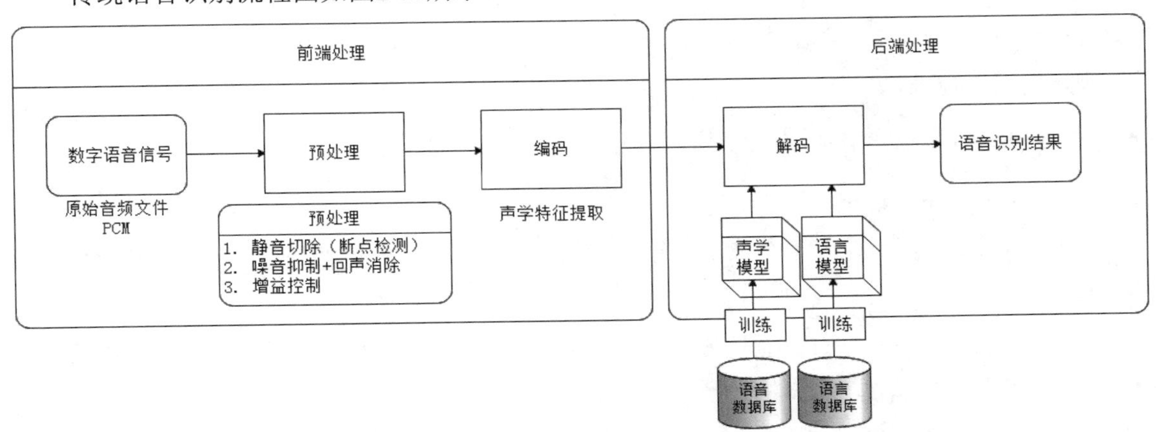

图 2-10　传统语音识别流程

2. 深度学习语音识别流程

2010年后，由于深度学习大火，并且在图像和语音领域取得了很大的成果，使得深度学习语音识别成为主流语音识别方式。深度学习语音识别主要有以下几种形式。

（1）Tandem 结构

基于DNN+HMM+GMM（深度神经网络+隐马尔科夫模型+混合高斯模型）的Tandem结构的语音识别技术出现在2011年前后。

Tandem结构和传统语音识别流程结构相比，使用DNN模型来提取声学特征，以此替换传统的声学特征提取方式。

Tandem结构的语音识别流程图如图2-11所示。

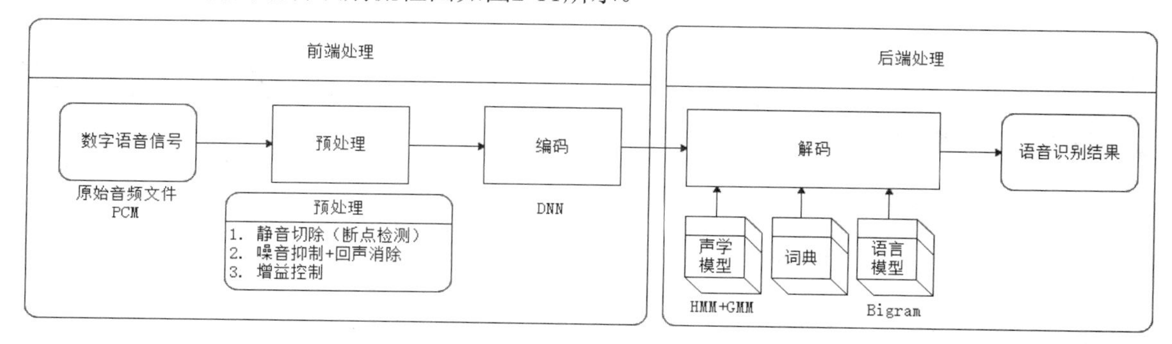

图 2-11 Tandem 结构深度学习语音识别流程

（2）Hybrid 结构

基于DNN+HMM（深度神经网络+隐马尔科夫模型）的Hybrid结构的语音识别出现在2013年前后。

Hybrid结构相对于Tandem结构的语音识别来说，使用DNN模型替换GMM模型，并且省略了声学特征提取步骤。

Hybrid结构的语音识别流程图如图2-12所示。

（3）Grapheme 结构

2015年前后，基于LSTM+CTC（长短时记忆网络+连接时序分类模型）的端到端语音识别受到了广泛关注。

Grapheme结构相对于Hybrid结构的语音识别来说，使用深度神经网络LSTM+CTC模型替换HMM+DNN模型。

Grapheme结构的语音识别流程图如图2-13所示。

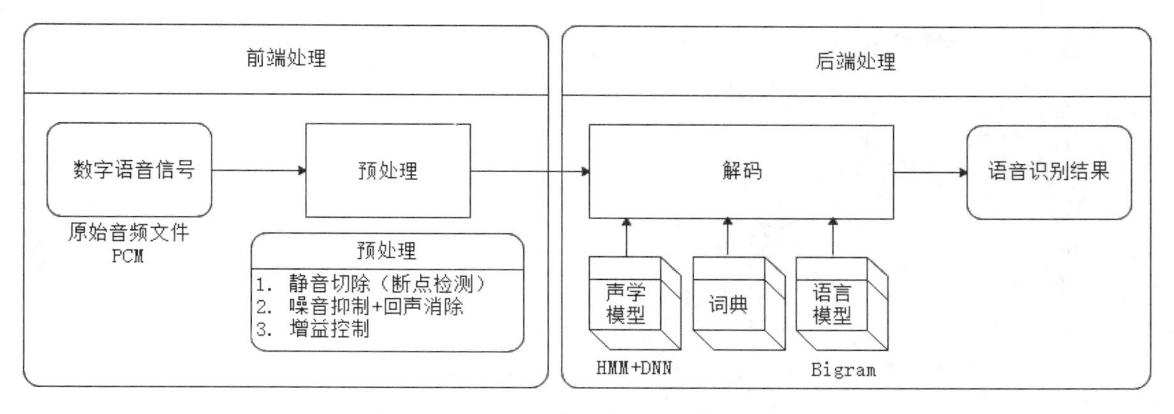

图 2-12　Hybrid 结构深度学习语音识别流程

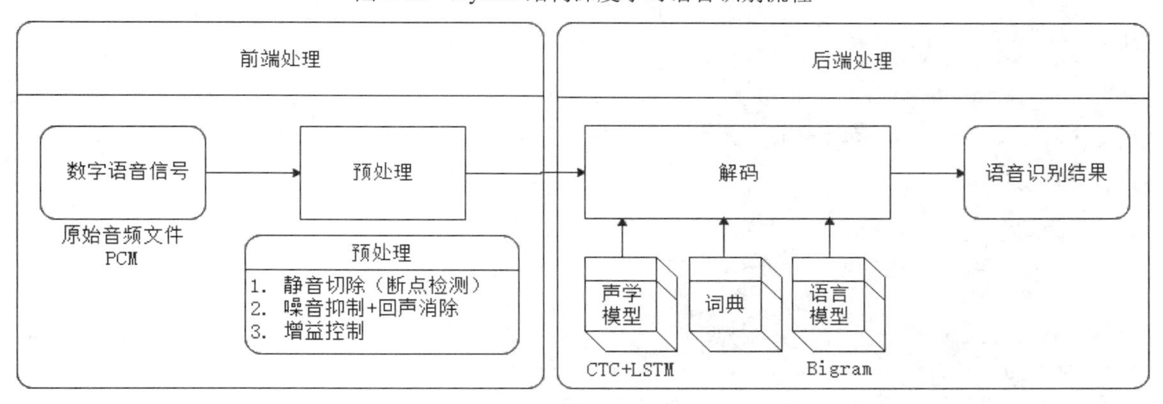

图 2-13　Grapheme 结构深度学习语音识别流程

2.3.5　语音预处理（语音增强）

语音预处理属于语音信号分析的前置过程，只有对数字语音信号进行一个比较干净、合理的预处理得到一个可信的数据后，才能对数字语音信号进行准确的分析。

1. 静音切除

静音切除（Voice Activity Detection，VAD）也叫语音激活检测，是指在语音信号中将语音和非语音信号时段区分开来，准确地确定出语音信号的起始点后，从连续的语音流中检测出有效的语音段。

主要包含两个方面：

- 检测出有效语音的起始点，即前端点。
- 检测出有效语音的结束点，即后端点。

以科大讯飞的VAD为例，vad参数说明如下：

```
"vad":{
"vad_enable":"1",
"engine_type":"meta",
"res_type":"assets",
"res_path":"vad/meta_vad_16k.jet",
"vad_eos": "1150",
"vad_bos":"8000",
},
```

（1）engine_type：vad引擎类型，取值：meta（模型vad）、fixfront（能量vad），默认值：meta。

（2）res_type：资源类型，取值：assets资源（APK工程的assets文件）、res资源（APK工程的res文件）、path资源（sdcard文件）。使用模型vad时必须设置。

（3）res_path：资源文件路径，使用模型vad时必须设置。

（4）vad_bos：设置语音前端点（静音超时时间），即用户多长时间不说话则当作超时处理（单位：ms）。

- 根据市场上的建议：可设置6s、8s、10s 3个段的说话录音时间。
- 前端超时时间范围：1000～10000（单位：ms）。

（5）vad_eos：设置语音后端点（后端点静音检测时间），即用户停止说话多长时间内即认为不再输入，自动停止录音。

- 根据市场上的建议：可设置范围为1000～2000（单位：ms）。
- 后端超时时间范围：0～10000（单位：ms）。

2. 背景噪声抑制

噪声专业说法为“噪音源”，一般分为平稳噪音和非平稳噪音。

- 平稳噪音：固定的噪音，比如风扇声、空调声等。
- 非平稳噪音：各种非固定的噪音，比如电视声、鸟叫声等。

通常采集到的音频都会有一定强度的背景音，这些背景音一般是背景噪音，当背景噪音强度较大时，会对语音应用的效果产生明显的影响，比如造成语音识别率降低、端点检测灵敏度下降等，因此在语音的前端预处理中进行背景噪声抑制（Automatic Noise Suppression，ANS）是很有必要的。

下面介绍背景噪声的抑制方法。

（1）针对平稳噪声

常用的手段是基于谱减法，根据平稳背景噪音频谱特征，选择在某一或几个频谱处幅度非常稳定，比如开始一小段背景是背景噪音，从起始背景噪音开始进行分组、Fourier变换，对这些分组求平均得到噪声的频谱，然后降噪过程就是在原始信号的基础上减去估计出来的噪声所占的成分，得出降噪后的语音。

（2）针对非平稳噪声

目前用得较多的是基于递归神经网络的深度学习方法（即RNNoise方法，用深度学习进行噪声抑制），通过长时间的深度学习方法来对噪声进行一个良好的评估，以此来搭建消噪模型算法，使用消噪模型得出降噪后的语音。

最后，效果上为了保证音质，噪声抑制是允许噪声残留的，只要比原始语音信号信噪比高，且听觉上失真无感知即可。

3. 回声消除

回声严格来说，这里不应该叫回声，应该叫“自噪声”，主要是指语音交互设备自己发出的声音。比如，智能设备播放音乐时，你语音输入一段话，这时候麦克风阵列实际上采集了正在播放的音乐和你的声音，显然语音识别无法识别这两类声音，而回声消除（Acoustic Echo Cancellation，AEC）是去掉其中的音乐信息而只保留人的声音的一项技术。

声学回声消除方法是，使用不同的自适应滤波算法调整滤波器的权值向量，估计一个近似的回声路径来逼近真实回声路径，从而得到估计的回声信号，并在纯净语音和回声的混合信号中除去此信号来实现回声的消除。

回声消除的原理图如图2-14所示。

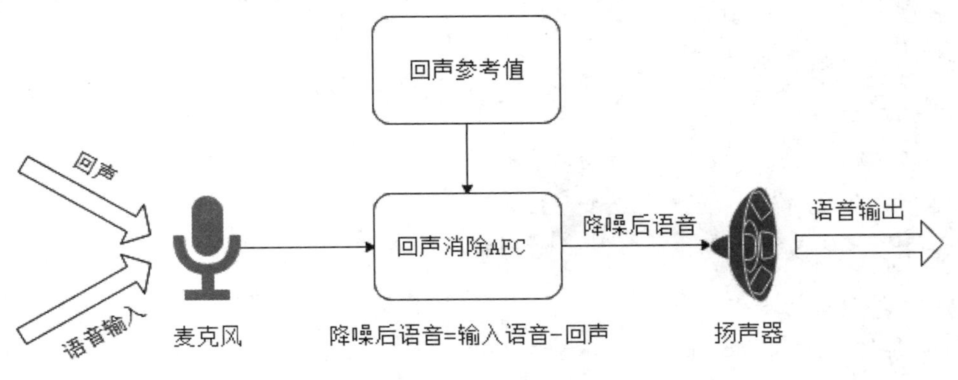

图 2-14　回声消除的原理图

回声消除常用AEC算法：

- 最小均方算法（Least Mean Square，LMS）。
- 归一化最小均方算法（Normalized Least Mean Square，NLMS）。
- 稀疏类自适应算法（Proportionate Normalized Least Mean Square，PNLMS）。
- 子带自适应滤波器（Subband Adaptive Filtering，SAF）。

4. 自动增益控制

自动增益控制（Automatic Gain Control，AGC）的作用是针对不同强度的信号使用不同的增益进行放大，使得信号最终的输出幅度维持在同一标准。

在通信系统中需要处理不同灵敏度范围的信号，这就需要系统对较大的信号进行衰减，对小信号进行放大。调节合适的增益，将信号调整到一个合适的范围，达到其最佳的解调效果。随着输入信号的不断变化，增益也随之变化，即AGC算法。

AGC算法的方法：

- 当弱信号输入时，线性放大电路工作，保证输出声信号的强度。
- 当输入信号强度达到一定程度时，启动压缩放大线路，使声输出幅度降低。

2.3.6 传统语音识别—编码（声学特征提取）

声学特征是指表示语音声学特性的物理量，也是声音诸要素声学表现的统称。例如表示音色的能量集中区、共振峰频率、共振峰强度和带宽，以及表示语音韵律特性的时长、基频、平均语音功率等。那么提取以上所说的声学特征就是“声学特征提取”。

1. 声学特征简介

（1）声学特征的要求

声学特征提取最重要的就是选择哪种声学特征，特征需要满足什么样的条件要求。

- 能将语音信号转换为计算机处理的语音特征向量。
- 能够符合或类似人耳的听觉感知特性。
- 在一定程度上能够增强语音信号、抑制非语音信号。

（2）声学特征的类别

以“特征提取过程的差异”为主要分类基准，表2-1列出了各类比较常见的声学特征。

表 2-1　声学特征的类型

类　型	特征名称	物理或音乐意义
能量特征	均方根能量	信号在一定时间范围内的能量均值
时域特征	起音时间	音符能量在上升阶段的时长
	过零率	信号在单位时间通过 0 点的次数
	自相关	信号与其沿时间位移后版本的相似度
频域特征	谱质心	信号频谱中能量的集中点，描述信号音色的明亮度，越明亮的信号能量越集中于高频部分，这样谱质心的值就越大
	Mel 频率倒谱系数	语音识别最常用的特征，该参数考虑了人耳对不同频率的感受程度，因此它也可以归类于感知特征
	频谱平坦度	量化信号和噪音间的相似度，该值越大，说明信号越有可能是噪音
	频谱通量	量化信号相邻帧间的变化程度
乐理特征	基音频率 f0	音高的频率
	失谐度	信号泛音频率与基音频率的整数倍间的偏离程度
感知特征	响度	人耳主观感受到的信号强弱
	尖锐度	高频部分能量越大，人耳感觉就越尖锐

（3）目前主流研究机构常用的特征

- Mel频率倒谱系数（Mel Frequency Cepstrum Coefficient，MFCC）。
- 能量特征。
- 线性预测倒谱系数（Linear Prediction Cepstrum Coefficient，LPCC）。
- 基频特征。
- 共振峰特征。
- 基于神经网络深度学习的特征。
- 短时过零率特征。

2. 声学特征提取流程

在语音识别领域中，MFCC序列是最常用的特征，MFCC特征提取就是把每一帧波形变成一个包含声音信息的多维向量的过程。

MFCC特征提取流程：

（1）预处理

先对语音信号进行预加重、分帧和加窗处理，以加强语音信号的性能（信噪比、处理精度等）。

（2）Mel 频谱转化

通过对语音信号进行快速傅里叶变换得到对应的频谱，再将频谱通过Mel滤波器组得到

Mel频谱。通过Mel频谱，将线形的自然频谱转换为体现人类听觉特性的Mel频谱。

（3）倒谱分析

对Mel频谱进行倒谱分析，得到MFCC语音特征。

MFCC特征提取流程图如图2-15所示。

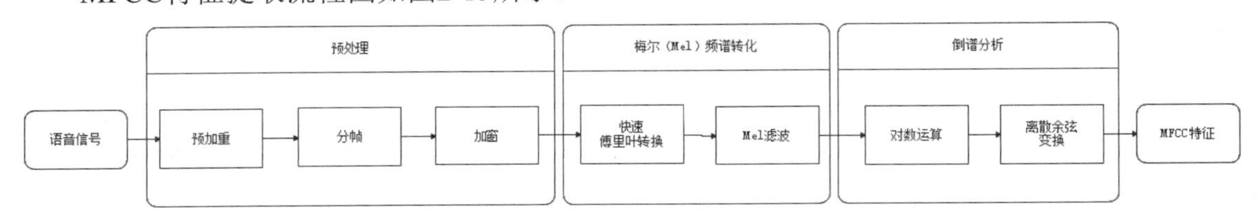

图 2-15　MFCC 特征提取流程图

3. 预处理

（1）预加重

为了消除发声过程中声带和嘴唇造成的效应，来补偿语音信号受到发音系统所压抑的高频部分，同时突显高频的共振峰，将语音信号通过一个一阶有限激励响应高通滤波器，使语音信号的频谱变得平坦，不易受到有限字长效应的影响。

（2）分帧

根据语音的短时平稳特性，语音可以用帧为单位进行处理。对预加重后的语音信号进行声音分帧，也就是把声音切开成一小段一小段（10ms～40ms），每小段称为一帧。为了避免相邻两帧的变化过大，因此会让两个相邻帧之间有一段重叠区域，通过移动窗函数来实现。

（3）加窗

采用汉明窗对每一帧进行语音加窗，以增加帧左端和右端的连续性，使帧和帧之间变得平滑，以此来减小吉布斯效应的影响。

4. Mel频谱转化

（1）快速傅里叶变换

由于信号在时域上的变换通常很难看出信号的特性，因此通常将它转换为频域上的能量分布来观察，不同的能量分布就代表不同语音的特性。快速傅里叶变换（Fast Fourier Transformation，FFT）就是将时域信号变换成频域信号的功率谱。

（2）Mel 滤波

由于MFCC的分析着眼于人耳的听觉特征，人耳所听到的声音高低与声音的频率并不呈线性正比关系，而用Mel频率尺度更符合人耳的听觉特性。用一组Mel频标上线性分布的三角窗滤波器（共24个三角窗滤波器）对语音信号的功率谱滤波，每一个三角窗滤波器覆盖的范围都近似于人耳的一个临界带宽，以此来模拟人耳的掩蔽效应。

5. 倒谱分析

（1）对数运算

对梅尔滤波的输出求取对数，可以得到近似于同态变换的结果。

（2）离散余弦变换

按照倒谱的定义，该步骤需要进行反傅里叶变换操作，然后通过低通滤波器获得最后的低频信号。由于滤波器之间是有重叠的，因此前面获得的能量值之间是具有相关性的，离散余弦变换（Discrete Cosine Transformation，DCT）还可以对数据进行降维压缩和抽象，获得最后的MFCC特征参数。

DCT后获得26个倒谱系数，取其中第2个到第13个系数作为MFCC特征参数，这个MFCC就是这帧语音的特征向量。

2.3.7　传统语音识别—解码

解码其实就是通过声学模型、字典和语言模型，将提取MFCC特征后的向量矩阵转换为识别结果文本的过程。

1. 解码流程

解码流程主要包含如下3个步骤：

（1）将MFCC特征通过“声学模型”得到音素。

（2）通过“词典”将音素拼接起来组成单词或者汉字。

（3）最后通过“语言模型”把单词整合成符合人类说话习惯的连续语音，得到识别结果文本。

解码流程图如图2-16所示。

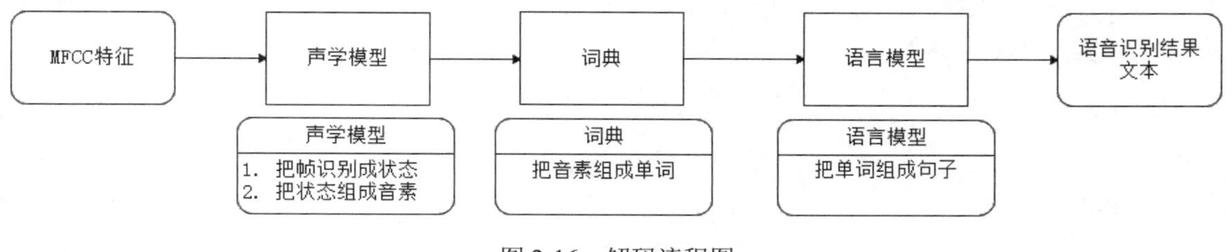

图 2-16　解码流程图

2. 声学模型

解码的目的是为了获取语音识别结果，我们知道，语音识别结果是由若干个单词组成的，一个单词是由若干个音素组成的，一个音素是由3个状态组成的，一个状态是由若干个帧组成的。也就是说，只要知道每帧语音对应哪个状态，语音识别结果就出来了。

那么，如何判断每帧对应哪个状态？有一个容易想到的办法，看这一帧对应哪个状态的概率最大，那这帧就属于哪个状态。那么每帧对应状态的概率从哪里获取？为此我们引入声学模型。

声学模型（Acoustic Model，AM）是人工智能语音领域的几大基本模型之一，它占据着语音识别任务中大部分的计算开销，并决定着语音识别的效果优劣。传统的声学模型一般使用混合高斯模型－隐马尔科夫模型（GMM-HMM），其中GMM用于对音素所对应的状态特征分布进行建模，HMM则用于对音素的时序性进行建模。

我们把机器当成一个刚出生牙牙学语的孩子，它并不知道哪个音素具体发出的声音是什么样子的。我们只能通过机器学习使用大量的数据去训练和教育它，比如说学习训练拼音“w”“ǒ”对应“我”的发音，这个过程就是GMM所做的，根据大量数据建立起“w”“ǒ”这个拼音对应的状态特征分布。但是通过GMM识别出来的结果会比较乱，因为一个人讲话的速度不一样，识别出的结果可能是...www_ǒǒ...。

这个问题可以用HMM来对齐识别结果，知道单词从哪里开始，从哪里结束，哪些内容是重复的、没有必要的，以此得到正确的识别结果。

HMM脱胎于马尔可夫链，马尔可夫链表示的是一个系统中，从一个状态转移到另一个状态的所有可能的转移概率。但在实际应用过程中，并不是所有状态都是可观察的，有些状态是隐藏的。对于这样的隐藏状态，我们可以根据另一种与之有关的可观察到的状态来推算获得。因此就有了隐马尔可夫模型。

那么，什么是转移概率？如图2-17所示，初始状态为第一个状态，那么它的下一状态还为第一个状态的概率为0.7，下一个状态为第二个状态的概率为0.3，这里的0.7和0.3就是从当前状态转移到下一个状态的概率，也就是转移概率。从图2-17中我们可以看到，待识别语音的每一帧与模型中的状态对齐之间也有一个概率，也就是0.016、0.028这些值，这些值可以由GMM计算得出，也就是观测概率。我们把GMM测得的观测概率和HMM的转移概率相乘，就得到了语音对齐方式的联合概率。

总的来说，声学模型就是将经MCFF特征提取的所有帧的特征向量转化为最大概率有序的音素输出。

3. 词典

词典是存放所有单词发音的集合，它可以把声学模型得到的音素拼接起来组成单词或者汉字。声学模型识别出音素，利用词典就可以查出单词或汉字。

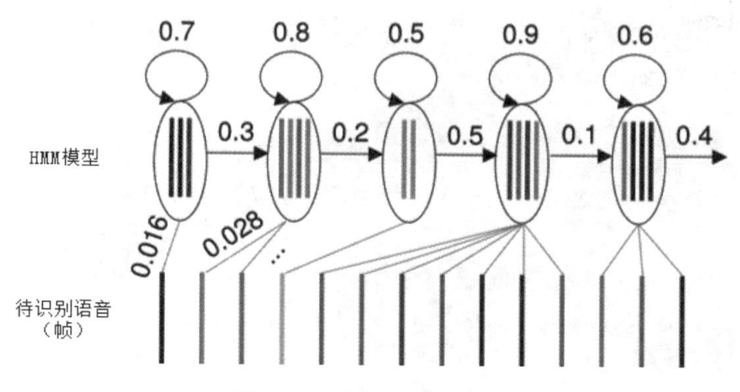

图 2-17　声学模型原理图

比如，在学习拼音“w”“ǒ”对应“我”的发音时，可能的转写“wo”“wv”和“vo”中，显然“wo”更频繁地出现在字典中，因此它可能就是正解。所以我们会选择“wo”作为最终结果，而不是其他的转写结果。

4. 语言模型

通过声学模型和词典就可以获得一个个单词或汉字，但是一般的语音交互都是连续的语音（即有意义的句子），那么，如何将识别出的单词或汉字组成有逻辑的句子，如何识别出正确的且没有歧义的单词，这些就用到语言模型（Language Model，LM）了。

语言模型是针对任意的词序列，计算出这个序列是一句话的概率。如何计算一句话的概率？在人类语言中，每一句话的单词之间有密切的联系，这些单词层面的信息可以减少声学模型上的搜索范围，有效地提高识别的准确性，要完成这项任务就必须用语言模型，它提供了语言中词之间的上下文信息以及语义信息。我们通常使用链式法则的概率论中的乘法公式，某一句话出现的概率等于第一个字出现的概率乘以已知第一个字出现的条件下第二个字出现的概率，再乘以已知前两个字出现的概率下第三个字出现的概率，以此类推。公式表示：

$$p(s)=p(w_1,w_2,w_3,\cdots,w_n)=p(w_1)\times p(w_2|w_1)\times p(w_3|w_1,w_2)\times p(w_n|w_1,w_2,w_3,...,w_{n-1})$$

比如：p（今天,学习,比较,枯燥）=p（今天）×p（学习｜今天）×p（比较｜今天,学习）×p（枯燥｜今天,学习,比较）。但是我们发现这个概率p（枯燥｜今天,学习,比较）的条件很长，其在语料库中出现的概率就会很小，例如“比较枯燥”是经常出现的，“学习比较枯燥”也会出现几次，但是“今天学习比较枯燥”可能在语料库中出现很少或者没有，这就导致了一个问题“数据的稀疏性”。

为了解决这个问题，我们引入了N-Gram语言模型。N-Gram语言模型表示每个词只与前N–1个词有关。如果每个词只与前1个词有关，那么称之为Bigram语言模型。公式表示：$p(w_n|w_1,w_2,w_3,\cdots,w_{n-1})=p(w_n|w_{n-1})$，比如$p$（枯燥｜今天,学习,比较）=$p$（枯燥｜比较）。

总的来说，语音模型就是根据语言本身的统计规律，通过大量文本训练，以此来获取最大概率的文本识别结果输出。

主流统计语言模型：

- N-Gram语言模型是最常用的统计语言模型，特别是二元语言模型（Bigram）、三元语言模型（Trigram）。
- 指数模型（Exponential Model）。
- 决策树模型（Decision Tree Model）。

5. 解码总结

解码，通俗地来说就是综合声学模型分数与语言模型分数的结果，将总体输出分数最高的词序列句子当作识别结果。或者说在输入语音的所有状态中搜索出一条最大累计概率的最佳路径。路径搜索的算法是一种动态规划剪枝算法，称为Viterbi算法，用于寻找全局最优路径。

解码计算累计概率示意图如图2-18所示。

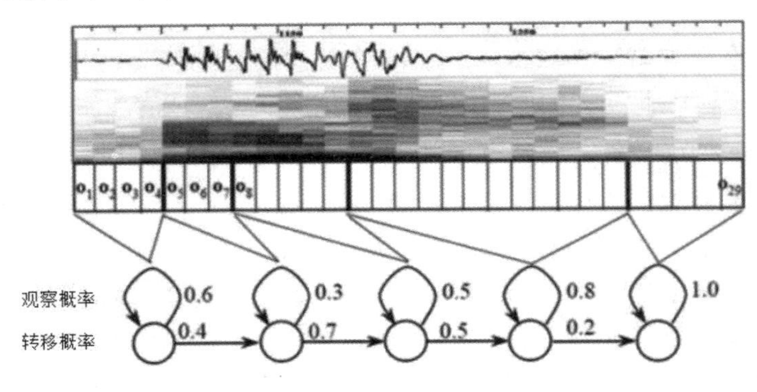

图 2-18 解码计算累计概率示意图

累计概率主要由3部分组成：

- 观察概率：每帧和每个状态对应的概率。
- 转移概率：每个状态转移到自身或者转移到下一个状态的概率。
- 语言概率：根据语言统计规律得到的概率。

其中，前两种概率从声学模型中获取（观察概率由GMM获取，转移概率由HMM获取），最后一种语言概率从语言模型中获取（主要使用Bigram模型）。

比如，我们先将语音输入的一句话分帧，通过GMM获取每帧对应状态的观察概率，再通过HMM获取相邻状态的转移概率，最后通过Bigram模型获取对应单词/汉字的语言概率，从而生成这句话的一个概率模型。

2.3.8 深度学习语音识别

深度学习语音识别其实就是使用深度神经网络模型替换传统语音识别的各节点的步骤，以此通过更简洁的方式获取识别结果，并提高识别成功率。

1. Tandem结构

相对于传统语音识别，在Tandem结构中，我们使用DNN来提取特征。

针对DNN的输入可以是“连续若干帧的滤波器组输出”或“语音信号波形”，输出是上下文有关因素的分布。这其实就是一个多分类的问题，如果上下文有关的因素有上千个，那么这就是一个千分类问题。因为DNN是监督学习，所以它需要目标输出值或者标签，通常这个标准答案是由GMM-HMM获得的。我们训练好DNN模型之后，从DNN的隐含层获取声学特征。传统的声学特征提取为13维的MFCC序列，我们在DNN中设置一个维度比较小的层，通常也就几十维，并以它作为语音信号的输出，得到的特征就可以代替MFCC序列。

使用DNN来提取特征，其优点在于DNN的输入可以采用连续的帧，因而可以更好地利用上下文的信息，以提升识别成功率。

2. Hybrid结构

Hybrid结构用DNN替换了GMM来对输入语音信号的观察概率进行建模。训练DNN-HMM模型之前，需要先得到每一帧语音在DNN上的目标输出值（标签）。为此需要通过事先训练好的GMM-HMM模型在训练语料上进行强制对齐。即要训练一个DNN-HMM声学模型，首先需要训练一个GMM-HMM声学模型，并基于Viterbi算法给每个语音帧打上一个HMM状态标签，然后以此状态标签训练一个基于DNN训练算法的DNN模型。最后用DNN替换GMM-HMM模型中计算观察概率的GMM部分，但保留转移概率等部分。

与传统的GMM采用单帧特征作为输入不同，DNN是将相邻的若干帧进行拼接来得到一个包含更多信息的输入向量。这样DNN相比GMM更加能够提升识别成功率。

3. Grapheme结构

相对于Hybrid结构的语音识别，Grapheme结构使用LSTM-CTC模型替换DNN-HMM模型。LSTM模型是RNN的改进，用以替换DNN-HMM模型中的DNN部分，CTC（Connectionist Temporal Classification，可以理解为基于神经网络的时序类分类）模型则替换另一部分HMM模型。

由于语音信号的非平稳性，我们只能做短时傅里叶变换，这就造成了一个句子会有很多帧，且输出序列中的一个词往往对应了好几帧，最终导致输出的长度远小于输入的长度。那么如何解决这个问题呢？为此引入了CTC模型的概念。CTC模型不需要对数据对齐和一一标注，这样就不用再依赖HMM模型，只需要一个输入序列（语音信号波形）和一个输出序列即可进行训练，直接输出序列预测的概率。

LSMT-CTC模型的运行原理图如图2-19所示（以“皮卡丘”为例）。

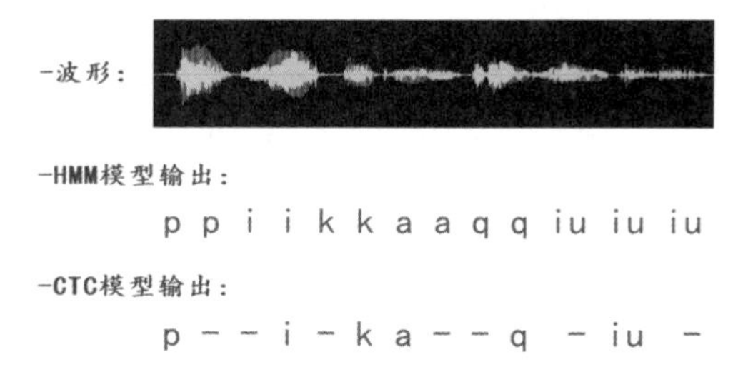

图 2-19 LSMT-CTC 模型的运行原理图

CTC模型相对HMM模型更简洁，不需要再逐帧判别，大部分输入帧的输出为空，小部分输入帧的输出为音素。

2.4 语音唤醒技术

针对远场语音识别场景，在AI语音产品周围环境的声音中有很多人的语音，比如家庭成员的对话声音、小孩子的吵闹声音、电视机里演员的说话声音。这么多的声音究竟哪一句话是AI语音需要识别响应的？为此就需要引进“语音唤醒”的概念。

2.4.1 语音唤醒简介

语音唤醒是在连续语流中实时检测出说话人特定片段的技术。通俗地讲，就相当于喊人的名字，你需要喊一下AI语音产品的名字，让它知道你接下来是在和它说话，然后它才对你说的话做出反应，那么你喊名字后它响应的过程就是“语音唤醒”过程。

2.4.2 语音唤醒流程

主要流程和语音识别流程差不多，区别在于是否采用词典+语言模型。

1. 不采用词典+语言模型

在解码的过程中，需要用到声学模型，以及唤醒词（产品定义）的发音，解码出来的是音素序列，然后与唤醒词音素序列匹配。

2. 采用词典+语言模型

需要用到声学模型、词典和语言模型，解码出来是文字，然后与唤醒词匹配。

3. 语音唤醒匹配结果

若匹配上，则将AI语音产品唤醒。

若匹配不上，则端点检测模块（VAD）继续检测下一次语音交互，其中VAD对降低功耗起着至关重要的作用。

2.5 自然语言处理技术

通过语音识别获取识别结果后，接下来就需要进行AI语音中另一个重点任务“自然语言处理”。本节将详细介绍自然语言处理的原理和自然语言处理的流程。

2.5.1 自然语言处理简介

自然语言是人类日常所使用的语言，是人类交际的重要方式，也是人类区别于其他动物的本质特征。

自然语言处理（Natural Language Processing，NLP）是以自然语言为对象，利用机器来分析、理解和处理自然语言的技术，主要包括自然语言理解（Natural Language Understanding，NLU）、对话管理（Dialog Management，DM）和自然语言生成（Natural Language Generation，NLG）三部分。

自然语言处理按实际应用场景主要分为单轮对话场景和多轮对话场景。

单轮对话场景一般表现为一问一答的形式，用户提出问题或发出请求，系统识别用户的意图，做出回答或执行特定操作。单轮对话也强调自然语言理解，但一般不涉及上下文、指代、省略或隐藏信息，相对来说实现难度更低，产品的应用也更加成熟可靠。

多轮对话场景与单轮对话相比，多轮对话的模式通常表现为有问有答的形式。在对话过程中，机器人也会发起询问，而且在多轮对话中，机器人还会涉及“决策”的过程，与单轮对话相比会显得更加智能，应用场景也更加丰富多样。

2.5.2 自然语言处理流程

根据不同的实用场景，自然语言处理流程也会有所不同。

1. 单轮对话场景

单轮对话场景，其自然语言处理流程主要包含以下两步：

（1）自然语言理解（NLU）。

（2）自然语言生成（NLG）。

单轮对话—自然语言处理流程图如图2-20所示。

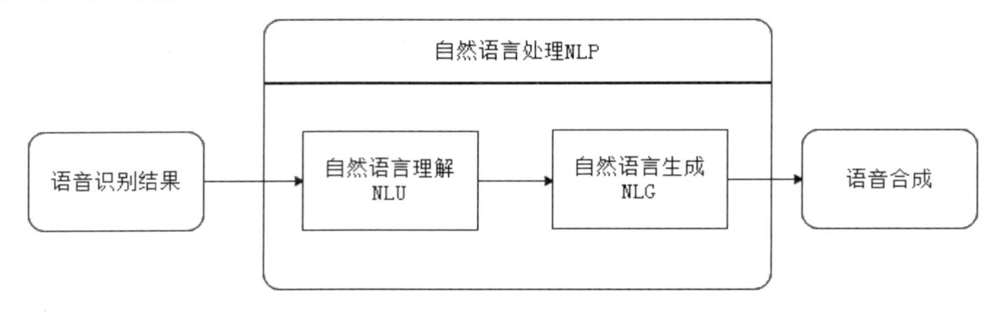

图 2-20　单轮对话—自然语言处理流程

2. 多轮对话场景

多轮对话场景中，其自然语言处理流程主要包含以下3步：

（1）自然语言理解（NLU）。
（2）对话管理（DM）。
（3）自然语言生成（NLG）。

多轮对话—自然语言处理流程图如图2-21所示。

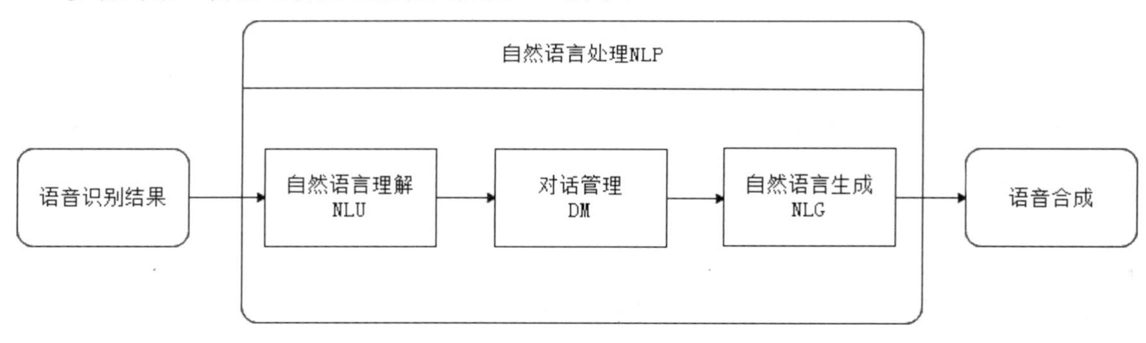

图 2-21　多轮对话—自然语言处理流程

2.5.3　自然语言理解

自然语言理解是自然语言处理的重要一环，本节将详细介绍自然语言理解的流程和方法。

1. 自然语言理解简介

在人机交互过程中，机器人理解人诉求的环节使用的技术就是自然语言理解。自然语言理解的主要目的就是理解文本，提取有用的信息，得出机器可读的语义表示。

2. 自然语言理解流程

自然语言理解流程若按照内容特征可划分为词法分析、语法分析、语义分析。若按照分析对象粒度可划分为词汇级、句子级、篇章级。

本文主要是以中文理解来介绍，按照内容特征分析，分析对象粒度为句子级。

中文理解的流程主要包含3部分：

（1）词法分析。
（2）语法分析。
（3）语义分析。

中文理解的流程图如图2-22所示。

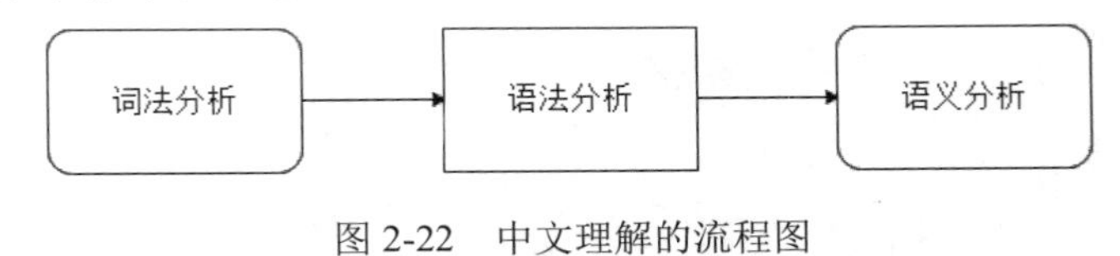

图 2-22　中文理解的流程图

3. 词法分析

词法分析是自然语言处理的技术基础，也是自然语言理解过程的第一层，因此词法分析的性能直接影响后面语法和语义分析的成果，主要包括中文自动分词、词性标注、中文命名实体识别、去停用词。

（1）中文自动分词

中文自动分词就是将中文语料切成词语串。现有分词的技术算法分为4大类：基于词典的分词方法、基于统计的分词方法、基于语义的分词方法、基于理解的分词方法。

当前主流的方法还是基于词典进行分词，它是按照一定的策略将待分析的汉字串与一个“充分大的”机器词典中的词条进行匹配。若在词典中找到某个字符串，则匹配成功。该方法有三个要素，即分词词典、文本扫描顺序和匹配原则。文本的扫描顺序有正向扫描、逆向扫描和双向扫描。匹配原则主要有最大匹配、最小匹配、逐词匹配和最佳匹配。匹配方法主要包括正向最大匹配、逆向最大匹配、双向最大匹配。

语料：“召开大学生运动会”，分别通过三种分词算法进行切分。

① 正向最大匹配：从左到右切分

第一轮取词

第1次：“召开大学生运动会”扫描词典，无匹配

第2次："召开大学生运动"扫描词典，无匹配

……

第7次："召开"扫描词典，匹配

第二轮取词

第1次："大学生运动会"扫描词典，无匹配

第2次："大学生运动"扫描词典，无匹配

……

第5次："大学"扫描词典，匹配

分词结果：召开 / 大学 / 生 / 运动 / 会。

② 逆向最大匹配：从右到左切分

第一轮取词：

第1次："召开大学生运动会"扫描词典，无匹配

第2次："开大学生运动会"扫描词典，无匹配

……

第8次："会"

第二轮取词：

第1次："召开大学生运动"扫描词典，无匹配

第2次："开大学生运动"扫描词典，无匹配

……

第6次："运动"扫描词典，匹配

分词结果：召开 / 大 / 学生 / 运动 / 会。

③ 双向最大匹配

将正向最大匹配和逆向最大匹配算法得到的结果进行比较，从而确定正确的分词方法，选择的依据如下：

- 大颗粒度词越多越好。
- 非词典词越少越好。
- 单字词越少越好。

（2）词性标注

在讲解词性标注前，我们需要了解什么是词性。词性指同一类词的语法特征，即其所具有的语法功能。中文词性主要分为实词、虚词、感叹词、拟声词4个大类。

（1）实词（有实际意义的词，能独立充当句子成分，即有词汇意义和语法意义），包括体词（名词、数词和量词）、谓词（动词和形容词）、加词（副词）和代词（一个比较特殊的词类，主要作用是替代，可替代名词、数词、量词、动词、形容词和副词。所替代的对象不同，语法功能就不同）。

（2）虚词（没有完整意义但有语法意义或功能的词。其必须依附于实词或语句来表示语法意义，不能单独成句、单独作语法成分、重叠），包括关系词（连词和介词）和辅助词（助词和语气词）。

（3）拟声词和感叹词不属于实词和虚词，同为特殊词类分类。其特点是在句子中通常不跟其他词发生结构关系。

概括如表2-2所示。

表 2-2　中文词性表

词性名称	英文全称	简　称	作　用	举　例
名词	noun	N	表示人和事物的名称的词	专用名词，如云南。抽象词，如思想。方位词，如上
动词	verb	V	表示人或事物的动作、行为、发展、变化的词	行为动词，如来。心理动词，如想。能愿动词，如能。趋向动词，如来。判断动词：如是
形容词	adjective	Adj	表示事物的形状、性质、颜色、状态的词	如高、死板、红色、红通通
副词	adverb	Adv	修饰、限制动词/形容词，表示时间、频率、范围、语气、程度等的词	如很、颇、极、十分、就、都、马上、立刻、曾经、居然、重新、不断
代词	pronoun	Pron	代替实词、短语的词	人称代词，如我。疑问代词，如：谁。指示代词，如这
介词	preposition	Prep	表示区分、限制等的词	如把、从、向、朝、为
连词	conjunction	Conj	在词、词组、句子之间用于连接和表示并列、选择、转折、承接、递进、因果、假设、条件等的词	如那么、所以、并且

（续表）

词性名称	英文全称	简　称	作　用	举　例
数词	numeral	Num	表示数目、顺序、倍数的词	基数词，如一。序数词，如第一。分数词，如十分之一。倍数词，如一倍。约数词，如几（个）
量词	quantifier	Qua	表示计算单位的词	单位量词，如个。度量量词，如寸。动量词，如次
助词	particle	Part	附加在词、短语、句子上起辅助作用的无实意的词	结构助词，如的。动态助词，如着。语气助词，如啊
拟声词	onomatopoeia	ono	字化动物、植物、天气等声音的词	如呜、汪汪、轰隆、咯咯、沙沙沙、呼啦啦
感叹词	interjection	Int	独立于其他句子成分的表示感叹、呼唤、应答的词	如喂、哟、嗨、哼、哦、哎呀

词性标注是对分词结果中的每个单词标注一个正确的词性，例如哪个词是名词、动词或形容词等。在汉语中，词性标注相对简单，因为大多数词语只有一个词性，或者出现频次最高的词性远远高于第二位的词性。

因此在词性标注时，一般先针对已存在的词库进行统计学处理，建立词性标注模型，进而通过概率判断每个词的词性。

词性标注举例：

语　　料：警察正在详细调查结果。

分词结果：警察/正在/详细/调查/结果。

词性标注：警察/N　正在/ADV　详细/ADJ　调查/V　结果N。

（3）中文命名实体识别

命名实体识别又称作“专名识别”，是指识别文本中具有特定意义的实体，主要包括人名、地名、机构名、专有名词等。

主要包括两部分：

- 实体边界识别。
- 确定实体类别（人名、地名、机构名或其他），例如，在“小明在夏威夷度假”中，命名实体有：“小明——人名”“夏威夷——地名”。

中文命名实体识别的技术方法主要分为基于规则和词典、基于统计、二者结合的方法。

① 基于规则和词典的方法

大多是由语言学专家构造规则模板，然后进行匹配。这个时候，词典和知识库的创建会直接影响命名实体的准确率。

举一个简单规则的例子：人名=“姓氏”+“名字”，那么分别建立“姓氏”“名字”库，如字串命中，则识别出包含人名的实体。

② 基于统计的方法

主要是通过对训练语料所包含的语言信息进行统计和分析，从语料中挖掘出特征。因此，这种方法对语料库的依赖比较大，而用来建设和评估命名实体识别系统的大规模通用语料库又比较少。

③ 二者结合的方法

目前几乎没有单纯使用统计模型而不使用规则知识的命名实体识别系统，在很多情况下是使用二者结合的方法：

- 统计学习方法之间或内部层叠融合。
- 规则、词典和机器学习方法之间的融合，其核心是融合方法技术。在基于统计的学习方法中引入部分规则，将机器学习和人工知识结合起来。
- 将各类模型、算法结合起来，将前一级模型的结果作为下一级的训练数据，并用这些训练数据对模型进行训练，得到下一级模型。
- 这种方法在具体实现过程中需要考虑怎样高效地将两种方法结合起来，采用什么样的融合技术。由于命名实体识别在很大程度上依赖于分类技术，在分类方面可以采用的融合技术主要包括Voting、XVoting、GradingVa、Grading等。

（4）去停用词

停用词通俗来说就是对文本没有任何明确意义的词或字，包括语气助词、副词、介词、连接词等，如呢、啊、吗等。

去停用词就是自动过滤这些词或字。通过维护一个停用词表，实际上是一个特征提取的过程，本质上是特征选择的一部分。

4. 语法分析

语法分析的目标是自动推导出句子的语法结构，实现这个目标首先要确定语法体系，不同的语法体系会产生不同的语法结构。常见的语法分析有完全句法分析、局部句法分析、依存关系语法分析。

依存关系语法分析：同样分为基于规则和基于统计两种方法，在基本自然语言的技术中，很多都是基于“词典 / 规则”+“统计”的方法。

① 基于规则的方法

优点在于：可以最大限度地接近自然语言的语法习惯，表达方式灵活多样，可以最大限度地表达研究人员的思想。

缺点在于：规则刻画的知识粒度难以确定，无法确保规则的一致性，获取规则同样是一个烦琐的过程。

② 基于统计的方法

目前是语法分析的主流技术，确定语法体系后，需要按照语法体系人工标注句子的语法结构，将其作为训练的语料。因此，语料库的建设是非常关键的。

5. 语义分析

语义分析是指分析语料文本中所包含的含义，根本目的是理解自然语言。

主要包含两部分：

- 文本分类。
- 意图识别。

按照语料内容分为词汇级语义分析、句子级语义分析、段落/篇章级语义分析，即分别理解词语、句子、段落的意义。

（1）文本分类

文本分类就是把文本按照一定的规则分门别类。“规则”可以由人来定，也可以用算法模型从“已有标签数据”中自动归纳。

文本分类流程主要包含两个部分：

- 文本特征提取。
- 分类模型构建。

① 文本特征提取

文本特征提取是把经过词法分析和语法分析处理后的分词文本表示成能被机器计算的特征向量。其实现原理基本和声学特征提取原理一致，大家可以参考声学特征提取流程。常见的文本特征提取方式主要有词袋模型（BOW）、TF-IDF文本特征提取、基于词向量的特征提取模型（Word2Vec、GloVe、ELMo、BERT）。

我们以Word2Vec模型为例，Word2Vec是基于大量的文本语料库，通过深度学习神经网络模型训练，将每个词语映射成一定维度的向量，维度在几十到百维之间，这样每个向量就代表着这个词语，以此形成对应关系，最后词语之间语义和语法的相似度都可以通过向量的相似度来表示。

常用的Word2Vec主要是CBOW和Skip-Gram两种模型，这两个模型实际上就是一个三层的神经网络。CBOW模型的核心思想是从一个句子里面把一个词抠掉，用这个词的上文和下文去预测被抠掉的这个词。Skip-Gram模型的核心思想和CBOW正好相反，其对于输入的单词，要求神经网络预测它的上下文单词。

② 分类模型构建

传统机器学习算法中能用来分类的模型都可以用，常见的有NB模型、随机森林模型（RF），SVM分类模型、KNN分类模型等。

深度学习文本分类模型：

- FastText模型：对句子中所有的词向量进行平均（某种意义上可以理解为只有一个avg pooling的特殊CNN），然后直接连接一个softmax层进行分类。
- TextCNN模型：利用CNN来提取句子中类似n-gram的关键信息。
- TextRNN模型：Bi-directional RNN（实际上使用的是双向LSTM）从某种意义上可以理解为捕获变长且双向的n-gram信息。
- TextRNN + Attention模型：注意力（Attention）机制是自然语言处理领域一个常用的建模长时间记忆机制，能够很直观地给出每个词对结果的贡献，基本成了Sequence-to-Sequence（Seq2Seq）模型的标配。

（2）意图识别

意图识别是通过分类的办法将句子或者我们常说的请求语料内容（query）分到对应的意图种类，其本质还是文本分类任务。

意图识别的方法分为基于词典和规则模板的方法，以及基于深度学习的分类方法。

① 基于词典和规则模板的方法

基于词典和规则模板的方法需要基于分词、词性标注、命名实体识别、依存句法分析、语义分析才能完成，而且数据中使用的也是字典形式，这样查询速度较快。

不同的意图会有不同的领域词典，比如书名、歌曲名、商品名等。当一个用户的意图来了以后，我们根据意图和词典的匹配程度或重合程度来进行判断，最简单的一个规则是哪个领域（domain）的词典重合程度高，就将该query判别给这个领域。

② 基于深度学习的分类方法

意图识别其实就是一个分类任务，针对垂直产品的特点定义不同的意图类别。对于用户输入的query，根据统计分类模型计算出每一个意图的概率，最终给出请求的意图。常见的深度学习意图识别模型：LSTM + Attention模型。

6. 语义表示

通过以上词法、语法、语义分析后，获取中文语言的语义表示（semantic representation）。

语义表示主要有3种方式：分布语义、框架语义、模型论语义。

当前常用的语义表示是框架语义（frame semantic）表示的一种变形，采用领域（domain）、意图（intent）和属性槽（slots）来表示语义结果。相对应的就是自然语言理解的三个重要子领域：领域分类、意图识别、属性槽提取。

（1）领域是指同一类型的数据或者资源，以及围绕这些数据或资源提供的服务，比如音乐、导航、新闻、天气、股票、机票、火车票、酒店等。

（2）意图是指对于领域数据的操作，表示用户想完成的任务，一般以动宾短语来命名，比如飞机票领域中，有购票、退票等意图。

（3）属性槽用来存放领域的属性，表示有助于完善意图的词，比如飞机票领域有时间、出发地、目的地等。

如图2-23所示。

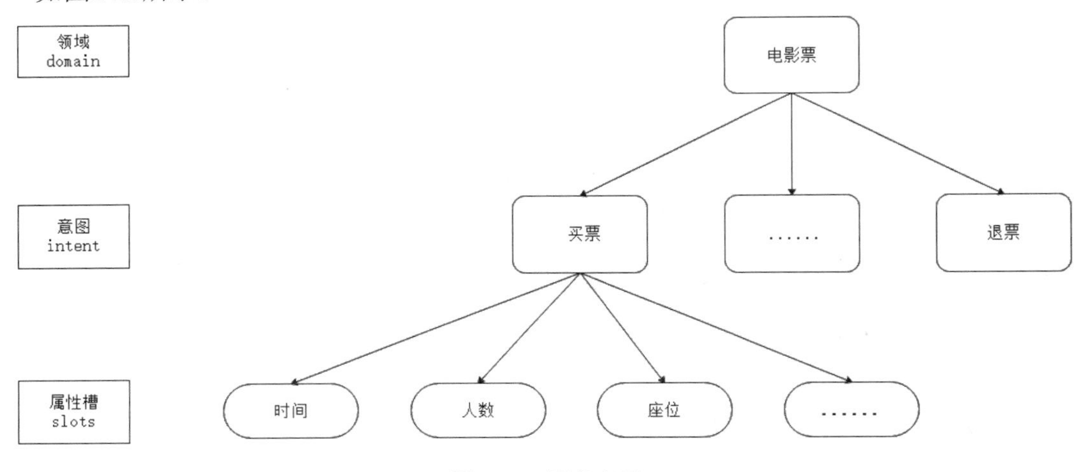

图 2-23　语义表示

（4）标准化（canonicalization）：这是为了进一步完善词槽，让很多类似的词标准化为同一种说法，便于对接相同的行为处理逻辑。标准化的流程如图2-24所示。

如图2-24所示，语料“明天有太阳吗？”和“明天是晴天吗？”经过NLU处理会获得相同的领域、意图、属性槽，对于后端的处理单元就能够获得相同的指令，给予用户等价的反馈。

7. 语义槽填充

以上介绍了领域分类、意图识别、属性槽提取，但是针对用户意图不是太明确的语句，如何获取标准化的语义表示？为此我们引入了“语义槽填充”的概念。

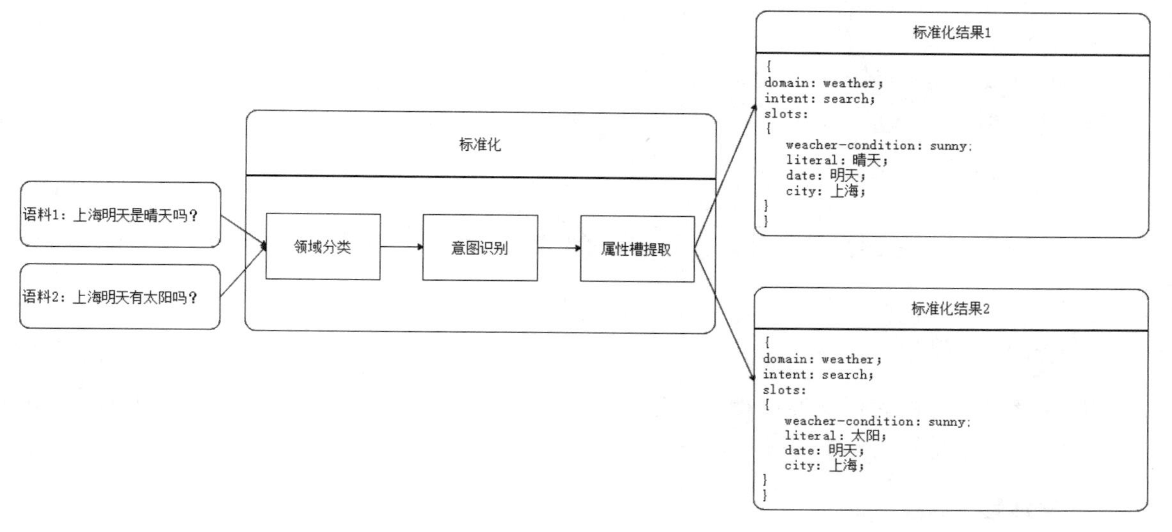

图 2-24　标准化流程

语义槽填充指的是为了让用户意图转化为用户明确的指令而补全信息的过程。通俗地讲，就是为了理解一段文字对句子那些有意义的单词或记号进行标记。

语义槽填充的实际意义在于不仅可用作信息补全用户意图，而且前面序列槽位的填充还可以指导后续信息补全的走向，其根本意义还是提供一个规范的语义表示。

语义槽填充原理图如图2-25所示。

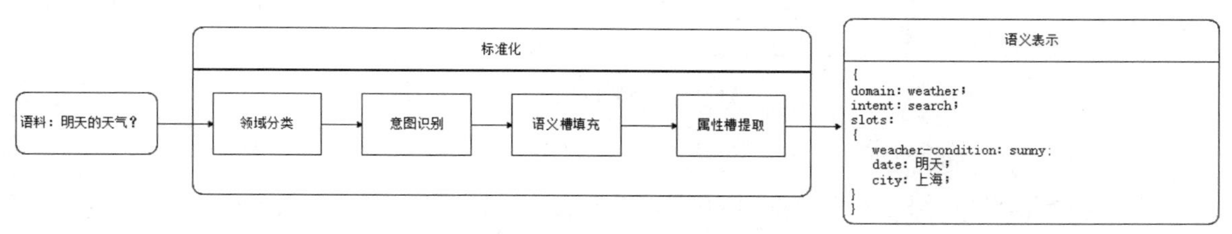

图 2-25　语义槽填充原理图

在图2-25中，“明天的天气？”是一条不明确查询哪个城市天气的语料，为此语义槽填充当前城市city“上海”，补全信息形成一个规范的语义表示。

语义槽填充是一个序列标注任务，其主要技术方法分为传统机器学习方法“条件随机场”（Conditional Random Field，CRF）和深度学习方法。

（1）条件随机场

通过设置各种特征函数来给序列打分。

（2）深度学习方法

- RNN模型。
- RNN Encoder-Decoder模型。
- Bi-GRU + CRF模型。

2.5.4 对话管理

对于多轮对话（≥2轮）的自然语言处理场景，我们需要引入对话管理（Dialog Management，DM）。

1. 对话管理简介

对话管理是人机对话交互过程中，根据人机对话历史信息来决定此刻对用户的响应，其包含多轮对话交互、上下文理解等知识。

2. 对话管理流程

对话管理流程主要包含两部分：

- 对话状态追踪（Dialog State Tracking，DST）。
- 对话策略学习（Dialog Policy Learning，DPL）。

示意图如图2-26所示。

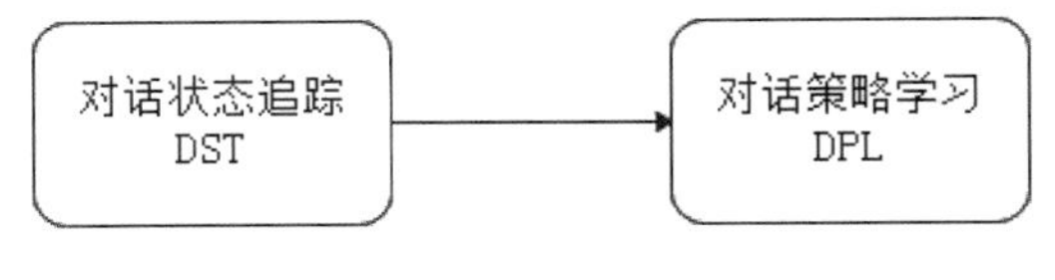

图 2-26 对话管理流程

（1）对话状态追踪

在讲解对话状态追踪之前，我们需要知道什么是“对话状态”。对话状态是一种包含一段时间的对话历史、用户目标、意图和槽值对的数据结构。

对话状态追踪指的是追踪当前对话的状态，并根据每一轮对话更新当前对话的状态。

举例，t+1时刻的对话状态依赖于之前时刻t的状态和之前时刻t的系统行为，以及当前时刻t+1对应的用户行为。

（2）对话策略学习

对话策略学习是根据对话状态追踪中的对话状态和NLU生成的用户输入去决定下一步的系统行为。

（3）对话管理流程

任务驱动的对话管理过程实际就是一个决策过程，系统在对话过程中不断根据当前状态决定下一步应该采取的最优动作，从而最有效地辅助用户完成信息或服务获取的任务。

对话管理流程图如图2-27所示。

图 2-27　对话管理流程

如图2-27所示，对话管理的输入是“用户输入的语义表达”（或者说是用户行为，是NLU的输出）和“当前对话状态”，输出就是“下一步的系统行为”和“更新的对话状态”，这是一个循环往复不断流转直至完成任务的过程。

具体的实操可以参考表2-3。

表 2-3　对话管理实操

序　　号	用户/机器	用户输入	对话状态
1	机器	欢迎使用语音助手系统	Start()
2	用户	我想查天气	Inform(domain="weather")
3	系统	请问你想查哪个城市的天气？	Request(city)
4	用户	上海	Inform(city="上海")

（4）对话管理技术方法

对话管理技术方法主要有4个：

- 有限情况机械方法。
- 基于框架的方法。
- 基于统计的方法。
- 端对端深度学习方法。

① 有限情况机械方法

对于一些简单的封闭任务，对话空间可能会受到限制，可以使用有限状态机械方法来模拟对话体验。

- 每个状态都与在该状态下执行的特定操作相关联。
- 用户输入的条件都有边界。
- 方法 <状态，用户输入>配对到下一个状态。

该方法构建并取得高准确率很容易，但难以扩展到复杂的领域。

② 基于框架的方法

对于任务型对话，用户需要提交包含相关信息的表单。在这种情况下，基于框架的方法是适用的。

- 框架是一系列规则对应的值。
- 框架由用户输入来填满。
- 一系列规则决定了每个用户输入后要采取的行动。

这种方法也很容易构建，但难以扩展到其他领域并且无法处理不确定的对话情况。

③ 基于统计的方法

在统计方法中，POMDP（部分可观察马尔可夫决策过程）通常被用作数学模型。

- 用确定情况表示的对象知识：所有可能情况的概率。
- 最优行动可以获得对象最大化的预期回报。
- 策略将最佳行动对应到确定情况。
- 最优策略可以通过强化学习来获得。

④ 端到端的深度学习方法

在神经网络方法中引入了深度学习以实现端到端的学习，节省工程耗时。

- 神经网络自动推断对话历史的表现。
- NLU的输出和先前的动作是神经网络的输入。
- 神经网络的输出是所有可能行为的概率分布。
- 神经网络的权重可以通过监督学习或强化学习来习得。

2.5.5 自然语言生成

自然语言处理（NLU）获取语义表示后，接下来就是自然语言生成过程。

1. 自然语言生成简介

自然语言生成（NLG）是将语义信息以人类可读的自然语言形式进行表达，并执行一定的语法和语义规则生成自然语言文本。通俗来讲，就是通过理解用户语音意图，明确哪些内容是机器必须生成反馈给用户的过程。

根据输入内容不同，自然语言生成可以分为数据到文本的生成、文本到文本的生成、意义到文本的生成、图像到文本的生成等。

2. 自然语言生成的流程

自然语言生成流程架构主要有2种：

- 流线型（pipeline）。
- 一体化型（integrated）。

当前主要使用流线型架构，流线型的自然语言生成系统由几个不同的模块组成，各个模块之间不透明、相互独立，交互仅限于输入输出。

自然语言生成流线型流程图如图2-28所示。

图 2-28　流线型流程图

如图2-28所示，自然语言生成流线型流程图是典型的三阶段式，主要包括文本规划、句子规划、句法实现3个模块。其中，文本规划决定文本内容，句法实现决定如何表达文本内容，句子规划则负责让句子更加连贯通顺。

下面详细说明自然语言生成流线型流程。

（1）内容确定

自然语言生成系统需要决定哪些信息需要包含在正在构建的文本中，哪些不需要包含。

（2）文本结构

自然语言生成系统需要整理文本结构，即合理的文本顺序。例如，在报道一场篮球比赛时，会优先表达“什么时间”“什么地点”“哪2支球队”，然后表达“比赛的概况”，最后表达“比赛的结局”。

（3）句子聚合

自然语言生成系统需要将句子聚合，因为很多信息不是以独立句子显示的，将多个信息合并到一个句子里表达可能会更加流畅，也更易于阅读。

（4）语法化

将聚合后的句子进行语法化，即将句子组织成自然语言。这个步骤会在各种文本之间加一些连接词，使句子看起来更符合语言逻辑。

（5）参考表达式生成

跟语法化很相似，都是选择一些单词和短语来构成一个完整的句子。不过跟语法化的本质区别在于“参考表达式生成需要识别出内容的领域，然后使用该领域（而不是其他领域）的词汇”。

（6）语言实现

通过以上5步，所有相关的单词和短语都已明确完成，接下来需要将它们组合起来形成一个结构良好的完整句子。这一步涉及对句子的成分进行排序，以及生成正确的形态和形式，通常还需要插入功能词（如助动词和介词）和标点符号等。

至此，自然语言生成完成，得到一个完整的自然语言文本。

3. 自然语言生成技术方法

自然语言生成技术方法主要包括基于模板的自然语言生成方法和基于深度学习的自然语言生成方法。

（1）基于模板的 NLG 方法

NLG模板由句子模板和词汇模板组成。句子模板包括若干个含有变量的句子，词汇模板则是句子模板中变量对应的所有可能的值。

以“打电话给联系人”的任务为例：

① 句子模板

```
Domain->weather
Intent->telephone
Content: telephone_state
->2 您好，您需要[<call>]{（who）}的[电话|号码]。
->1 抱歉，请[<tell>]您需要[<call>]的[电话|号码]。
```

符号说明：

- |：或者。
- []：内部元素出现次数≥1。
- {}：内部元素出现次数≤1。
- ()：对话管理模块中的变量。
- <>：自定义语料中的变量。

内容说明：

句子前的数字表示该句子的权重，权重越大，句子出现的可能性越大。

② 词汇模板

```
<call> -> [拨打|呼叫]
```

```
<tell> -> [告诉我|说明|输入]
```

（2）基于深度学习的 NLG 方法

基于深度学习的NLG任务使用Seq2Seq体系结构，本文主要介绍data2text生成任务，根据输入信息的区别，其过程分为训练（Training）阶段和生成（Generation）阶段。

① 训练阶段。在训练阶段，encoder和decoder都需要输入信息。encoder端的输入为结构化或者半结构化的数据信息，decoder端的输入为encoder端输入信息所对应的文本信息，也可以简单地理解为序列标签信息，直观地可以看出，训练阶段是有监督的学习。encoder负责将输入编码成一条语义向量C，然后语义向量C作为decoder的初始状态参与decoder进行解码预估。

② 生成阶段。在生成阶段，decoder端不再需要外部输入信息，其网络结构需要稍微改造一下，后一位的输入为前一时间步的输出，也就是构建RNNLM（RNN语言模型）。

（3）混合使用方法

对比基于模板的NLG方法和基于深度学习的NLG方法，基于模板的方法更可控，但是获取的自然语言文本结果较为生硬、死板，并且后期扩展对模板的规划性依赖较大，而基于深度学习的方法则可以更好地生成创意性、个性化的文本结果，但是其效果不可控并且难以控制。当前主流的方法是将这两种方式结合起来，共同完成自然语言生成。

2.6　语音合成技术

上一节获取到自然语言文本后，对于需要语音播报反馈的内容，就需要使用语音合成（Text To Speech，TTS）技术。

2.6.1　语音合成简介

语音合成技术，是将任意文字信息转化为语音并播报出来，相当于给机器装上了一个“嘴巴”，使得机器具有人一样的说话能力。

2.6.2　语音合成的流程

语音合成流程主要包含两步：

（1）文本处理。
（2）语音合成。

流程图如图2-29所示。

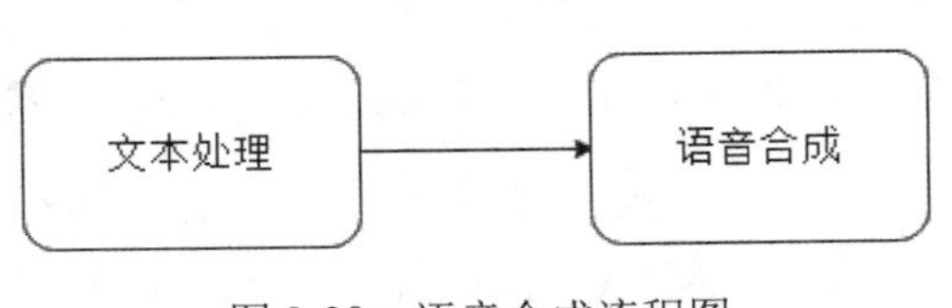

图 2-29　语音合成流程图

1. 文本处理

语音合成前的预处理过程主要是把文本转化成音素序列，并标出每个音素的起止时间、频率变化等信息。它虽然是一个预处理步骤，但是仍有其不可替代的重要作用，比如多音字的区分、缩写的处理、停顿位置的确认等。

2. 语音合成

语音合成就是声波生成的过程，根据文本处理后的音素序列（以及标注好的起止时间、频率变化等信息）来生成语音。

语音合成的方法主要有4种：

- 原声拼接法。
- 参数抽象法。
- 声道模拟法。
- 基于深度学习的方法。

① 原声拼接法

原声拼接法是从之前录制的大量语音中，选择所需的基本单位拼接成语音。基本单位可以是音节、音素等。为了追求合成语音的连贯性，常常会使用双音子（从一个音素的中央到下一个音素的中央）作为基本单位。

原声拼接法的优点是合成的语音质量较高，缺点则是它需要录制大量语音以保证覆盖度，比如高德地图的个性化人声播报。

② 参数抽象法

参数抽象法是根据统计模型来产生每时每刻的语音参数（包括基频、共振峰频率等），然后把这些参数转化为语音波形。

参数抽象法的优点是虽然它需要事先录制语音进行训练，但它并不需要100%的覆盖度，相对时间成本较低；缺点则是它合成的语音质量比拼接法差一些，语音“机械感”比较重。

③ 声道模拟法

参数抽象法利用的参数是语音信号的性质，但它并不关注语音的产生过程。与之相反，声道模拟法则是建立声道的物理模型，通过这个物理模型产生波形。这种方法的理论看起来很美好，但是由于语音的产生过程实在太复杂，因此它的实用价值并不高。

④ 基于深度学习的方法（WaveNet）

深度学习WaveNet模型是一种原始音频波形深度生成模型，能够模仿人类的声音生成原始音频。WaveNet是一种卷积神经网络，能够模拟任意一种人类声音，生成的语音听起来比现存的最优文本－语音系统更为自然，将模拟生成的语音与人类声音之间的差异降低了50%以上。

2.6.3　扬声器发声

语音合成后通过扬声器发出声音。扬声器本质上是一个终端转换机，且与麦克风工作原理相反，它携带电子语音信号并将其转化为机械振动，以推动空气从而产生声波，这样声音就播放出来了。

2.7　本章小结

本章比较详细地介绍了AI语音交互的原理及其实现流程，从语音收集开始，经过语音识别技术、自然语音处理技术，最后通过语音合成技术完成整个AI语音交互。

通过学习AI语音交互的原理和实现方式，读者能够系统地掌握AI语音技术的核心逻辑以及对应的技术特点，从而更加深入地了解AI语音交互，以及更好地实现AI语音交互测试。

第 3 章

AI语音产品需求和适用场景

本章将详细介绍AI语音产品的落地实践，主要包括当前主流AI语音产品需求介绍和主流AI语音产品的适用场景。

3.1 AI 语音产品需求

测试计划开始前，我们需要详细了解“AI语音产品需求”具体包含哪些内容。AI语音产品需求主要包含AI语音产品基础功能需求、AI语音特性功能需求和AI语音产品性能需求，本节将详细介绍。

3.1.1 AI 语音产品基础功能需求

AI语音产品基础功能需求主要包含以下6个方面：

1. 前端处理

前端处理是指语音唤醒/识别之前的操作处理，即语音交互中“语音采集”步骤和“预处理”步骤需要关注的需求功能点，主要偏硬/固件选型方向，一般包含以下两点：

（1）麦克风阵列

麦克风阵列的需求功能点主要包含以下4个方面：

- 麦克风阵列设计（麦克风间距/直径），比如4麦线性排列，麦克风间距3cm。
- 麦克风信噪比和灵敏度，比如信噪比75dB，灵敏度-1.5dB。
- 麦克风固定角度增强，麦克风录音口与用户发音之间的倾斜角度，比如45°。
- 麦克风拾音距离，一般为1m/3m/5m/10m。

（2）语音专用芯片

语音专用芯片一般是指集成噪声抑制算法和回声消除算法的硬件芯片，该需求点主要评估语音产品是否集成专用芯片硬件。

2. 语音唤醒

（1）唤醒方式：语音唤醒还是按键唤醒。

（2）唤醒词：唤醒词需求一般有5点，如表3-1所示。

表 3-1 唤醒词常用需求

序　号	需求说明
1	唤醒词长度一般为 3～6 个汉字，4 字最佳，比如你好小康
2	唤醒词音节覆盖尽量多且差异大，最少为 4 个音节
3	唤醒词应尽量避免使用日常用语，比如吃饭啦，防止误唤醒
4	唤醒词应尽量避免生僻字和多音字，防止发音的多样性
5	唤醒词应尽量避免使用叠词，比如你好你好，小康问问

（3）唤醒词种类：唤醒词种类分为主唤醒词和快捷唤醒词。比如，主唤醒词为“飞鱼飞鱼”，快捷唤醒词为“小飞鱼”。

（4）定制唤醒词：唤醒词定制分为浅定制和深定制，如表3-2所示。

表 3-2 唤醒词定制说明

序　号	浅 定 制	深 定 制
位置	浅定制和深定制指的是声学模型	
区别	1. 通用模型，不需要录制专门的训练集 2. 周期短，费用低 3. 对大多数词都适用 4. 高噪场景效果差	1. 定制模型，需要专门录制训练集重新训练模型 2. 周期长，费用高 3. 对发音不常见的词有明显效果 4. 高噪场景效果好

（5）唤醒环境：家居/办公室/车载/商超等。

（6）语种：☑中文、☐英文。

（7）方言：普通话、粤语、上海话等。

（8）唤醒策略：☑本地唤醒、☐云端唤醒、☐本+云唤醒（本地+云端）。

针对唤醒策略，当前主流使用的是本地唤醒，一是解决弱网和无网状态下的语音唤醒，二是离线引擎唤醒响应时间更快，体验更好。未来趋势是本+云唤醒（一级唤醒在本地，二级唤醒在云端）。

3. 语音识别

（1）识别转写方式：实时转写和非实时转写。
（2）识别环境：家居/办公室/车载/商超等。
（3）语种：☑中文、☑英文。
（4）方言：普通话、粤语、上海话等。
（5）识别语料：封闭域识别语料和开放域识别语料。
（6）语料长度：

- 封闭域识别语料长度固定，一般≤60字。
- 开放域识别语料长度分两种，一种是时长小于1min，另一种是1min<时长<5h。

（7）识别策略：□本地识别、□云端识别、☑本+云识别（本地+云端）。

针对识别策略，当前主流使用本+云识别，其原理是通过对比本地和云端的识别响应处理时间快慢，以及打分情况来选择对应的识别策略，优先选择云端识别，无云端识别结果后，再使用本地识别兜底。

选择这种策略，一是解决弱网和无网状态下的语音识别响应问题；二是一些常用指令，靠离线引擎识别响应得更快，体验更好；三是有些厂商提供的个性化识别服务依赖本地模型。

4. 自然语言处理

（1）自然语言处理交互方式：单轮交互和多轮交互。
（2）自然语言处理文本长度：

- 封闭域文本长度固定，一般≤60字。
- 开放域文本长度分两种，一种是时长小于1min，另一种是1min<时长<5h。

（3）语种：☑中文、☑英文。
（4）方言：普通话、粤语、上海话等。
（5）自然语言处理策略：□本地处理、□云端处理、☑本+云处理（本地+云端）。

针对自然语言处理策略，当前主流使用本+云自然语言处理，其原理是通过对比本地和云端的自然语言处理响应处理时间快慢，以及打分情况来选择对应的自然语言处理策略，优先选择云端自然语言处理，无云端自然语言处理结果后，再使用本地自然语言处理兜底。

选择这种策略，一是解决弱网和无网状态下的自然语言处理响应问题；二是一些常用指令，靠离线自然语言处理响应得更快，体验更好。

5. TTS播报

（1）TTS播报内容：唤醒TTS播报和识别反馈TTS播报。

（2）TTS播报音：☐成年男性、☐成年女性、☐男童、☐女童。

（3）TTS播报长度：

- 封闭域TTS播报长度固定，一般≤60字。
- 开放域TTS播报长度分两种，一种是时长小于1min，另一种是1min<时长<5h。

（4）方言：普通话、粤语、上海话等。

（5）TTS播报方式：通用型TTS、个性化TTS、情感化TTS。

（6）TTS播报策略：☐本地播报、☐云端播报、☑本+云播报（本地+云端）。

针对TTS播报策略，当前唤醒TTS播报主要使用本地播报，识别TTS播报主要使用本+云播报，其原理是通过对比本地和云端的TTS播报响应时间快慢，优先选择云端TTS播报，无云端TTS播报后，再使用本地TTS播报兜底。

选择这种策略，一是解决弱网和无网状态下的TTS播报响应问题；二是离线TTS播报的响应更快，体验更好。

6. 自动纠错

（1）自动纠错简介

语音识别中还有一个重要的技术是自动纠错，就是当你说错了某个词，或者是发音不准确、说话带地方口音等，系统能够自动纠正过来，能听懂你说的话，并给出正确的回应。

（2）自动纠错策略：☐本地纠错、☐云端纠错、☑本+云纠错（本地+云端）

当前主流使用本+云纠错，优先本地数据匹配，如果匹配不到合适的对象，则自动转向云端数据库去匹配更合适的对象，或者按照本地数据和云端数据匹配到对应对象后进行排序呈现，使用本地数据匹配的结果优先呈现。

7. 语音技能

具体的语音技能需求介绍如表3-3所示。

表 3-3　语音技能说明

模　块	一级功能	子功能	功能描述
通信	电话	打电话意图	表明想要拨打电话的意图
		打电话给联系人	打电话给<联系人名称>。云端支持需要上传联系人信息，需保证不同终端机器码唯一
		打电话给黄页	包括常用的公司黄页号码，如科大讯飞、肯德基、顺丰快递等（本地可以提供黄页库，云端需要信源支持）
		打电话给号码	拨打联系人的手机号码来进行通话
		拨打分类号码	分类来自电话簿自身的属性，包括公司（办公）、住宅、私人、家庭等
		按号码归属地拨打	根据联系人手机号码的归属地信息来进行拨号，比如合肥、北京、上海等
		按运营商拨打电话	运营商：移动、电信、联通
		按号段拨打	号段：手机号码的前三位
		按尾号拨打	尾号：手机号码的后四位
		接通电话	在有电话接入时，通过语音控制来接听电话
		挂断来电	在有电话接入时，通过语音控制来挂断电话
		同步通讯录	在连接上蓝牙电话后，车机端自动同步手机通讯录，且手机通讯录有更新时需自动同步
		查看通话记录	通话记录包含已接电话、已拨电话、未接电话、通话记录
	联系人	查看通讯录	查看手机通讯录
		查看联系人	查找手机通讯录中联系人的号码

3.1.2　AI 语音产品特性功能需求

AI语音产品特性需求指的是“AI语音独特性质”的需求，主要包含以下10个特性。

1. 全双工打断

（1）概念

全双工是即时双向通信，通信双方的信息可实时传送给对方，会有两条通信通道，每一条通道负责一个方向的通信。全双工打断是用户和机器可以并行同步交互，打断系统反馈并不会取消执行结果，用户可以在任一时间打断，发出任务需求。

（2）适用场景

- 场景需求打断。
- TTS打断。

全双工打断示意图，如图3-1所示。

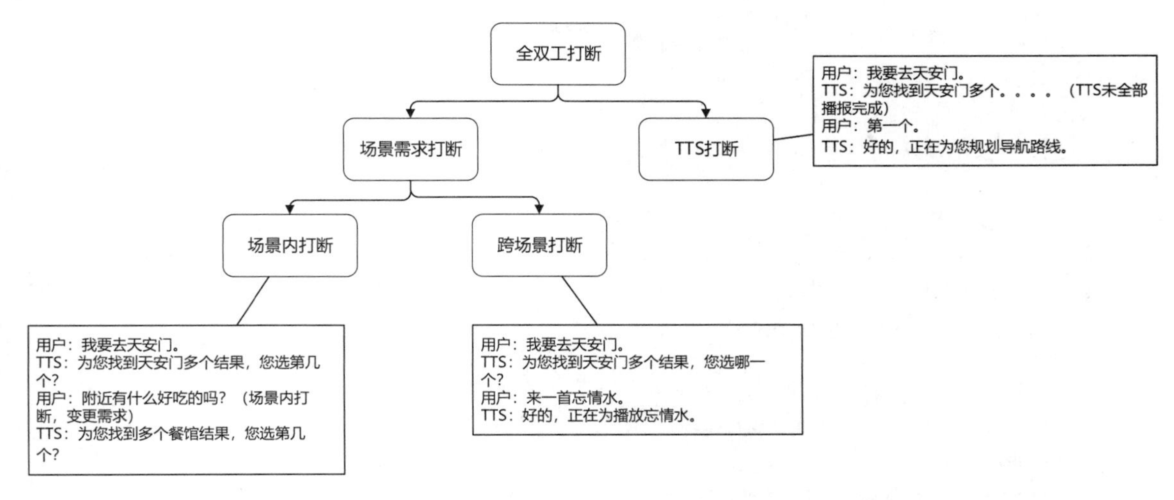

图 3-1 全双工打断

2. 跨场景交互

（1）概念

在任意场景下可中断当前对话，发起新的语音交互。

（2）适用场景

应用于所有场景中。

（3）举例

- 用户：我想去动物园。
- TTS：找到动物园多个结果，您选第几个？
- 用户：来一首周杰伦的歌吧。
- TTS：好的，正在为您播放周杰伦的告白气球。

3. 可见即可说

（1）概念

UI页面显示的文字、数字等信息可以通过语音操控的方式来代替界面单击操作，并保持交互的一致性。

（2）适用场景

产品UI界面显示出来的所有信息（标题、全称、简称、关键字等）都可以通过可见即可说的方式来实现。

- 可见即可说结果唯一，直接选中执行。

- 可见即可说结果不唯一，需要针对筛选出的结果再次选择，直到选择唯一结果。

（3）举例

前提：产品UI界面有微信和抖音应用。

- 用户：微信。
- TTS：请问是打开微信应用吗？
- 用户：是的。
- TTS：已为您打开微信应用。

4. 自定义唤醒词

（1）概念

根据自身喜好和习惯进行唤醒词的更改。

（2）适用场景

- 自定义唤醒词后，只记忆用户最新定义的唤醒词，之前定义的唤醒词失效。
- 自定义唤醒词后，原先出厂时自带的唤醒词保留仍有效。

（3）举例

- 用户：飞鱼你好。
- TTS：有何吩咐？
- 用户：给你起个名字叫“贝贝，你好”。
- TTS：好的，您可以通过“贝贝，你好”来唤醒我。
- 用户：贝贝，你好。
- TTS：有何吩咐？
- 用户：给你起个名字叫熊大熊二。
- TTS：好的，您可以通过“熊大熊二”来唤醒我（超过3个字无须添加后缀你好）。
- 用户：熊大熊二。
- TTS：有何吩咐？
- 用户：飞鱼你好（原唤醒词保留生效）。
- TTS：有何吩咐？

5. 上下文理解

（1）概念

在自然语音对话过程中，前面已经提到或涉及的事物，在后续的对话中往往使用特定的用语来代指，甚至不出现在对话中而直接省略掉。语音系统会记录语音对话的历史，并依据后续出现的指代或缺失信息对历史进行上下文关联，从而适当补全相关信息，实现具有深度历史逻辑的语音交互过程，以达到更加便捷、自然的交互体验。

（2）适用场景

已有交互意图和属性槽的交互场景。

（3）举例

- 用户：上海明天的天气（参数：意图一查询天气，地点一上海，时间一明天）？
- TTS：上海明天天气晴朗……
- 用户：南京呢（上下文理解：意图一查询天气，地点一南京，时间一明天）？
- TTS：南京明天天气多云……
- 用户：后天呢（上下文理解：意图一查询天气，地点一南京，时间一后天）？
- TTS：南京后天天气小雨……

6. 非全时免唤醒

（1）概念

非全时免唤醒主要是延长语音交互时间，同时对免唤醒的使用时间存在限制，改变之前每次语音交互都要先唤醒的方式，减少用户语音交互成本，降低语音交互错误率。测试环境如表3-4所示。

表 3-4　测试环境

功能名称	功能说明	功能详解
设置一非全时免唤醒	开关：打开/关闭，非全时免唤醒。 非全时免唤醒时间设置：30s、60s、90s。 设置方式：语音、手动设置	时间设置暂定 30s、60s、90s，后期可根据项目实际需求和用户使用习惯进行调整
唤醒方式	语音、按键、触屏	
唤醒结束方式	1. 语音结束。 2. 超时自动结束	语音退出/再见，结束本次唤醒。 语音唤醒后，设置有效时间内未获取到有效语音交互，自动结束本次唤醒
重点说明	无效交互：在设定的免唤醒使用时间内，未出现语音系统所支持业务功能的指令。 非全时免唤醒一唤醒后再次唤醒：语音唤醒后再次语音唤醒，不会清空之前的语音对话	

（2）适用场景

应用于所有场景。

（3）举例

- 用户：飞鱼你好。
- 用户：我想听周杰伦的歌。
- TTS：好的，正在为您播放周杰伦的歌曲（听歌交互一般都是单轮交互，TTS播报后语音交互退出。由于使用非全时免唤醒功能，因此无须再进行语音唤醒）。
- 用户：换成他唱的告白气球。
- TTS：好的，正在为您播放周杰伦的告白气球。

7. 声源定位

（1）概念

帮助确认有效的声音方位，定向拾音，有效抑制噪声和其他方位的人声干扰。

（2）适用场景

大部分应用于对发音人位置有规定的场景。

（3）举例

使用环境：车载环境，主副驾位置。

- 副驾：小艾你好 （车机被唤醒，定位到声音来自副驾，此时只对副驾有效）。
- 副驾：打开车窗。
- 车机：已为您打开车窗。
- 主驾：放一首歌（拒识，无响应）。
- 副驾：放一首歌。
- 车机：即将为您播放薛之谦的演员。
- 主驾：小艾你好（车机被唤醒，定位到声音来自主驾，此时只对主驾有效）。
- 主驾：明天会下雨吗？
- 车机：北京明天的天气为晴天，无雨。

8. 声纹认证

（1）概念

通过声纹特征区分不同的用户，实现用户的身份认证、鉴权。

（2）适用场景

用户登录时，通过说出指定的命令词实现身份认证，按照指定的账号登录。

（3）举例

使用环境：车载环境。

- 陌生人：小艾你好。
- TTS：你好，未搜索到您的声纹认证，请声纹认证后再进行语音操作（声纹认证失败）。
- 声纹归属人：小艾你好。
- TTS：主人您好，请问有什么可以帮您？

9. 快捷词免唤醒

（1）概念

针对部分识别交互语料进行快捷词识别，无须唤醒后再识别。

（2）适用场景

- 全局快捷词，针对全局场景的快捷词免唤醒。
- 场景快捷词，针对特定场景下的快捷词免唤醒。

（3）举例

- 用户：声音大一点（未唤醒状态下）。
- TTS：声音已增大。

（全局快捷词免唤醒）

- 场景：音乐播放时。
- 用户：暂停播放（未唤醒状态下）。
- TTS：音乐已暂停。

（场景快捷词免唤醒）

10. 自定义TTS播报

（1）概念

通过用户录音，基于发音模型并进行TTS模拟合成，构建专属的用户TTS播报。

（2）适用场景

- 自定义TTS播报，只记忆用户最新定义的TTS播报音，之前定义的TTS播报音失效。
- 自定义TTS播报后，原先出厂时自带的TTS播报音保留。

（3）举例

- 用户：飞鱼你好。
- TTS：有何吩咐？
- 用户：定义专属的TTS播报音。

- TTS：好的，为您进行TTS播报音定制，请输入以下5条语音。（同一条语句录入5条，语音建模完成TTS模拟合成）
- 用户：用户输入5条语音。
- TTS：TTS播报音合成完成（声音为新合成的TTS播报音）。

3.1.3 AI 语音产品性能需求

AI语音产品性能需求指的是AI语音服务的性能需求（偏语音应用方向），主要包含以下3个部分：

1. CPU占用

（1）语音服务在监听（待唤醒）状态的CPU占用，分为平均值和峰值。
（2）识别录音状态的CPU占用，分为平均值和峰值。
（3）识别退出状态的CPU占用，分为平均值和峰值。

2. 内存占用

（1）语音服务在监听（待唤醒）状态的内存占用，分为平均值和峰值。
（2）识别录音状态的内存占用，分为平均值和峰值。
（3）识别退出状态的内存占用，分为平均值和峰值。

3. 响应时间

（1）唤醒启动时间－录音状态。
（2）唤醒启动时间－TTS反馈。
（3）打字机转写时间（ASR）。
（4）业务响应时间－业务界面（NLP：语义到端展现时间）。
（5）业务响应时间－TTS播报（NLP：语义到端展现时间）。
（6）语音交互异常退出时间。

3.2 AI 语音产品分类和应用场景

AI语音产品按照语料可变性可分为“封闭域识别”产品和“开放域识别”产品，按照噪音源可变性可分为“静态环境”产品和“动态环境”产品。本节将详细介绍以上4类产品及其应用场景。

3.2.1　封闭域识别产品

1. 封闭域识别简介

封闭域识别指的是识别范围为预先指定的字/词集合，即算法只在开发者预先设定的封闭域识别词的集合内进行语音识别，对范围之外的语音拒识。因此，可将其声学模型和语言模型进行裁剪，使得识别引擎的运算量变小，并且可将引擎封到嵌入式芯片或者本地化的SDK中，从而使识别过程完全脱离云端，摆脱对网络的依赖，并且不会影响识别率。

2. 识别引擎部署

（1）本地

- 软硬一体：语音芯片/模块。
- 纯软件：本地化SDK。

（2）云端

- 公有云。
- 私有云。

说明　识别引擎部署在本地，即本地识别；识别引擎部署在云端，即云端识别。

3. 产品类型

命令词识别，语音唤醒，语法识别。

4. 产品形态

按照音频录入和结果获取方式定义为流式传输－同步获取。

5. 典型的应用场景

不涉及多轮交互和多种语义说法的场景。比如，对于简单指令交互的智能家居和电视盒子，语音控制指令一般只有“打开窗帘”“打开中央台”等，或者语音唤醒功能“小康你好”等。但是，如果在后台配置识别词集合之外的命令，如“给我导航到安徽大学”，识别系统将拒识这段语音，不会返回相应的文字结果，更不会做相应的回复或者指令动作。

3.2.2　开放域识别产品

1. 开放域识别简介

开放域识别指的是无须预先指定识别词集合，算法将在整个语言大集合范围中进行识别。

为适应此类场景，声学模型和语音模型一般都比较大，引擎运算量也较大。如果将其封装到嵌入式芯片或者本地化的SDK中，耗能较高并且影响识别效果。因此，业界厂商基本上都只以云端形式提供（云端包括公有云形式和私有云形式）。至于本地形式，只提供带服务器级别计算能力的嵌入式系统（如会议字幕系统）。

2. 产品形态

按照音频录入和结果获取方式可分为以下3种：

（1）产品形态1：流式上传—同步获取

应用/软件会对说话人的语音进行自动录制，并将其连续上传至云端，说话人在说完话的同时能实时地看到返回的文字。

语音云服务厂商的产品接口中，会提供音频录制接口和格式编码算法，供客户端边录制边上传，并与云端建立长连接，同步监听并获取中间（或者最终完整）的识别结果。

对于时长的限制，由语音云服务厂商自定义，一般有小于1分钟和小于5小时两种，两者有可能会采用不同的模型（时长限制小于5小时的模型会采用LSTM长时相关性建模）。

典型应用场景1：

- 主要在输入场景，如输入法、会议或法院庭审时的实时字幕上屏。
- 麦克风阵列和语义结合的人机交互场景，如具备更自然交互形态的智能音箱。比如用户说“这首歌曲怎么样”，在无配置的情况下，识别系统也能够识别这段语音，并返回相应的文字结果。

（2）产品形态2：已录制音频文件上传—异步获取

音频时长一般小于5小时，用户需自行调用软件接口或硬件平台预先录制好规定格式的音频，并使用语音云服务厂商提供的接口进行音频上传，上传完成之后便可以断掉连接。用户通过轮询语音云服务器或者使用回调接口进行结果获取。

由于长语音的计算量较大，计算时间较长，因此采取异步获取的方式可以避免由于网络问题带来的结果丢失。同时因为语音转写系统通常是非实时处理的，这种工程形态也给了识别算法更多的时间进行多遍解码。而长时的语料给了算法使用更长时的信息进行长短期记忆网络建模。在同样的输入音频下，此类型产品形态牺牲了一部分实时率，花费了更高的资源消耗，但是可以得到最高的识别率。在时间允许的使用场景下，“非实时已录制音频转写”无疑是最推荐的产品形态。

典型应用场景2：

- 已经录制完毕的音/视频字幕配置。

- 实时性要求不高的客服语音质检和UGC语音内容审查场景等。

（3）产品形态 3：已录制音频文件上传一同步获取

音频时长一般小于1分钟。用户需自行预先录制好规定格式的音频，并使用语音云服务厂商提供的接口进行音频上传。此时，客户端与云端建立长连接，同步监听并一次性获取完整的识别结果。使用的模型会根据语音云厂商产品策略的不同，采用上述模型中的任意一种。

典型应用场景3：作为前两者的补充，适用于无法用音频录制接口进行实时音频流上传，或者结果获取的实时性要求比较高的场景。

3. 产品类型

产品类型按照说话风格的特点，主要分为两种：

- 语音听写。
- 语音转写。

（1）语音听写

语音时长较短（<1分钟），一般情况下均为一句话。训练语料为朗读风格，语速较为平均。一般为人机对话场景，录音质量较好。

产品形态：

① 流式上传一同步获取

应用或软件会对说话人的语音进行自动录制并将其连续上传至云端，说话人在说完话的同时能实时地看到返回的文字。语音云服务厂商的产品接口中会提供音频录制接口和格式编码算法，供客户端进行边录制边上传，并与云端建立长连接，同步监听并获取识别结果。

② 已录制音频文件上传一同步获取

用户需自行预先录制好规定格式的音频，并使用语音云服务厂商提供的接口进行音频上传，客户端与云端的连接和结果获取方式与上述音频流类似。

（2）语音转写

语音时长一般较长（5小时内），一般为句子。训练语料为交谈风格，即说话人说话无组织性比较强，因此语速较不平均，吞字和连字现象较多且录音场景大多为远场或带外噪的。

除了模型不同之外，按照音频录入和结果获取方式定义产品形态：

① 音频流转写：流式上传一同步获取

与上述语音听写类似，唯一不同的是，识别的时长不会有一句话的限制。

② 非实时已录制音频转写：已录制音频文件上传—异步获取

用户需自行调用软件接口或者硬件平台预先录制好规定格式的音频，并使用语音云服务厂商提供的接口进行音频上传，上传完成之后便可以断掉连接。用户通过轮询语音云服务器或者使用回调接口进行结果获取。

3.2.3 静态环境产品

1. 静态环境产品简介

静态环境产品指的是产品所处的环境基本保持不变，噪音源固定的产品类型。

静态环境产品以（居家）智能音箱为例，产品所处的环境基本为房屋内部，噪音源一般也是固定的，容易模拟，所以噪音源一般以模拟为主。

2. 静态环境产品定位

（居家）智能音箱适用环境为家庭环境，适用人群为家庭所有用户。如果对适用环境或适用人群有其他要求，可根据项目需求再区分。

3.2.4 动态环境产品

1. 动态环境产品简介

动态环境产品指的是产品所处的环境时刻变化，噪音源一般不固定的产品类型。

动态环境产品以（车载）智能车机为例，产品所处的环境会根据车速时刻变化，噪音源一般不固定，不容易模拟，所以一般都以实际环境测试（即实车测试）为主。

2. 动态环境产品定位

（车载）智能车机适用车型定为小汽车，适用人群为主副驾用户。如果对适用车型或适用人群有其他要求，可根据项目需求再区分。

3.3 本章小结

通过前面第1章和第2章的学习，大家已经能够深入地了解AI语音交互原理及其对应的测试重点。本章重点介绍了AI语音产品分类及其应用场景，通过介绍市面上主流的AI语音落地产品和方案，以及AI语音产品相对应的功能特性，让大家对AI语音产品拥有比较深入的认识和了解。同时，对于测试人员来说，了解分析功能需求和产品特性是每一个测试人员必须掌握的能力，也是测试流程不可或缺的一环。

第 4 章

AI语音产品评价指标和行业标准

如何评价一个AI语音产品的优劣，这就需要一份规范的评价体系。本章将详细介绍AI语音产品的评价指标和行业标准，主要涉及AI语音中的语音唤醒技术、语音识别技术、自然语言处理技术和语音合成技术。

4.1 语音唤醒技术评价指标与行业标准

关于语音唤醒技术，我们首先需要了解其评价指标和行业标准。

4.1.1 评价指标

语音唤醒技术的评价指标主要包括唤醒率、打断唤醒率、误唤醒率3个。

1. 唤醒率

一般所说的唤醒率，是指被测产品未播放任何音频时（即被测产品静置状态），产品被语音唤醒成功的百分比。

计算公式：唤醒率=（唤醒成功次数/唤醒总次数）×100%。

2. 打断唤醒率

打断唤醒率是指被测产品自身播放音频时，产品被语音唤醒成功的百分比。其中的音频可为产品的TTS播报音，或者第三方信源音频（比如音乐、视频声音）。打断唤醒率主要是为了测试回声消除的效果。

计算公式：打断唤醒率=（唤醒成功次数/唤醒总次数）×100%。

3. 误唤醒率

误唤醒率是指在规定时间内用户未进行语音唤醒操作时，被测产品自动进入语音唤醒状态的比率。误唤醒率指标一般以24小时内误唤醒的次数来评估，换算后可变为*X*次/小时。

计算公式：误唤醒率=误唤醒次数/24小时×100%。

4.1.2 行业标准

1. 唤醒率

唤醒率的行业标准场景主要考量3个维度，即测试环境、被测距离、方位角。主维度为测试环境，被测距离和方位角为测试点。

（1）测试环境

主要分为3种：

- 安静环境：不加噪音（安静环境的底噪一般要≤40dB）。
- 常噪环境：加噪音，信噪比为10dB（信噪比=声源到达麦克风的分贝−环境底噪）。
- 高噪环境：加噪音，信噪比为−5dB。

（2）被测距离

被测距离一般分为1m、3m、5m，如果对距离有其他要求，可根据项目需求再区分。

（3）方位角

方位角一般为90°，如果对距离有其他要求，可根据项目需求再区分。方位角90°指的是人声声源正对被测产品的角度为90°。

当前主流产品的唤醒率的行业标准如表4-1所示。

表 4-1 唤醒率的行业标准

序　号	测试环境	测试距离	信　噪　比	声源方位角	唤　醒　率
1	安静环境	1m	不加噪	90°	≥95%
2		3m		90°	≥90%
3		5m		90°	≥85%
4	常噪环境	1m	10dB	90°	≥90%
5		3m		90°	≥85%
6		5m		90°	≥80%
7	高噪环境	1m	−5dB	90°	≥85%
8		3m		90°	≥80%
9		5m		90°	≥75%

重点说明：

- 由于唤醒率是概率性指标，故数据可以有±3%的误差。
- 以上标准是以普通话发音为标准的，不包含方言。方言的标准可参考以上数据。

2. 打断唤醒率

打断唤醒率的行业标准场景主要考量4个维度，即测试环境、被测距离、方位角和信号类别。

（1）测试环境

一般选择安静环境：不加环境噪音，信噪比为10dB（信噪比=声源到达麦克风的分贝−自播音频到达麦克风的分贝）。如果对加噪环境有测试要求，可根据项目需求再区分。

（2）信号类别

信号类别主要指自播音频的类型，比如自播音乐、自播视频、自播TTS等。

（3）被测距离

被测距离一般分为1m、3m、5m，如果对距离有其他要求，可根据项目需求再区分。

（4）方位角

方位角一般为90°，如果对距离有其他要求，可根据项目需求再区分。方位角90°指的是人声声源正对被测产品的角度为90°。

当前主流产品打断唤醒率的行业标准如表4-2所示。

表 4-2　打断唤醒率的行业标准

序　号	测试环境	测试距离	信　噪　比	声源方位角	信号类别	打断唤醒率
1	安静环境	1m	10dB	90°	自播音乐	≥90%
2		3m		90°		≥85%
3		5m		90°		≥80%
4	常噪环境	1m	10dB	90°	自播 TTS	≥90%
5		3m		90°		≥85%
6		5m		90°		≥80%

重点说明：

- 由于打断唤醒率是概率性指标，故数据可以有±3%的误差。
- 以上标准是以普通话发音为标准的，不包含方言。方言的标准可参考以上数据。

3. 误唤醒率

误唤醒率的行业标准场景主要考量两个维度，即测试环境与测试时间。

（1）测试环境

主要分为以下两种：

- 安静环境：不加噪音（安静环境的底噪一般要≤40dB）。
- 常噪环境：加噪音，信噪比为10dB（信噪比=声源到达麦克风的分贝–噪音到达麦克风的分贝）。

如果对加噪环境有测试要求，可根据项目需求再区分。

（2）测试时长

测试时长一般定为24小时，如果对测试时长有其他要求，可根据项目需求再区分。

当前主流产品的误唤醒率如表4-3所示。

表 4-3 主流产品的误唤醒率

序 号	测试环境	信 噪 比	测试时长	误唤醒率
1	安静环境	不加噪	24 小时	≤0.04 次/小时（1 次/24 小时）
2	常噪环境	10dB	24 小时	≤0.13 次/小时（3 次/24 小时）

4.2 语音识别技术评价指标与行业标准

就语音识别技术来看，我们同样也需要了解其评价指标与行业标准。

4.2.1 评价指标

语音识别技术的评价指标主要有识别率、打断识别率两个指标。

1. 识别率

一般所说的识别率是指被测产品未播放任何音频时（即被测产品静置状态），产品语音识别正确的百分比。

识别率分为字识别率和句识别率，行业对外输出一般都是提供字识别率指标，句识别率需要针对公司需求来定制测试。

（1）字识别率

在说明字识别率之前，我们需要理解字错误率（Word Error Rate，WER）。字错误率是为了使识别出来的词序列和标准的词序列之间保持一致，需要替换、删除或者插入某些词，这些插入、替换或删除词的总个数除以标准词序列中词的总个数的百分比。

字识别率等于100%减去字错误率。

计算公式：

$$\text{WER} = 100\% \times \frac{S + D + I}{N} \qquad \text{Accuracy} = 100\% - \text{WER}$$

式中：

- *S*（Substitution）——替换。
- *D*（Deletion）——删除。
- *I*（Insertion）——插入。
- *N*——单词总数。
- Accuracy——字识别准确率（简称字识别率）。

（2）句识别率

句识别率中的句指的是需求语料句子，故句识别率就是针对语料的识别率。

在说明句识别率之前，我们需要理解句错误率（Sentence Error Rate，SER）。句错误率是句子识别错误的次数除以总句子次数的百分比。其中句子识别错误的类型包含替换、删除或者插入某些词等。

句识别率等于100%减去句错误率。

计算公式：

$$\text{SER} = 100\% \times \frac{E}{N} \qquad \text{Accuracy} = 100\% - \text{SER}$$

式中：

- *E*（Error）——句子识别错误次数（包括替换、删除或者插入某些词）。
- *N*——句子总数。
- Accuracy——句识别准确率（简称句识别率）。

2. 打断识别率

打断识别率是指被测产品自身播放音频时，产品语音识别正确的百分比。

语音识别过程是录音监测过程，一般不会有自身播放音频的情况，但是在多轮交互以及有非全时免唤醒功能需求时，存在产品自身播放音频的状态（自身播放TTS、自身播放音乐、自身播放视频等），所以打断识别率需根据产品的需求特点来评估是否测试。

（1）打断识别率主要是为了测试回声消除的效果。

（2）打断识别率分为字打断识别率和句打断识别率，一般服务商对外都是提供字识别率指标，句识别率需要针对公司需求来定制测试。

打断识别率的具体计算公式可参照上文的“识别率”公式。

4.2.2 行业标准

1. 识别率

识别率的行业标准场景主要考量3个维度，即测试环境、被测距离、方位角。主维度为测试环境，被测距离和方位角为测试点。

（1）测试环境

主要分为以下3种：

- 安静环境：不加噪音（安静环境的底噪一般要≤40dB）。
- 常噪环境：加噪音，信噪比为10dB（信噪比=声源到达麦克风的分贝–环境底噪）。
- 高噪环境：加噪音，信噪比为–5dB。

（2）被测距离

被测距离一般分为1m、3m、5m，如果对距离有其他要求，可根据项目需求再区分。

（3）方位角

方位角一般为90°，如果对距离有其他要求，可根据项目需求再区分。方位角90°指的是人声声源正对被测产品的角度为90°。

当前主流产品识别率的行业标准如表4-4所示。

表 4-4　识别率的行业标准

序　号	测试环境	测试距离	信　噪　比	声源方位角	句识别率	字识别率
1	安静环境	1m	不加噪	90°	≥95%	≥97%
2		3m		90°	≥90%	≥95%
3		5m		90°	≥85%	≥93%
4	常噪环境	1m	10dB	90°	≥90%	≥95%
5		3m		90°	≥85%	≥93%
6		5m		90°	≥80%	≥91%
7	高噪环境	1m	–5dB	90°	≥85%	≥93%
8		3m		90°	≥80%	≥91%
9		5m		90°	≥75%	≥89%

重点说明：

- 由于识别率是概率性指标，故数据可以有±3%的误差。正常情况下，字识别率要大于句识别率。
- 以上标准是以普通话发音为标准的，不包含方言。方言的标准可参考以上数据。

2. 打断识别率

打断识别率的行业标准场景主要考量3个维度，即测试环境、被测距离、方位角。主维度为测试环境，被测距离和方位角为测试点。

（1）测试环境

主要分为以下3种：

- 安静环境：不加噪音（安静环境的底噪一般要≤40dB）。
- 常噪环境：加噪音，信噪比为10dB（信噪比=声源到达麦克风的分贝–噪音到达麦克风的分贝）。
- 高噪环境：加噪音，信噪比为–5dB。

（2）被测距离

被测距离一般分为1m、3m、5m，如果对距离有其他要求，可根据项目需求再区分。

（3）方位角

方位角一般为90°，如果对距离有其他要求，可根据项目需求再区分。方位角90°指的是人声声源正对被测产品的角度为90°。

当前主流产品打断识别率的行业标准如表4-5所示。

表 4-5 打断识别率的行业标准

序号	测试环境	测试距离	信噪比	声源方位角	信号类别	句识别率	字识别率
1	安静环境	1m	10dB	90°	自播 TTS	≥90%	≥95%
2		3m		90°	≥90%	≥85%	≥93%
3		5m		90°	≥85%	≥80%	≥91%
4	常噪环境	1m	10dB	90°	自播音乐	≥90%	≥95%
5		3m		90°	≥85%	≥85%	≥93%
6		5m		90°	≥80%	≥80%	≥91%

重点说明：

- 由于打断识别率是概率性指标，故数据可以有±3%的误差。正常情况下，字识别率要大于句识别率。
- 以上标准是以普通话发音为标准的，不包含方言。方言的标准可参考以上数据。

4.3　自然语言处理技术评价指标与行业标准

本节我们介绍自然语言处理技术的评价指标和行业标准。

4.3.1　评价指标

自然语言处理技术的评价指标主要包含意图识别准确率、意图识别精确率、意图识别召回率和意图识别$F1$值。

1. 意图识别准确率

意图识别准确率是通过训练算法模型得出正确识别的样本数，再除以总识别的样本数的百分比（总识别样本数一般默认测试数据集全部都有识别结果，即为测试数据集总数）。

计算公式：意图识别准确率 = 正确识别的样本数/总识别的样本数×100%。

举例：

某个测试训练集，有30个红球和70个蓝球，第一轮机器一共识别出100个目标对象，其中40个红球（包括正确识别的25个红球，以及错误识别的15个蓝球）和60个蓝球（包括正确识别的55个蓝球，以及错误识别的5个红球），其混淆矩阵如表4-6所示。

表 4-6　混淆矩阵说明

混淆矩阵	识别类别 1—红球	识别类别 2—蓝球
实际类别 1—红球	25	5
实际类别 2—蓝球	15	55

答：意图识别准确率=(25+55)/100×100% = 80%。

准确率指标在各类样本不均衡的情况下，基本没有实质性的评价作用。比如有100条样本，其中99条正类，1条负类。假设一个算法模型对所有样本均预测为正类，则这个算法模型的准确率为99%。虽然这个算法模型的准确率很高，但是它无法预测负类。因此，我们需要引出精确率和召回率的概念。

2. 意图识别精确率

意图识别精确率是通过训练模型得出正确识别的样本数，再除以被识别出的样本数的百分比。意图识别精确率的前提是有识别预测的类别，比如以下例子中的预测识别红球。

计算公式：意图识别精确率 = 正确识别的样本数 / 被识别出的样本数×100%。

举例：

参照意图识别准确率中举例的混淆矩阵来解答，意图识别精确率=25/（25+15）×100%=62.5%。

3. 意图识别召回率

意图识别召回率是通过训练模型得出正确识别的样本数，再除以所有样本中正确的样本数的百分比。意图识别召回率的前提是有识别预测的类别，比如以下例子中的预测识别红球。

计算公式：意图识别召回率 = 正确识别的样本数 / 所有样本中正确的样本数×100%。

举例：

参照意图识别准确率中举例的混淆矩阵来解答，意图识别召回率=25/(25+5)×100%= 83.3%。

4. 意图识别F1值（精确率和召回率的调和平均数）

在理想情况下，我们希望模型的精确率越高越好，同时召回率也越高，但是现实情况往往事与愿违，在现实情况下，精确率和召回率像是坐在跷跷板上一样，往往是一个值升高，另一个值降低，那么有没有一个指标来综合考虑精确率和召回率？这个指标就是*F*1值。

计算公式：*F*1=2×精确率×召回率/（精确率+召回率）。

举例：

参照意图识别准确率中举例的混淆矩阵来解答，*F*1=2×62.5%×83.3%/（62.5%+83.3%）=71.4%。

以上指标都是分类算法模型的通用指标，关于分类算法模型的详细内容请看第8章的内容。

4.3.2　行业标准

自然语言处理的行业标准对外输出一般为意图识别准确率指标，其次再关注*F*1值指标（防止测试数据集样本分布不均匀）。

当前主流产品自然语言处理的行业标准如表4-7所示。

表 4-7　自然语言处理的行业标准

序　号	AI 语音技能	意图识别准确率	意图识别 *F*1 值
1	通用技能	≥90%	≥90%
2	定制技能	≥95%	≥95%

4.4 语音合成技术评价指标与行业标准

本节我们介绍语音合成的评价指标与行业标准。

4.4.1 评价指标

语音合成主要包括TTS多样性和TTS自然度两个评价指标。

1. TTS多样性

TTS多样性是针对相同语义处理的TTS播报具有多条，以凸显TTS播报更加智能化和多样化。

2. TTS自然度

TTS自然度是评估TTS合成的自然度，用来对比和真人发音的区别。

4.4.2 行业标准

1. TTS多样性

当前主流产品语音合成技术的行业标准如表4-8所示。

表 4-8 TTS 多样性标准

序　号	TTS 多样性评分细则	评价
1	1～2 条 TTS 播报	合格
2	3～5 条 TTS 播报	良好
3	>5 条 TTS 播报	优秀

举例：

表4-9给出了一个识别用户但未能返回结果的TTS多样性测试示例。

表 4-9 TTS 多样性说明

场　景	语　料	小艾动作	屏　幕	TTS
识别用户意图，但未能返回结果	小艾小艾 ……	保持麦克风监听	展现拾音动效	（1）小艾刚才走神了，您能再说一次吗？ （2）这个问题有点难，让我们做点别的吧！ （3）这个问题超纲了，小艾答不上来呢，您可以换个问题吗？ 小艾暂时没找到答案呢，您可以换个问题吗？ 小艾觉得这个问题太深奥了，您可以换个问法吗？

2. TTS自然度

TTS自然度评测主要分为专家级评测MOS和用户评测ABX。

专业级一般选用专家级评测MOS。针对的产品是面向用户的，一般选用用户评测ABX，给出备选TTS，让用户决策。

当前主流产品标准：

（1）专家级评测（主观）。1～5分，5分最好。

微软小冰公开宣传是4.3分，业内普遍认为科大讯飞的TTS合成自然度比较优秀。

（2）用户评测（主观）。1～5分，5分最好。

评分标准如表4-10所示。

表 4-10　TTS 自然度标准

序　　号	评　　分	评分标准
1	5.0	非常自然，语音情感丰富，抑扬顿挫，语音达到广播级水平，语言非常容易理解
2	4.0	自然，语音没有不正常的韵律起伏，比较清晰流畅，语言容易理解
3	3.0	语音没有严重的韵律错误，相对流畅，但有较少音节不太清晰，语言相对可以理解
4	2.0	不自然机械音，语音还算流畅，部分韵律不正常且音节不清晰，语言可理解
5	1.0	不自然机械音，语音大量韵律不正常且音节不清晰，语言需努力理解内容

4.5　本章小结

对于测试人员来说，一份详细且规范的测试评价指标和行业内标准是测试人员输出测试报告的根本。

本章详细地介绍了AI语音交互的评价指标和行业标准，涉及语音唤醒技术、语音识别技术、自然语音处理技术、语音合成技术，以此为评价AI语音交互效果以及功能好坏提供明确的指标和要求说明，也为测试方向和测试报告的编写提供适当的技术指导。

第 5 章

语音数据准备

AI语音测试前最重要的一项工作就是准备“语音数据”，主要包含“语音音频文本”和“噪音源音频文本”。无论是语音唤醒测试，还是语音识别测试，尤其是后期的AI语音产品自动化测试，都离不开“音频文本”。

5.1 语音音频文本准备

“语音音频文本”通俗来讲就是“用户对语音产品所说的话”，简称语料，通常为WAV格式的音频文件。语音音频文本准备就是对于这些语料音频的收集准备工作。

5.1.1 语音音频文本准备方式

1. 真人录音

通过真人录音方式来获得语音音频文本。

2. 计算机合成

通过计算机TTS合成来获得语音音频文本。

3. 优缺点

真人录音和计算机合成获得的语音各有其优点，也有其不足，具体如表5-1所示。

表 5-1　TTS 自然度标准

方　式	优　点	缺　点
真人录音	1. 声音真实，保真度高，情感丰富。 2. 音频多样性高，更符合用户需求，比如方言等	1. 录音耗时比较长。 2. 对录音环境有要求，需要一定的场地和设备

（续表）

方　式	优　点	缺　点
计算机合成	1. 音频合成耗时少。 2. 音频合成内容多样性，比如多条相同语义的语料合成（我想听、我要听、播放等）	合成音频自然度低，有一定的机械音。 合成音频多样性存在一定的限制，不能随心所欲地合成想要的音频，比如不同年龄差的音频

5.1.2　语音音频文本准备方案

1. 真人录音方案

（1）录音环境

- 最佳：专业的录音室，保证最佳的录音保真度。
- 相对良好：选择底噪<40dB的安静环境，且环境回声低。

（2）录音设备

- 最佳：专业的录音设备，保证录音自然度和无底噪。
- 最差：手机或计算机录音，但一定要保证录音文本无底噪。

（3）录音准备（9 个因素）

- 音频文本内容：唤醒文本内容、识别文本内容。
- 性别：男、女。
- 年龄（音色、中气）：小孩、中年、老年。
- 语种：中文、英文、韩文等。
- 中文口音：普通话、方言等。
- 音量高低：高音、低音。
- 声音情感：柔和、雄壮、愤怒等。
- 语调：停顿，轻音、重音等。
- 语速：正常语速、慢语速、快语速。

（4）录音次数

相同录音各准备3～5条，保证录音前期文本准备的充足性和稳定性。

（5）录音计划安排

根据项目实际情况来编写录音计划安排。

2. 计算机合成方案

（1）合成环境

无环境要求。

（2）合成设备

计算机和自研合成工具。

（3）合成准备（3 个因素）

① 音频文本内容：唤醒文本内容、识别文本内容。
② 发音人：普通女声、普通男声、情感男声<度逍遥>、情感儿童声<度丫丫>等。
③ 语速（语速spd值0～9）。

- 正常语速（spd值=5）。
- 慢语速（spd值=3）。
- 快语速（spd值=7）。

④ 音调

- 正常音调（pit值=5）。
- 音调舒缓（pit值=3）。
- 音调尖锐（pit值=7）。

⑤ 音量

- 正常音量（vol值=8）。
- 低音量（vol值=3）。
- 高音量（vol值=13）。

（4）录音次数

相同录音各准备3～5条，保证录音前期文本准备的充足性和稳定性。

（5）录音计划安排

根据项目实际情况来编写计划安排。

5.2　语音合成工具

针对上一节介绍的语音音频文本准备方案，本节将详细介绍计算机合成音频文本的方式。

5.2.1　批量语音合成工具

1. 背景说明

本例的音频合成工具使用的是百度语音合成测试版本，HTTP协议的get请求。可登录百度AI开放平台申请专属版本，或在其他AI开放平台申请，比如讯飞AI开放平台。

2. 前提条件

（1）网络正常，因为是URL链接请求，故网络状态需正常。

（2）开发者access_token可用状态。

> 注意　若遇到工具合成后未查询到合成音频文件，则很大概率是开发者access_token失效。

（3）如何获取有效的开发者access_token？

access_token的获取：进入百度API开发的应用管理中，找到已开通的服务（带有语音合成功能），查看以下各项Key值。

- App ID：****。
- API Key：****。
- Secret Key：****。

使用Client Credentials获取Access Token需要应用在其服务端发送请求（推荐用POST方法）到百度OAuth2.0授权服务的https://openapi.baidu.com/oauth/2.0/token地址上，并带上以下参数：

- grant_type：必需参数，固定为client_credentials。
- client_id：必需参数，应用的API Key。
- client_secret：必需参数，应用的Secret Key。

举例：

```
https://openapi.baidu.com/oauth/2.0/token?grant_type=client_credentials&client_id=Va5yQRHl*******LT0vuXV4&client_secret=0rDSjzQ20XUj5i*******PQSzr5pVw2&
```

将地址放入页面，返回一个JSON字符串：


```
{"access_token":"******","session_key":"9mzdXUWcyJXr7ReyS9dBylQb//n3fV3a7fzDSNpi1C
bhzc6ttriwrvrBXIWW5+alqnD1E816QbRN3hmrSSY1tcxjRqLn8w==","scope":"public audio_post_TTS
audio_voice_assistant_get wise_adapt lebo_resource_base lightservice_public hetu_basic
lightcms_map_poi kaidian_kaidian ApsMisTest_Test\u6743\u9650 vis-classify_flower",
"refresh_token":"25.3ef9cb9ab0766ae5bdd3b28fce327712.315360000.1824795213.282335-100574
58","session_secret":"ea63cd666c7ac485ba361338f47dd56f","expires_in":2592000}
```

这样access_token就获取成功了。

3. 前期准备

（1）准备音频内容文件（TXT格式）。
（2）新建存放音频内容文件和合成音频文件的文件夹。

4. 测试执行

打开音频合成工具，双击voice_synthesisv3.0.exe启动，如图5-1所示。

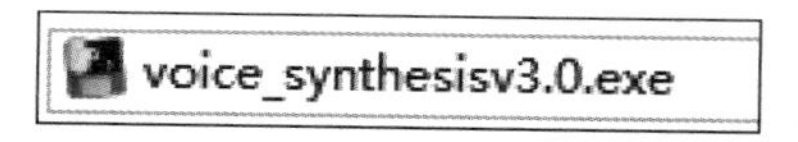

图 5-1　打开音频合成工具

5. 音频合成工具介绍

语音批量合成工具如图5-2所示。

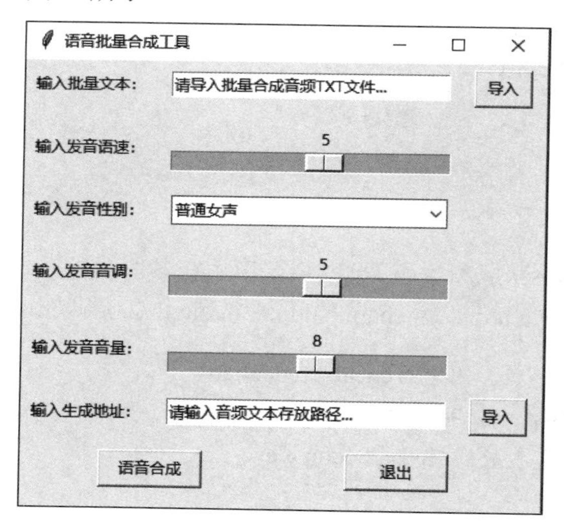

图 5-2　语音批量合成工具

- 合成文本：TXT文本，使用UTF-8编码，每个音频合成内容不超过120GBK字节，即60个汉字、字母或数字。
- 发音人选择,0为普通女声,1为普通男声,3为情感男声<度逍遥>,4为情感儿童声<度丫丫>,默认为普通女声。
- 语速，取值0～9，默认为5，即中语速。
- 音调，取值0～9，默认为5，即中音调。
- 音量，取值0～15，默认为8，即中音量。

- 音频文本存放路径：存放合成音频文本文件夹。
- 语音合成：单击“语音合成”按钮，批量合成音频文件。
- 退出：单击“退出”按钮，退出并关闭工具。

6. 音频内容详解

（1）合成音频内容分类

包括：纯中文、纯英文、中英文混合、内容带数字。

举例：

- 纯中文—我想听刘德华的歌。
- 纯英文—i love you（各单词间需用空格隔开）。
- 中英文混合—我想听i love you。
- 内容带数字—打电话给110。

（2）多音字

多音字可以通过标注自行定义发音。

举例：

- 重（chong2）报集团。
- 重（zhong4）心。

5.2.2　语音合成工具源代码

以下是上述语音合成工具的源代码：

```
# -*- coding: UTF-8 -*-
"""
```

- tex：合成的文本，使用UTF-8编码。小于512个中文字或者英文数字（文本在百度服务器内转换为GBK后，长度必须小于1024字节）。
- tok：开放平台获取到的开发者access_token。
- cuid：用户唯一标识，用来区分用户，计算UV值。建议填写能区分用户的机器MAC地址或IMEI码，长度在60字符以内。
- ctp：客户端类型选择，Web端填写固定值1。
- lan：固定值zh。语言选择，目前只有中英文混合模式，填写固定值zh。
- spd：语速，取值0～9，默认为5，即中语速。
- pit：音调，取值0～9，默认为5，即中语调。
- vol：音量，取值0～15，默认为5，即中音量。

- per: 发音人选择, 0为普通女声, 1为普通男声, 3为情感男声<度逍遥>, 4为情感儿童声<度丫丫>, 默认为普通女声。

```
"""

import urllib.request
from urllib.parse import quote, unquote
import tkinter.messagebox
from tkinter import ttk
from tkinter import filedialog
from tkinter import *

class voice_Synthesis(object):
    """
    TTS音频合成
    """

    def __init__(self, master=None):
        """
        初始化GUI窗口+实例
        :param master: 实例化一个窗口参数
        """
        self.master = master

        # 将窗口的标题设置为'语音批量合成工具'
        self.master.title('语音批量合成工具')

        # 获取屏幕尺寸，使窗口位于屏幕中央
        width = 400
        height = 355
        screenwidth = self.master.winfo_screenwidth()      # 获取屏幕的宽度和高度(分辨率)
        screenheight = self.master.winfo_screenheight()   # 获取屏幕的宽度和高度(分辨率)
        self.master.geometry('%dx%d+%d+%d' % (
            width, height, (screenwidth - width) / 2,
            (screenheight - height) / 2))  # 设置窗口位置和修改窗口大小(窗口宽×窗口高+
                                             窗口位于屏幕x轴+窗口位于屏幕y轴)

        self.creat_entrance()

    def creat_entrance(self):
        self.get_per_combobox = StringVar()
        self.get_spd_scale = StringVar()
        self.get_pit_scale = StringVar()
        self.get_vol_scale = StringVar()

    def mainPage(self):
        # 标题文本
        tkinter.Label(self.master, text="输入批量文本: ").grid(row=0, padx=5)
        tkinter.Label(self.master, text="输入发音语速: ").grid(row=1, padx=5)
        tkinter.Label(self.master, text="输入发音性别: ").grid(row=2, padx=5)
        tkinter.Label(self.master, text="输入发音音调: ").grid(row=3, padx=5)
        tkinter.Label(self.master, text="输入发音音量: ").grid(row=4, padx=5)
        tkinter.Label(self.master, text="输入生成地址: ").grid(row=5, padx=5)
```

```
# 导入音频TXT文件
# 文本输入框
self.e1 = tkinter.Entry(self.master, width=30)
# 位置：column代表列 row 代表行
self.e1.grid(row=0, column=1, padx=9, pady=8)
# 输入框默认内容
self.e1.insert(0, "请导入批量合成音频TXT文件...")
# 导入TXT文件按键
button_opentxt=tkinter.Button(self.master,text="导入", command=self.open_txt,
               width=5).grid(row=0, column=2, padx=5, pady=5)
# 选择合成发音人
# 创建一个下拉列表
e2 = ttk.Combobox(self.master, width=27, textvariable=self.get_per_combobox,
                  postcommand=self.get_per)
# 设置下拉列表的值
e2['value'] = ("普通女声", "普通男声", "情感男声<度逍遥>", "情感儿童声<度丫丫>")
# 位置：column代表列，row代表行
e2.grid(column=1, row=2, padx=9, pady=8)
# 设置下拉列表默认显示的值，0为 numberChosen['values'] 的下标值
e2.current(0)

# 选择合成语速
# 滑动条，数值从0到9，水平滑动，每刻度步长1
e3 = tkinter.Scale(self.master, from_=0, to=9, orient='horizontal',
                   resolution=1, length=215, variable=self.get_spd_scale)
# 位置：column代表列，row代表行
e3.grid(row=1, column=1, padx=9, pady=8)
# 设置初始值
e3.set(5)

# 选择合成音调
# 滑动条，数值从0到9，水平滑动，每刻度步长1
e4 = tkinter.Scale(self.master, from_=0, to=9, orient='horizontal',
                   resolution=1, length=215, variable=self.get_pit_scale)
# 位置：column代表列，row代表行
e4.grid(row=3, column=1, padx=9, pady=8)
# 设置初始值
e4.set(5)

# 选择合成音量
# 滑动条，数值从0到15，水平滑动，每刻度步长1，回调get_per函数
e5 = tkinter.Scale(self.master, from_=0, to=15, orient='horizontal',
                   resolution=1, length=215, variable=self.get_vol_scale)
# 位置：column代表列，row代表行
e5.grid(row=4, column=1, padx=9, pady=8)
# 设置初始值
e5.set(8)

# 导入音频合成存放文件夹
# 文本输入框
self.e6 = tkinter.Entry(self.master, width=30)
```

```
        # 位置：column代表列，row代表行
        self.e6.grid(row=5, column=1, padx=9, pady=8)
        # 插入默认内容
        self.e6.insert(0, "请输入音频文本存放路径...")
        # 导入文件夹按键
        button_openfile = tkinter.Button(self.master, text="导入",
                            command=self.open_file, width=5).grid(row=5, column=2,
                            padx=5, pady=5)

        # 退出窗口按钮
        tkinter.Button(self.master, text="退出", width=10,command=self.master.quit).
                        grid(row=6, column=1, stick='e',padx=10, pady=10)
        # 语音合成按钮
        tkinter.Button(self.master, text='语音合成', width=10, command=self.tts_zh).
                        grid(row=6, column=0, sticky='w', padx=60, pady=10,
                        columnspan=2)

    def open_txt(self):
        """
        音频TXT文件导入
        :return:
        """
        # 打开TXT文件
        filename = filedialog.askopenfilename(title='打开txt文件',
                                              filetypes=[('txt','*.txt')])
        # 删除之前的输入框中的默认内容
        self.e1.delete(0, 'end')
        # 往entry中插入TXT文件路径
        self.e1.insert('insert', filename)

    def open_file(self):
        """
        音频文件输出文件夹导入
        :return:
        """
        # 打开文件夹
        filename = filedialog.askdirectory(title='打开文件夹')
        # 删除之前的输入框中的默认内容
        self.e6.delete(0, 'end')
        # 往entry中插入文件夹路径
        self.e6.insert('insert', filename)

    def get_per(self):
        """
        发音人选择
        :return: 不同类别的发音人
        """
        if self.get_per_combobox.get() == "普通女声":
            showBoxSelect = 0
            return showBoxSelect

        elif self.get_per_combobox.get() == "普通男声":
            showBoxSelect = 1
```

```
        return showBoxSelect

    elif self.get_per_combobox.get() == "情感男声<度逍遥>":
        showBoxSelect = 3
        return showBoxSelect

    elif self.get_per_combobox.get() == "情感儿童声<度丫丫>":
        showBoxSelect = 4
        return showBoxSelect

   def readFile(self):
    """
    音频TXT文件获取
    :return: 音频内容列表
    """
    # 定义一个列表
    params = []

    # 判断-音频TXT文件地址输入是否为空
    if self.e1.get() is None or self.e1.get() == "":
        tkinter.messagebox.showerror('报警', "音频合成文件地址为空！")

    else:
        # 异常判断-音频TXT文件是否存在或名称正确性
        try:
            # 打开路径地址的文本
            file = open(self.e1.get(), 'r', encoding="gbk")
            # 遍历文本内容生成列表
            for line in file:
                params.append(line.strip())
            return params

        except FileNotFoundError as err:
            tkinter.messagebox.showerror('报警', "音频TXT文件不存在或名称错误！")

        except:
            tkinter.messagebox.showerror('报警', "未知异常{0}！".
                                         format (sys.exc_info()[0]))

def get_urls(self):
    """
    音频合成请求URL链接获取
    :return: 批量音频合成请求URL链接列表
    """
    # 获取发音人选择结果
    per = str(self.get_per())
    # 获取语速滑动位置的数值
    spd = str(self.get_spd_scale.get())
    # 获取音调滑动位置的数值
    pit = str(self.get_pit_scale.get())
    # 获取音量滑动位置的数值
    vol = str(self.get_vol_scale.get())

    # 异常判断-音频内容列表获取
```

```
        try:
            # 获取音频内容列表
            items = self.readFile()

        except TypeError as err:
            pass

        else:
            # 遍历音频内容-合成音频文本
            urls = []
            # urlencode编码: quote()
            for item in items:
                url = 'http://tsn.baidu.com/text2audio?tex=' + quote(item) +
                      '&lan=zh&cuid=abcdxxx&ctp=1&tok=
                      25.faa5db2d39bbc635c029d6130a524ae4.
                      315360000.1945317727.282335-15569139&per=' + per + \
                     '&spd=' + spd + '&pit=' + pit + '&vol=' + vol + ''
                urls.append(url)
            return urls

    def tts_zh(self):
        """
        中英文-语音TTS合成
        :return:
        """
        # 异常判断-批量音频合成请求URL链接列表获取
        try:
            # 获取批量音频合成请求URL链接
            urls = self.get_urls()

        except:
            pass

        else:
            i = 0
            # 判断-音频合成文件输出地址是否为空
            if self.e6.get() is None or self.e6.get() == "":
                tkinter.messagebox.showerror('报警', "音频合成文件输出路径为空！")

            else:
                for url in urls:
                    # 获取音频合成内容，以此来存放音频文本地址，且以音频内容命名音频文件
                    url_item = url.split('=')[1].split('&')[0]
                    # urlencode解码:unquote()
                    item = unquote(url_item)
                    # 音频文本存放地址，且以音频内容命名音频文件
                    filename = self.e6.get() + '/' + item + '.mp3'

                    # 异常判断-音频合成文件地址是否存在或名称的正确性

                    try:
                        urllib.request.urlretrieve(url, filename, reporthook=None,
                        data=None)
```

```
                i = i + 1

            except FileNotFoundError as err:
                tkinter.messagebox.showerror('报警', "音频合成文件输出路径不存在或
                                                    名称错误！")
                break

            except PermissionError as err:
                tkinter.messagebox.showerror('报警', "音频合成文件输出路径中有相同
                                                    合成音频文件{0}！".format(filename))

            except:
                tkinter.messagebox.showerror('报警', "未知异常{0}".
                                                    format(sys.exc_info()[0]))
                break

            else:
                if i == 1:
                    # 弹窗提示语音TTS合成成功
                    tkinter.messagebox.showinfo('语音合成信息', "音频合成成功！
                            文件路径在{0}中".format(self.e6.get()))
                else:
                    pass

if __name__ == '__main__':
    # 创建一个窗口
    master = tkinter.Tk()

    # 运行主函数
    voice_Synthesis(master).mainPage()

    # 窗口主循环开始
    master.mainloop()
```

5.3　噪音源音频文本准备

“噪音源音频文本”指的是语音产品所在环境的外噪音频文本，通常也是WAV格式的音频文件。噪音源音频文本准备就是对于不同噪音源的收集准备工作。

5.3.1　噪音源音频文本准备方式

当前只有真实环境录音这一种方式，本文以（居家）智能音箱为例介绍，通过录音的方式来获得噪音源音频文本。

居家环境一般会考虑3种噪音源：

- 电视剧的人声。
- 音乐声。

- 人与人的交谈声。

5.3.2 噪音源音频文本准备方案

1. 录音环境

家庭环境—客厅，家庭环境—卧室。

2. 录音设备

- 最佳：专业的录音设备，保证录音自然度和无底噪。
- 最差：手机或计算机录音，但一定要保证录音文本无底噪。

3. 录音准备（4个因素）

（1）音频文本内容：电视剧的人声、音乐声、人与人的交谈声。
（2）音量高低：尽可能高音量。
（3）录音时长：保持每段噪音源的音频时长为1小时。
（4）录音设备摆放位置：靠近噪音源扬声器的位置。

4. 录音计划安排

根据项目实际情况来编写计划安排。

注意 每段噪音源的音频录音完成后，需试听一下保证录音没有丢失、串音等问题。

5.4 本章小结

本章详细地介绍了如何准备语音数据、语音数据准备的要求和条件以及语音数据准备的方式，并且系统详细地介绍了数据准备的重要性和必需性。

语音数据准备是后面各项测试工作的基石，是专业化和数据化测试的量化准则，所以准备一份合格且标准的语音数据文本是测试工作前的重点内容。

第 6 章

AI语音产品的黑盒测试

本章主要介绍AI语音产品的黑盒测试，主要包含AI语音效果测试、AI语音功能测试、AI语音稳定性测试3个方向，详细讲解各个方向的测试原理、测试过程和测试实践。

6.1 AI 语音产品的黑盒测试简介

在介绍AI语音产品的黑盒测试之前，我们要知道什么是黑盒测试。根据百度百科了解到，黑盒测试是通过测试来检测每个功能是否能正常使用的一种测试方式。在测试中，把程序看作一个不能打开的黑盒子，在完全不考虑程序内部结构和内部特性的情况下，在程序接口进行测试，它只检查程序功能是否按照需求规格说明书的规定正常使用，程序是否能够适当地接收输入数据而产生正确的输出信息。黑盒测试着眼于程序外部结构，不考虑内部逻辑结构，主要针对软件界面和软件功能进行测试。

黑盒测试是以用户的角度，从输入数据与输出数据的对应关系出发进行测试的。很明显，如果外部特性本身设计有问题或规格说明书的规定有误，那么用黑盒测试方法是发现不了问题的。黑盒测试又叫功能测试、数据驱动测试或基于需求规格说明书的功能测试。这类测试注重测试软件的功能性需求。

通过以上介绍，我们了解了黑盒测试的概念，那么AI语音产品的黑盒测试如何解读？其实AI语音产品的黑盒测试就是针对AI语音产品软件和AI语音功能的黑盒测试，当前AI语音产品的黑盒测试主要包含AI语音效果测试、AI语音特性功能测试两个方向，下文会详细介绍。

6.1.1 AI 语音效果测试简介

AI语音效果测试主要是针对3大AI语音技术效果的测试，通俗地来讲，就是获取“用户语音输入”结果的正确性，主要包括AI语音唤醒效果测试和AI语音识别效果测试。

1. AI语音唤醒效果测试

主要包括以下3个方面：

- 唤醒率测试。
- 打断唤醒率测试。
- 误唤醒率测试。

2. AI语音识别效果测试

主要包括以下两个方面：

- 识别率测试。
- 打断识别率测试。

6.1.2 AI 语音功能测试简介

AI语音功能测试一般包括AI语音基础功能测试和AI语音特性功能测试。AI语音基础功能测试包括语音唤醒功能测试、语音识别功能测试、自然语言处理功能测试、语音TTS合成功能测试等。AI语音特性功能测试一般是指根据AI语音特性功能（比如上下文理解、声源定位等）测试用例逐项测试，检查各项内容是否达到产品需求。上文我们介绍了10个AI语音特性，本节将详细介绍这10个AI语音特性的功能测试。

6.2 AI 语音唤醒效果测试

本节主要从不同的产品定位来详细介绍AI语音唤醒效果测试。针对静态/动态环境产品进行AI语音唤醒效果测试，主要包括3个测试重点：唤醒率测试、打断唤醒率测试、误唤醒率测试。

6.2.1 唤醒率测试（静态环境产品）

唤醒率测试就是针对语音唤醒率的测试项，前文已详细介绍了唤醒率的概念，此处不再做解释，以静态环境产品（居家）智能音箱为例，实际产品比如天猫精灵。

1. 测试目的

模拟家庭用户常用场景进行测试，真实地反映用户的唤醒效果。

2. 测试资源

用于测试的硬件配置如表6-1所示。

表 6-1 硬件配置

关 键 项	数 量	性能要求
笔记本电脑	1 台	麦克风正常可用
音箱	2 台	音质需高保真度

3. 测试场景设计

测试场景设计主要就是模拟实际使用场景，场景设计一般包括测试环境、被测距离、方位角和唤醒状态等维度。

（1）测试环境

测试环境是指设备所处的外部噪音环境，主要分为3种，如果对噪音有其他要求，可根据项目需求再区分。

- 安静环境：不加噪音（安静环境的底噪一般要≤40dB）。
- 常噪环境：加噪音，信噪比为10dB（信噪比=声源到达麦克风的分贝–环境底噪）。
- 高噪环境：加噪音，信噪比为–5dB。

说明 噪音源一般距离被测产品2m。

（2）被测距离

用户发音位置和产品麦克风间的距离，一般分为1m、3m、5m，如果对距离有其他要求，可根据项目需求再区分。

（3）方位角

方位角是指人声声源与被测产品水平间的角度，一般选择人声声源正对被测产品的角度90°，如果对角度有其他要求，可根据项目需求再区分（一般以5°划分角度）。

（4）唤醒状态

唤醒状态是指语音唤醒设备前“唤醒是否启动”，唤醒状态分为小康已唤醒状态和小康未唤醒状态，一般选用小康未唤醒状态。

4. 测试准备

测试准备主要是指测试前的数据准备，一般包括唤醒音频准备、噪音音频准备等。这些数据准备的方法和步骤上文已详细介绍，本节只介绍对应项目的具体要求。

（1）测试集

- 唤醒词：200条。
- 语速：快语速、正常语速和慢语速的比例为1:2:1。
- 性别：男女比例为1:1。

- 语种：中文。
- 口音：普通话。

说明 若有其他音频要求，可参考5.1.2节选择。

（2）外部噪音源

居家环境一般会考虑以下3种外部噪音源：

- 电视剧的人声。
- 音乐声。
- 人与人的交谈声。

说明

- 测试一般选择将3种噪音源合并为一条噪音源。
- 若测试数据有一定偏差和不准确，则可将噪音源分开，单独测试。

---

5. 测试用例设计

根据测试场景设计完成测试用例设计，一般测试用例的设计采用表格记录形式，左边列举各种场景维度和要求，右边记录唤醒率，如表6-2所示。

表 6-2　唤醒率测试用例

<table>
<tr><th>序　号</th><th>测试环境</th><th>声源与麦克风的距离（m）</th><th>声源到达麦克风的分贝（dB）</th><th>外噪到达麦克风的分贝（dB）</th><th>信噪比（dB）</th><th>唤醒状态</th><th>发音人性别</th><th>方位角（°）</th><th>唤醒词条数</th><th>唤　醒　率</th></tr>
<tr><td>1</td><td rowspan="6">安静环境</td><td rowspan="2">1m</td><td rowspan="6">65dB</td><td rowspan="6">环境底噪≤40dB</td><td rowspan="6">≥20dB（不加外噪）</td><td rowspan="18">设备未唤醒</td><td>男</td><td>90</td><td>200</td><td></td></tr>
<tr><td>2</td><td>女</td><td>90</td><td>200</td><td></td></tr>
<tr><td>3</td><td rowspan="2">3m</td><td>男</td><td>90</td><td>200</td><td></td></tr>
<tr><td>4</td><td>女</td><td>90</td><td>200</td><td></td></tr>
<tr><td>5</td><td rowspan="2">5m</td><td>男</td><td>90</td><td>200</td><td></td></tr>
<tr><td>6</td><td>女</td><td>90</td><td>200</td><td></td></tr>
<tr><td>7</td><td rowspan="6">常噪环境</td><td rowspan="2">1m</td><td rowspan="6">65dB</td><td rowspan="6">55dB</td><td rowspan="6">10dB</td><td>男</td><td>90</td><td>200</td><td></td></tr>
<tr><td>8</td><td>女</td><td>90</td><td>200</td><td></td></tr>
<tr><td>9</td><td rowspan="2">3m</td><td>男</td><td>90</td><td>200</td><td></td></tr>
<tr><td>10</td><td>女</td><td>90</td><td>200</td><td></td></tr>
<tr><td>11</td><td rowspan="2">5m</td><td>男</td><td>90</td><td>200</td><td></td></tr>
<tr><td>12</td><td>女</td><td>90</td><td>200</td><td></td></tr>
<tr><td>13</td><td rowspan="6">高噪环境</td><td rowspan="2">1m</td><td rowspan="6">65dB</td><td rowspan="6">70dB</td><td rowspan="6">–5dB</td><td>男</td><td>90</td><td>200</td><td></td></tr>
<tr><td>14</td><td>女</td><td>90</td><td>200</td><td></td></tr>
<tr><td>15</td><td rowspan="2">3m</td><td>男</td><td>90</td><td>200</td><td></td></tr>
<tr><td>16</td><td>女</td><td>90</td><td>200</td><td></td></tr>
<tr><td>17</td><td rowspan="2">5m</td><td>男</td><td>90</td><td>200</td><td></td></tr>
<tr><td>18</td><td>女</td><td>90</td><td>200</td><td></td></tr>
</table>

6. 测试执行

（1）测试环境搭建和配置

唤醒率测试环境的搭建和配置说明如下：

- 正中心摆放被测设备。
- “噪音播放音箱”放置在被测设备同水平线上且正对被测设备，左侧/右侧相距被测设备2m处（综合考虑中间距离得出的2m，该值可根据项目实际情况改变），一般选择方位角90°，如果对角度有其他要求，可根据项目需求再区分（行业内一般以5°划分角度）。
- “唤醒播放音箱”放置在被测设备正对面方位角90°的位置，左侧/右侧相距被测设备1m/3m/5m处，如果对角度有其他要求，可根据项目需求再区分（行业内一般以5°划分角度）。

唤醒率测试环境搭建原理图如图6-1所示。

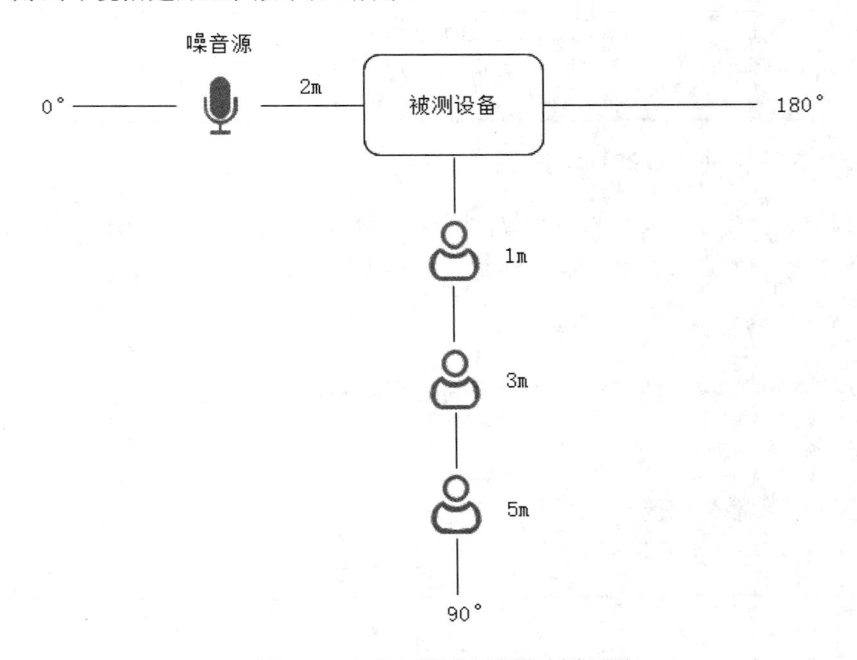

图 6-1　唤醒率测试环境搭建原理图

（2）测试执行步骤和方法

根据测试用例要求部署测试环境和测试场景，逐条完成测试用例，记录唤醒率结果。

（3）注意事项

- 若测试数据有异常，可进行多次求平均数来评估（通常是测试3～5次求平均数）。
- 一般男生唤醒率≥女生唤醒率，以经验数据来看，约为3%～5%。

7. 时间计划安排

各测试项可规划好具体的时间，以按计划有序进行，保证准时完成，参考表6-3所示。

表 6-3 硬件配置

序号	测试项	主要内容和交付物	完成时间	工作天数	责任人	备注
1	测试环境搭建部署	完成测试步骤第一步				
2	测试方案编写	完成测试方案编写				
3	测试用例编写	完成测试用例编写				
4	测试文档评审	项目组/部门内完成测试方案和测试用例评审				
5	测试执行	逐条执行测试用例，记录测试结果				
6	测试报告编写和发布	测试结束后，完成对应版本的测试报告，并发送通知项目组/部门				

6.2.2 打断唤醒率测试（静态环境产品）

打断唤醒率测试就是针对语音打断唤醒率的测试项，前文已详细介绍了打断唤醒率的概念，此处不再解释，以静态环境产品（居家）智能音箱为例，实际产品比如天猫精灵。

1. 测试目的

测试回声消除的效果，验证特殊场景下的唤醒效果。

2. 测试资源

具体硬件配置如表6-4所示。

表 6-4 硬件配置

关键项	数量	性能要求
笔记本电脑	2 台	麦克风正常可用
音箱	2 台	音质需高保真度

3. 测试场景设计

测试场景设计主要就是实际使用场景的模拟，场景设计一般包括测试环境、被测距离、方位角、信号类别等维度。

（1）测试环境

一般选择安静环境：不加环境噪音（安静环境的底噪一般要≤40dB），信噪比为10dB（信噪比=声源到达麦克风的分贝–自播音频到达麦克风的分贝）。如果对加噪环境有测试要求，可根据项目需求再区分。

（2）被测距离

用户发音位置和产品麦克风间的距离，一般分为1m、3m、5m，如果对距离有其他要求，可根据项目需求再区分。

（3）方位角

方位角是指人声声源与被测产品水平间的角度，一般选择人声声源正对被测产品的角度90°，如果对角度有其他要求，可根据项目需求再区分（一般以5°划分角度）。

（4）信号类别

信号类别主要指自播音频的类型，比如自播音乐、自播视频、自播TTS等。

4. 测试准备

测试准备主要是指测试前的数据准备，一般包括唤醒音频准备、噪音音频准备等。这些数据准备的方法和步骤上文已详细介绍，本节只介绍对应项目的具体要求。

（1）测试集

- 唤醒词：200条。
- 语速：快语速、正常语速和慢语速的比例为1:2:1。
- 性别：男女比例为1:1。
- 语种：中文。
- 口音：普通话。

说明 若有其他音频要求，可参考5.1.2节选择。

（2）自身噪音源

一般会考虑两种自身噪音源：

- 自播音乐声（同一首音乐）。
- 自播TTS声（同一段TTS播报）。

5. 测试用例设计

根据测试场景设计完成测试用例设计，一般测试用例的设计采用表格记录形式，左边列举各种场景维度和要求，右边记录唤醒率，如表6-5所示。

表 6-5　打断唤醒率测试用例

序　号	测试环境	声源与麦克风的距离（m）	声源到达麦克风的分贝（dB）	外噪到达麦克风的分贝（dB）	信噪比（dB）	发音人性别	方位角（°）	信号类别	唤醒词条数	打断唤醒率
1	安静环境	1m	65dB	环境底噪≤40dB	≥20dB（不加外噪）	男	90	自播音乐	200	
2						女	90		200	
3		3m				男	90		200	
4						女	90		200	
5		5m				男	90		200	
6						女	90		200	
7		1m				男	90	自播TTS	200	
8						女	90		200	
9		3m				男	90		200	
10						女	90		200	
11		5m				男	90		200	
12						女	90		200	

6. 测试执行

（1）测试环境搭建和配置

唤醒率测试环境的搭建和配置说明如下：

- 正中心摆放被测设备。
- “唤醒播放音箱”放置在被测设备正对面方位角90°的位置，左侧/右侧相距被测设备1m/3m/5m处，如果对角度有其他要求，可根据项目需求再区分（行业内一般以5°划分角度）。
- 测试前使用被测设备播放音乐/播放TTS。

打断唤醒率测试环境搭建原理图如图6-2所示。

（2）测试执行步骤和方法

根据测试用例要求部署测试环境和测试场景，逐条完成测试用例，记录打断唤醒率结果。

（3）注意事项

- 若测试数据有异常，可进行多次求平均数来评估（通常测试3～5次求平均数）。
- 一般男生唤醒率≥女生唤醒率，以经验数据来看，约为3%～5%。

7. 时间计划安排

时间计划安排表如表6-6所示。

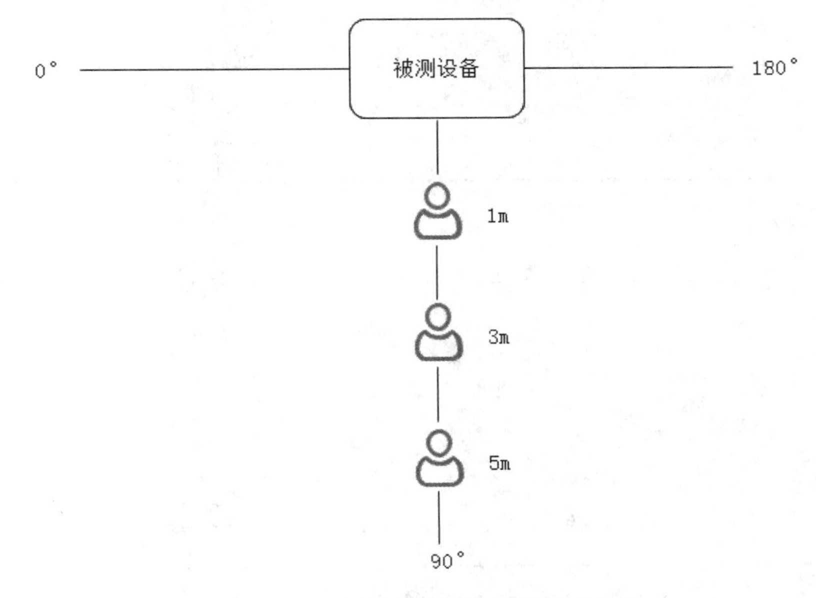

图 6-2　打断唤醒率测试环境搭建原理图

表 6-6　时间计划安排表

序　号	测 试 项	主要内容和交付物	完成时间	工作天数	责 任 人	备　注
1	测试环境搭建部署	完成测试步骤第一步				
2	测试方案编写	完成测试方案编写				
3	测试用例编写	完成测试用例编写				
4	测试文档评审	项目组/部门内完成测试方案和测试用例评审				
5	测试执行	逐条执行测试用例，记录测试结果				
6	测试报告编写和发布	测试结束后，完成对应版本的测试报告，并发送通知给项目组/部门				

6.2.3　误唤醒率测试（静态环境产品）

误唤醒率测试就是针对语音误唤醒的测试项，前文已详细介绍了误唤醒率的概念，此处不再解释，以静态环境产品（居家）智能音箱为例，实际产品比如天猫精灵。

1. 测试目的

测试产品的误唤醒率，保证产品的唤醒体验效果。

2. 测试资源

具体测试硬件配置如表6-7所示。

表 6-7 硬件配置

关 键 项	数 量	性能要求
笔记本电脑	1 台	麦克风正常可用
音箱	1 台	音质需高保真度

3. 测试场景设计

测试场景设计主要就是实际使用场景的模拟，场景设计一般包括两个维度，即测试环境和测试时长。

（1）测试环境

主要分为以下两种：

- 安静环境：不加噪音（安静环境的底噪一般要≤40dB）。
- 常噪环境：加噪音，信噪比为10dB（信噪比=声源到达麦克风的分贝–噪音到达麦克风的分贝）。

说明 如果对加噪环境有测试要求，可根据项目需求再区分。

（2）测试时长

测试时长一般定为24小时，如果对测试时长有其他要求，可根据项目需求再区分。

4. 测试准备

测试准备主要是指测试前的数据准备，一般只包括噪音音频准备。数据准备的方法和步骤上文已详细介绍，本节只介绍对应项目的具体要求。

居家环境一般会考虑3种外部噪音源：

- 电视剧的人声。
- 音乐声。
- 人与人的交谈声。

说明

- 测试一般选择将3种噪音源合并为一条噪音源。
- 若测试数据有一定偏差和不准确，则可将噪音源分开，单独测试。

5. 测试用例设计

根据测试场景设计完成测试用例设计，一般测试用例的设计采用表格记录形式，左边列举各种场景的维度和要求，右边记录误唤醒率，如表6-8所示。

表 6-8　测试用例

序　号	测试环境	性能要求	信　噪　比	测试时长	误唤醒率
1	安静环境	环境底噪≤40dB	≥20dB（不加外噪）	24 小时	
2	常噪环境	50dB	10dB	24 小时	

6. 测试执行

（1）测试环境搭建和配置

唤醒率测试环境的搭建和配置说明如下：

- 正中心摆放被测设备。
- “噪音播放音箱”放置在被测设备同水平线上且正对被测设备，左侧/右侧相距被测设备2m处（综合考虑中间距离得出的2m，该值可根据项目实际情况进行改变），一般选择方位角90°，如果对角度有其他要求，可根据项目需求再区分（行业内一般以5°划分角度）。

误唤醒测试环境搭建原理图如图6-3所示。

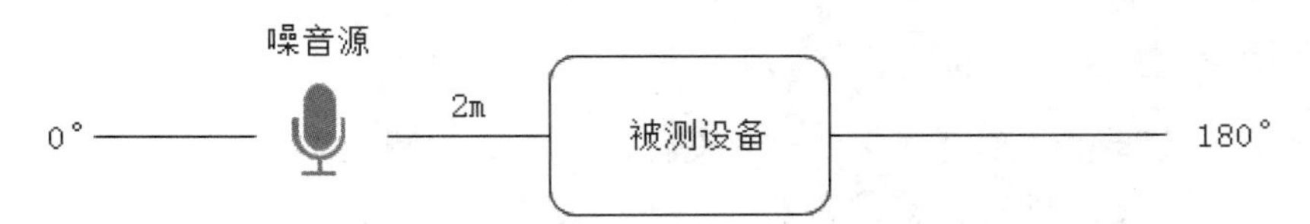

图 6-3　误唤醒率测试环境搭建原理图

（2）测试执行步骤和方法

根据测试用例要求部署测试环境和测试场景，逐条完成测试用例，记录误唤醒率结果。

7. 时间计划安排

时间计划安排表如表6-9所示。

表 6-9　时间计划安排表

序　号	测　试　项	主要内容和交付物	完成时间	工作天数	责　任　人	备　注
1	测试环境搭建部署	完成测试步骤第一步				
2	测试方案编写	完成测试方案编写				
3	测试用例编写	完成测试用例编写				
4	测试文档评审	项目组/部门内完成测试方案和测试用例评审				
5	测试执行	逐条执行测试用例，记录测试结果				
6	测试报告编写和发布	测试结束后，完成对应版本的测试报告，并发送通知项目组/部门				

6.2.4 唤醒率测试（动态环境产品）

唤醒率测试就是针对语音唤醒率的测试项，前文已详细介绍唤醒率的概念，此处不再解释，以（车载）智能车机为例，实际产品比如智能汽车中控台。

1. 测试目的

根据主副驾用户实际常用场景进行测试，真实地反映用户的唤醒效果。

2. 测试资源

硬件配置如表6-10所示。

表 6-10　硬件配置

关　键　项	数　　量	性能要求
笔记本电脑	1 台	麦克风正常可用
音箱	1 台	音质需高保真度

3. 测试场景设计

测试场景设计主要包括车速（主要动态变化因素）、被测距离、方位角、车窗状态、空调状态、天气状态等维度。车内外噪音（人与人的交谈声、手机的播放声音等）暂不考虑，项目有需要可添加。

（1）车速

车速主要考量车胎噪音和发动机噪音对唤醒效果的影响。车速主要分为以下5种：

- 车速0（静止状态）。
- 车速0～20（低速）。
- 车速40～60（中速）。
- 车速80～100（高速）。
- 车速120～140（极限）。

如果对车速有其他要求，可根据项目需求再区分。

说明

- 一般只考虑前4种情况，第5种情况可根据项目需求评估是否使用。
- 如果对车速有其他要求，可根据项目需求再区分。

（2）被测距离

被测距离一般以实际主副驾距离车机的距离为标准测试，正常情况为1m左右。如果对被测距离有其他要求，可根据项目需求再区分。

（3）方位角

方位角是指人声声源与被测产品水平间的角度，一般选择实际车上的人声声源正对被测产品的角度（大致为45°和135°）。

（4）车窗状态

车窗主要考虑主副驾车窗打开状态下风速噪音对唤醒效果的影响。车窗状态主要分为以下3种：

- 车窗全关闭（主副驾车窗都关闭，后座车窗关闭）。
- 车窗半打开（主副驾车窗都打开50%，后座车窗关闭）。
- 车窗全打开（主副驾车窗都打开100%，后座车窗关闭）。

如果对车窗状态有其他要求，可根据项目需求再区分。

（5）空调状态

空调状态主要考虑空调风速噪音对唤醒效果的影响。空调状态主要分为以下4种：

- 空调关闭（空调出风口位置符合主副驾习惯即可）。
- 空调风速30%（空调出风口位置符合主副驾习惯即可）。
- 空调风速60%（空调出风口位置符合主副驾习惯即可）。
- 空调风速100%（空调出风口位置符合主副驾习惯即可）。

如果对车窗状态有其他要求，可根据项目需求再区分。

（6）天气状态

天气状态主要考虑雨水拍打车身的噪音对唤醒效果的影响。天气状态主要分为以下两种：

- 晴天。
- 雨天（雨天没有特定要求雨水大小，根据实际天气雨水量测试即可）。

如果对天气状态有其他要求，可根据项目需求再区分。

4. 测试准备

测试准备主要是指测试前的数据准备，一般只包括唤醒音频准备。数据准备的方法和步骤上文已详细介绍，本节只介绍对应项目的具体要求。如果项目需要考虑车内外噪音（人与人的交谈声、手机的播放声音等），可准备车内外噪音数据。

测试集：

- 唤醒词：200条。
- 语速：快语速、正常语速和慢语速比例为1:2:1。
- 性别：男女比例为1:1。
- 语种：中文。
- 口音：普通话。

说明　若有其他音频要求，可参考5.1.2节选择。

5. 测试用例设计

根据测试场景设计完成测试用例设计，一般测试用例的设计采用表格记录形式，左边列举各种场景维度和要求，右边记录打断唤醒率，如表6-11所示。

表 6-11　测试用例设计

序号	测试环境	声源与麦克风的距离（m）	声源到达麦克风的分贝（dB）	车速（km/h）	车窗状态	空调状态	天气	方位角（°）	性别	唤醒词条数	打断唤醒率
1	实车环境	1m	65dB	0（静止状态）	全关闭	关闭	晴天	主驾	男	200	
2							晴天	主驾	女	200	
3							雨天	主驾	男	200	
4							雨天	主驾	女	200	
5							晴天	副驾	男	200	
6							晴天	副驾	女	200	
7							雨天	副驾	男	200	
8							雨天	副驾	女	200	
9				0～20（低速）	半打开	风速60%	晴天	主驾	男	200	
10							晴天	主驾	女	200	
11							晴天	副驾	男	200	
12							晴天	副驾	女	200	
13				40～60（中速）	全打开	风速100%	晴天	主驾	男	200	
14							晴天	主驾	女	200	
15							晴天	副驾	男	200	
16				80～100（高速）	全关闭	风速60%	晴天	副驾	女	200	
17							晴天	主驾	男	200	
18							晴天	主驾	女	200	
19							晴天	副驾	男	200	
20							晴天	副驾	女	200	

6. 测试执行

（1）测试环境搭建和配置

唤醒率测试环境的搭建和配置说明如下：

- 主驾驾驶人员选择测试集录音人员，由于驾驶场景中优先保持安全性，故需要驾驶员人工语音唤醒测试。其他场景（如静止状态）使用“唤醒播放音箱”放置在主驾驶位置，相距被测设备1m处并保持和驾驶员坐下嘴巴相同高度。
- 副驾使用“唤醒播放音箱”放置在副驾驶位置，相距被测设备1m处并保持和驾驶员坐下嘴巴相同高度。

打断唤醒率测试环境搭建原理图如图6-4所示。

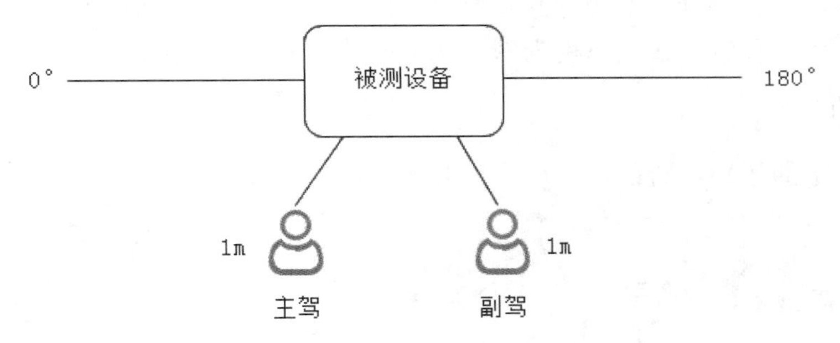

图 6-4 唤醒率测试环境搭建原理图

（2）测试执行步骤和方法

根据测试用例要求部署测试环境和测试场景，逐条完成测试用例，记录唤醒率结果。

（3）注意事项

- 若测试数据有异常，可进行多次求平均数来评估（通常是测试3～5次求平均数）。
- 一般男生唤醒率≥女生唤醒率，以经验数据来看，约为3%～5%。

7. 时间计划安排

时间计划安排表如表6-12所示。

表 6-12 时间计划安排表

序 号	测 试 项	主要内容和交付物	完成时间	工作天数	责 任 人	备 注
1	测试环境搭建部署	完成测试步骤第一步				
2	测试方案编写	完成测试方案编写				
3	测试用例编写	完成测试用例编写				

（续表）

序　号	测　试　项	主要内容和交付物	完成时间	工作天数	责　任　人	备　注
4	测试文档评审	项目组/部门内完成测试方案和测试用例评审				
5	测试执行	逐条识别率执行测试用例，记录测试结果				
6	测试报告编写和发布	测试结束后，完成对应版本的测试报告，并发送通知项目组/部门				

6.2.5 打断唤醒率测试（动态环境产品）

打断唤醒率测试就是针对语音打断唤醒率的测试项，前文已详细介绍了打断唤醒率的概念，此处不再解释，以（车载）智能车机为例，实际产品比如智能汽车中控台。

1. 测试目的

测试回声消除的效果，验证特殊场景下的唤醒效果。

2. 测试资源

具体硬件配置如表6-13所示。

表 6-13　硬件配置

关　键　项	数　　量	性能要求
笔记本电脑	1 台	麦克风正常可用
音箱	1 台	音质需高保真度

3. 测试场景设计

测试场景设计主要包括车速（主要动态变化因素）、被测距离、方位角、车窗状态、空调状态、天气状态、信号类别等维度。车内外噪音（人与人的交谈声、手机的播放声音等）暂不考虑，项目有需要可添加。

（1）车速

车速主要考量车胎噪音和发动机噪音对唤醒效果的影响。车速主要分为以下5种：

- 车速0（静止状态）。
- 车速0～20（低速）。
- 车速40～60（中速）。
- 车速80～100（高速）。
- 车速120～140（极限）。

如果对车速有其他要求，可根据项目需求再区分。

说明

- 一般只考虑前4种情况，第5种情况可根据项目需求评估是否使用。
- 如果对车速有其他要求，可根据项目需求再区分。

（2）被测距离

被测距离一般以实际主副驾距离车机的距离为标准测试，正常情况为1m左右。如果对被测距离有其他要求，可根据项目需求再区分。

（3）方位角

方位角是指人声声源与被测产品水平间的角度，一般选择实际车上的人声声源正对被测产品的角度（大致为45°和135°）。

（4）车窗状态

车窗状态一般选择车窗全关闭（主副驾车窗都关闭，后座车窗关闭）。如果对车窗状态有其他要求，可根据项目需求再区分。

（5）空调状态

空调状态一般选择空调关闭。如果对车窗状态有其他要求，可根据项目需求再区分。

（6）天气状态

天气状态选择晴天。如果对天气状态有其他要求，可根据项目需求再区分。

（7）信号类别

信号类别主要指自播音频的类型，比如自播音乐、自播视频、自播TTS等。

4. 测试准备

测试准备主要是指测试前的数据准备，一般包括唤醒音频准备、噪音音频准备等。这些数据准备的方法和步骤上文已详细介绍，本节只介绍对应项目的具体要求。如果项目需要考虑车内外噪音（人与人的交谈声、手机的播放声音等），可准备车内外噪音数据。

（1）测试集

- 唤醒词：200条。
- 语速：快语速、正常语速和慢语速的比例为1:2:1。
- 性别：男女比例为1:1。
- 语种：中文。
- 口音：普通话。

说明　若有其他音频要求，可参考5.1.2节选择。

(2) 自身噪音源

一般会考虑两种自身噪音源：

- 自播音乐声（同一首音乐）。
- 自播TTS声（同一段TTS播报）。

5. 测试用例设计

根据测试场景设计完成测试用例设计，一般测试用例的设计采用表格记录形式，左边列举各种场景的维度和要求，右边记录打断唤醒率，如表6-14所示。

表 6-14　测试用例设计

<table>
<tr><th>序　号</th><th>测试环境</th><th>声源与麦克风的距离（m）</th><th>声源到达麦克风的分贝（dB）</th><th>车速（km/h）</th><th>车窗状态</th><th>空调状态</th><th>天　气</th><th>方位角（°）</th><th>性　别</th><th>信号类别</th><th>唤醒词条数</th><th>打断唤醒率</th></tr>
<tr><td>1</td><td rowspan="24">实车环境</td><td rowspan="24">1m</td><td rowspan="24">65dB</td><td rowspan="4">0（静止状态）</td><td rowspan="24">全关闭</td><td rowspan="24">关闭</td><td rowspan="24">晴天</td><td>主驾</td><td>男</td><td rowspan="16">自播音乐</td><td>200</td><td></td></tr>
<tr><td>2</td><td>主驾</td><td>女</td><td>200</td><td></td></tr>
<tr><td>3</td><td>副驾</td><td>男</td><td>200</td><td></td></tr>
<tr><td>4</td><td>副驾</td><td>女</td><td>200</td><td></td></tr>
<tr><td>5</td><td rowspan="4">0～20（低速）</td><td>主驾</td><td>男</td><td>200</td><td></td></tr>
<tr><td>6</td><td>主驾</td><td>女</td><td>200</td><td></td></tr>
<tr><td>7</td><td>副驾</td><td>男</td><td>200</td><td></td></tr>
<tr><td>8</td><td>副驾</td><td>女</td><td>200</td><td></td></tr>
<tr><td>9</td><td rowspan="4">40～60（中速）</td><td>主驾</td><td>男</td><td>200</td><td></td></tr>
<tr><td>10</td><td>主驾</td><td>女</td><td>200</td><td></td></tr>
<tr><td>11</td><td>副驾</td><td>男</td><td>200</td><td></td></tr>
<tr><td>12</td><td>副驾</td><td>女</td><td>200</td><td></td></tr>
<tr><td>13</td><td rowspan="4">80～100（高速）</td><td>主驾</td><td>男</td><td>200</td><td></td></tr>
<tr><td>14</td><td>主驾</td><td>女</td><td>200</td><td></td></tr>
<tr><td>15</td><td>副驾</td><td>男</td><td>200</td><td></td></tr>
<tr><td>16</td><td>副驾</td><td>女</td><td>200</td><td></td></tr>
<tr><td>17</td><td rowspan="4">0（静止状态）</td><td>主驾</td><td>男</td><td rowspan="8">自播TTS</td><td>200</td><td></td></tr>
<tr><td>18</td><td>主驾</td><td>女</td><td>200</td><td></td></tr>
<tr><td>19</td><td>副驾</td><td>男</td><td>200</td><td></td></tr>
<tr><td>20</td><td>副驾</td><td>女</td><td>200</td><td></td></tr>
<tr><td>21</td><td rowspan="4">0～20（低速）</td><td>主驾</td><td>男</td><td>200</td><td></td></tr>
<tr><td>22</td><td>主驾</td><td>女</td><td>200</td><td></td></tr>
<tr><td>23</td><td>副驾</td><td>男</td><td>200</td><td></td></tr>
<tr><td>24</td><td>副驾</td><td>女</td><td>200</td><td></td></tr>
</table>

（续表）

序　号	测试环境	声源与麦克风的距离（m）	声源到达麦克风的分贝（dB）	车速（km/h）	车窗状态	空调状态	天　气	方位角（°）	性　别	信号类别	唤醒词条数	打断唤醒率
25	实车环境	1m	65dB	40～60（中速）	全关闭	关闭	晴天	主驾	男	自播TTS	200	
26								主驾	女		200	
27								副驾	男		200	
28								副驾	女		200	
29				80～100（高速）				主驾	男		200	
30								主驾	女		200	
31								副驾	男		200	
32								副驾	女		200	

6. 测试执行

（1）测试环境搭建和配置

唤醒率测试环境的搭建和配置说明如下：

- 主驾驾驶人员选择测试集录音人员，由于驾驶场景中优先保持安全性，故需要驾驶员人工进行语音唤醒测试。其他场景（如静止状态）使用“唤醒播放音箱”放置在主驾驶位置，相距被测设备1m处并保持和驾驶员坐下嘴巴相同高度。
- 副驾使用“唤醒播放音箱”放置在副驾驶位置，相距被测设备1m处并保持和驾驶员坐下嘴巴相同高度。
- 测试前使用被测设备播放音乐/播放TTS。

打断唤醒率测试环境搭建原理图如图6-5所示。

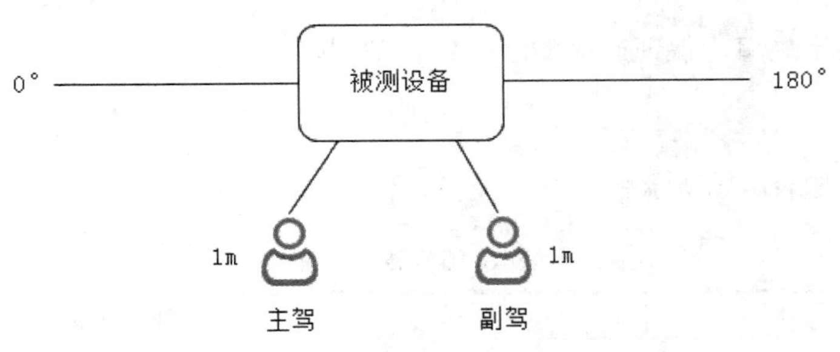

图 6-5　打断唤醒率测试环境搭建原理图

（2）测试执行步骤和方法

根据测试用例要求部署测试环境和测试场景，逐条完成测试用例，记录打断唤醒率的结果。

（3）注意事项

- 若测试数据有异常，可进行多次求平均数来评估（通常是测试3～5次求平均数）。
- 一般男生唤醒率≥女生唤醒率，以经验数据来看，约为3%～5%。

7. 时间计划安排

时间计划安排表如表6-15所示。

表6-15　时间计划安排表

序　号	测试项	主要内容和交付物	完成时间	工作天数	责　任　人	备　注
1	测试环境搭建部署	完成测试步骤第一步				
2	测试方案编写	完成测试方案编写				
3	测试用例编写	完成测试用例编写				
4	测试文档评审	项目组/部门内完成测试方案和测试用例评审				
5	测试执行	逐条执行测试用例，记录测试结果				
6	测试报告编写和发布	测试结束后，完成对应版本的测试报告，并发送通知给项目组/部门				

6.2.6　误唤醒率测试（动态环境产品）

误唤醒率测试就是针对语音误唤醒的测试项，前文已详细介绍误唤醒率的概念，此处不再解释，以（车载）智能车机为例，实际产品比如智能汽车中控台。

1. 测试目的

测试产品的误唤醒率，保证产品的唤醒体验效果。

2. 测试资源

具体硬件配置如表6-16所示。

表6-16　硬件配置

关　键　项	数　　量	性能要求
笔记本电脑	1台	麦克风正常可用
音箱	1台	音质需高保真度

3. 测试场景设计

测试场景设计主要包括车速（主要动态变化因素）、被测距离、方位角、车窗状态、空调状态、天气状态、测试时长等维度。车内外噪音（人与人的交谈声、手机的播放声音等）暂不考虑，项目有需要可添加。

（1）车速

车速主要考量车胎噪音和发动机噪音是否会引起误唤醒。一般选择的车速有以下两种：

- 车速0（静止状态）。
- 车速40～60（中速）。

如果对车速有其他要求，可根据项目需求再区分。

（2）车窗状态

车窗主要考虑主副驾车窗打开状态下的风速噪音是否会引起误唤醒。一般选择车窗状态为以下两种：

- 车窗全关闭（主副驾车窗都关闭，后座车窗关闭）。
- 车窗全打开（主副驾车窗都打开100%，后座车窗关闭）。

如果对车窗状态有其他要求，可根据项目需求再区分。

（3）空调状态

空调状态主要考虑空调风速噪音是否会引起误唤醒。一般选择空调状态为以下两种：

- 空调风速30%（空调出风口位置符合主副驾习惯即可）。
- 空调风速100%（空调出风口位置符合主副驾习惯即可）。

如果对车窗状态有其他要求，可根据项目需求再区分。

（4）天气状态

天气状态主要考虑雨水拍打车身的噪音是否会引起误唤醒。天气状态主要分为以下两种：

- 晴天。
- 雨天（雨天没有特定要求雨水大小，根据实际天气雨水量测试即可）。

如果对天气状态有其他要求，可根据项目需求再区分。

4. 测试准备

测试准备主要是指测试前的数据准备，动态环境产品的误唤醒测试一般无须音频或噪音准备。如果项目需要考虑车内外噪音（人与人的交谈声、手机的播放声音等），可准备车内外噪音数据。

5. 测试用例设计

根据测试场景设计完成测试用例设计，一般测试用例的设计采用表格记录形式，左边列举各种场景的维度和要求，右边记录误唤醒率，如表6-17所示。

表 6-17　测试用例设计

序　号	测试环境	车速（km/h）	车窗状态	空调状态	天　气	测试时长	误唤醒率
1	实车环境	0（静止状态）	全打开	风速 30%	晴天	24 小时	
2		40～60（中速）	全关闭	风速 100%	雨天	24 小时	

6. 测试执行

根据测试用例要求部署测试环境和测试场景，逐条完成测试用例，记录误唤醒率结果。

7. 时间计划安排

时间计划安排表如表6-18所示。

表 6-18　时间计划安排表

序　号	测　试　项	主要内容和交付物	完成时间	工作天数	责　任　人	备　注
1	测试环境搭建部署	完成测试步骤第一步				
2	测试方案编写	完成测试方案编写				
3	测试用例编写	完成测试用例编写				
4	测试文档评审	项目组/部门内完成测试方案和测试用例评审				
5	测试执行	逐条执行测试用例，记录测试结果				
6	测试报告编写和发布	测试结束后，完成对应版本的测试报告，并发送通知给项目组/部门				

6.3 AI 语音识别效果测试

本节主要从不同的产品定位来详细介绍AI语音识别效果测试。针对静态/动态环境产品进行AI语音识别效果测试，主要包括两个测试重点：识别率测试和打断识别率测试。

6.3.1 识别率测试（静态环境产品）

识别率测试就是针对语音识别率的测试项，前文已详细介绍识别率的概念，此处不再解释，以静态环境产品（居家）智能音箱为例，实际产品比如天猫精灵。

1. 测试目的

模拟家庭用户常用场景进行测试，真实地反映用户识别效果。

2. 测试资源

具体硬件配置如表6-19所示。

表 6-19　硬件配置

关 键 项	数 量	性能要求
笔记本电脑	1 台	麦克风正常可用
音箱	2 台	音质需高保真度

3. 测试场景设计

测试场景设计主要就是实际使用场景的模拟，场景设计一般包括测试环境、被测距离、方位角等维度。

（1）测试环境

测试环境是指设备所处的外部噪音环境，主要分为以下3种：

- 安静环境：不加噪音（安静环境的底噪一般要≤40dB）。
- 常噪环境：加噪音，信噪比为10dB（信噪比=声源到达麦克风分贝–环境底噪）。
- 高噪环境：加噪音，信噪比为–5dB。

如果对噪音有其他要求，可根据项目需求再区分。

说明　噪音源一般距离被测产品2m。

（2）被测距离

用户发音位置和产品麦克风间的距离一般分为1m、3m、5m，如果对距离有其他要求，可根据项目需求再区分。

（3）方位角

方位角是指人声声源与被测产品水平间的角度，一般选择人声声源正对被测产品的角度90°，如果对角度有其他要求，可根据项目需求再区分（一般以5°划分角度）。

4. 测试准备

测试准备主要是指测试前的数据准备，一般包括唤醒和识别音频准备、噪音音频准备等。这些数据准备的方法和步骤上文已详细介绍，接下来只介绍对应项目的具体要求。

（1）测试集

- 选择标准且容易唤醒的一条唤醒词音频。
- 需要测试的识别语料。
- 语速：快语速、正常语速和慢语速的比例为1:2:1。
- 性别：男女比例为1:1。
- 语种：中文。
- 口音：普通话。
- 音频合成规则：唤醒词音频2次+1条识别音频（唤醒词2次是为了保证唤醒成功率）。

说明 若有其他音频要求，可参考5.1.2节选择。

（2）外部噪音源

居家环境一般会考虑3种外部噪音源：

- 电视剧的人声。
- 音乐声。
- 人与人的交谈声。

说明

测试一般选择将3种噪音源合并为一条噪音源。

若测试数据有一定偏差和不准确，则可将噪音源分开，单独测试。

5. 测试用例设计

根据测试场景设计完成测试用例设计，一般测试用例的设计采用表格记录形式，左边列举各种场景的维度和要求，右边记录句识别率和字识别率，如表6-20～表6-22所示。

表 6-20 识别率执行测试用例

序　　号	功　　能	语料说法（测试用例）	识别结果
1	听音乐	来一首周杰伦的歌	
2		播放李健的传奇	
3	查天气	今天的天气	
4		上海明天的天气	
5	导航	导航到野生动物园	
6		我想去最近的加油站	
7	打电话	打电话给张三	
8		拨打 10086	

（续表）

序　号	功　能	语料说法（测试用例）	识别结果
9	听广播	播放安徽音乐广播	
10		打开 FM 95.0	

表 6-21　识别率统计表

序　号	测试环境	声源与麦克风的距离（m）	声源到达麦克风的分贝（dB）	外噪到达麦克风的分贝（dB）	信噪比（dB）	发音人性别	方位角（°）	识别语料	句识别率/字识别率
1	安静环境	1m	65dB	环境底噪≤40dB	≥20dB（不加外噪）	男	90	实际使用语料文本	
2						女	90		
3		3m				男	90		
4						女	90		
5		5m				男	90		
6						女	90		
7	常噪环境	1m	65dB	55dB	10dB	男	90		
8						女	90		
9		3m				男	90		
10						女	90		
11		5m				男	90		
12						女	90		
13	高噪环境	1m	65dB	70dB	–5dB	男	90		
14						女	90		
15		3m				男	90		
16						女	90		
17		5m				男	90		
18						女	90		

表 6-22　识别率汇总表

场　景	句识别成功率（%）	句识别错误率（%）						
		无识别结果	字　识　别			符号识别		
			错　误	丢　失	插　入	错　误	丢　失	插　入
1								
2								
3								
4								
5								
6								

6. 测试执行

（1）测试环境搭建和配置

识别率测试环境的搭建和配置说明如下：

- 正中心摆放被测设备。
- “噪音播放音箱”放置在被测设备同水平线上且正对被测设备，左侧/右侧相距被测设备2m处（综合考虑中间距离得出的2m，该值可根据项目实际情况进行改变），一般选择方位角90°，如果对角度有其他要求，可根据项目需求再区分（行业内一般以5°划分角度）。
- “唤醒+识别播放音箱”放置在被测设备正对面方位角90°的位置，左侧/右侧相距被测设备1m/3m/5m处（如果对角度有其他要求，可根据项目需求再区分（行业内一般以5°划分角度）。

识别率测试搭建原理图如图6-6所示。

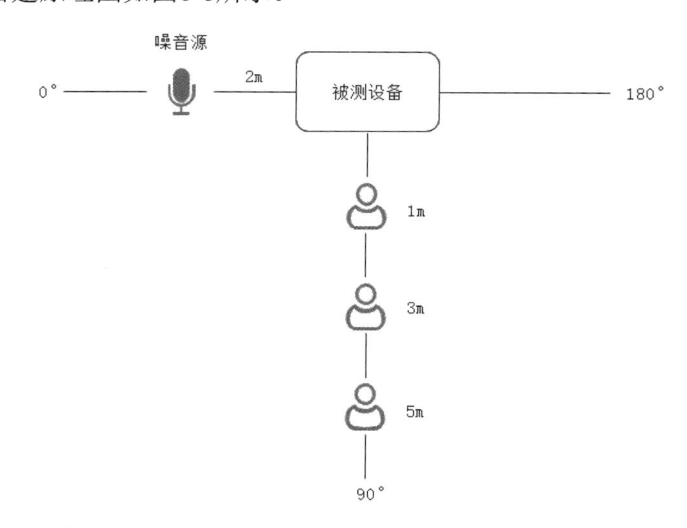

图 6-6 识别率测试搭建原理图

（2）测试执行步骤和方法

根据测试用例要求部署测试环境和测试场景，逐条完成测试用例，记录识别率的结果。

（3）注意事项

- 若测试数据有异常，可进行多次求平均数来评估（通常是测试3～5次求平均数）。
- 正常情况下字识别率要大于句识别率。

7. 时间计划安排

时间计划安排表如表6-23所示。

表 6-23　时间计划安排表

序　号	测 试 项	主要内容和交付物	完成时间	工作天数	责 任 人	备　注
1	测试环境搭建部署	完成测试步骤第一步				
2	测试方案编写	完成测试方案编写				
3	测试用例编写	完成测试用例编写				
4	测试文档评审	项目组/部门内完成测试方案和测试用例评审				
5	测试执行	逐条执行测试用例，记录测试结果				
6	测试报告编写和发布	测试结束后，完成对应版本的测试报告，并发送通知给项目组/部门				

6.3.2　打断识别率测试（静态环境产品）

打断识别率测试就是针对语音打断识别率的测试项，前文已详细介绍了打断识别率的概念，此处不再解释，以静态环境产品（居家）智能音箱为例，实际产品比如天猫精灵。

1. 测试目的

测试回声消除的效果，验证特殊场景下的识别效果。

2. 测试资源

具体硬件配置如表6-24所示。

表 6-24　硬件配置

关 键 项	数　量	性能要求
笔记本电脑	1 台	麦克风正常可用
音箱	1 台	音质需高保真度

3. 测试场景设计

测试场景设计主要就是实际使用场景的模拟，场景设计一般包括测试环境、被测距离、方位角、信号类别等维度。

（1）测试环境

一般选择安静环境：不加环境噪音（安静环境的底噪一般要≤40dB），信噪比为10dB（信噪比=声源到达麦克风的分贝–自播音频到达麦克风的分贝）。如果对加噪环境有测试要求，可根据项目需求再区分。

（2）被测距离

用户发音位置和产品麦克风间的距离，一般分为1m、3m、5m，如果对距离有其他要求，可根据项目需求再区分。

（3）方位角

方位角是指人声声源与被测产品水平间的角度，一般选择人声声源正对被测产品的角度90°，如果对角度有其他要求，可根据项目需求再区分（一般以5°划分角度）。

（4）信号类别

信号类别主要指自播音频的类型，比如自播音乐、自播视频、自播TTS等。

4. 测试准备

测试准备主要是指测试前的数据准备，一般包括唤醒和识别音频准备、噪音音频准备等。这些数据准备的方法和步骤上文已详细介绍，接下来只介绍对应项目的具体要求。

（1）测试集

- 选择标准且容易唤醒的一条唤醒词音频。
- 需要测试的识别语料。
- 语速：快语速、正常语速和慢语速的比例为1:2:1。
- 性别：男女比例为1:1。
- 语种：中文。
- 口音：普通话。
- 音频合成规则：唤醒词音频2次+1条识别音频（唤醒词2次是为了保证唤醒成功率）。

说明 若有其他音频要求，可参考5.1.2节选择。

（2）外部噪音源

一般会考虑以下两种自身噪音源：

- 自播音乐声。
- 自播TTS声。

5. 测试用例设计

根据测试场景设计完成测试用例设计，一般测试用例的设计采用表格记录形式，左边列举各种场景的维度和要求，右边记录句识别率和字识别率，如表6-25～表6-27所示。

表 6-25　打断识别率执行测试用例

序　号	功　能	语料说法（测试用例）	识别结果
1	听音乐	来一首周杰伦的歌	
2		播放李健的传奇	
3	查天气	今天的天气	
4		上海明天的天气	
5	导航	导航到野生动物园	
6		我想去最近的加油站	
7	打电话	打电话给张三	
8		拨打 10086	
9	听广播	播放安徽音乐广播	
10		打开 FM 95.0	

表 6-26　打断识别率统计表

序　号	测试环境	声源与麦克风的距离（m）	声源到达麦克风的分贝（dB）	外噪到达麦克风的分贝（dB）	信噪比（dB）	发音人性别	方位角（°）	信号类别	识别语料	打断句识别率/打断字识别率
1	安静环境	1m	65dB	环境底噪≤40dB	≥20dB（不加外噪）	男	90	自播音乐	实际使用语料文本	
2						女	90			
3		3m				男	90			
4						女	90			
5		5m				男	90			
6						女	90			
7		1m				男	90	自播 TTS		
8						女	90			
9		3m				男	90			
10						女	90			
11		5m				男	90			
12						女	90			

表 6-27　打断识别率汇总表

场　景	打断句识别成功率（%）	打断句识别错误率（%）						
		无识别结果	字　识　别			符号识别		
			错　误	丢　失	插　入	错　误	丢　失	插　入
1								
2								
3								
4								
5								
6								

6. 测试执行

（1）测试环境搭建和配置

打断唤醒率测试的环境搭建和配置说明如下：

- 正中心摆放被测设备。
- “唤醒+识别播放音箱”放置在被测设备正对面方位角90°的位置，左侧/右侧相距被测设备1m/3m/5m处（如果对角度有其他要求，可根据项目需求再区分（行业内一般以5°的划分角度）。
- 测试前使用被测设备播放音乐/播放TTS。

打断识别率测试环境搭建原理图如图6-7所示。

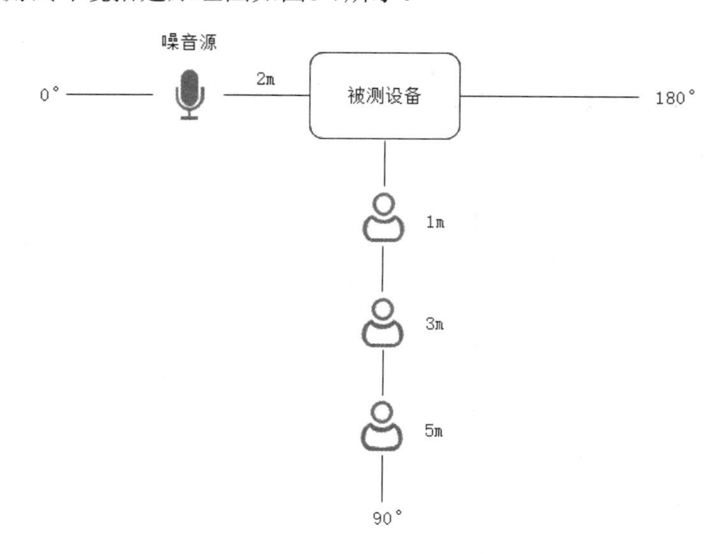

图 6-7　打断识别率测试环境搭建原理图

（2）测试执行步骤和方法

根据测试用例要求部署测试环境和测试场景，逐条完成测试用例，记录本次打断识别率的结果。

（3）注意事项

- 若测试数据有异常，可进行多次求平均数来评估（通常是测试3～5次求平均数）。
- 正常情况下字识别率要大于句识别率。

7. 时间计划安排

时间计划安排表如表6-28所示。

表 6-28　时间计划安排表

序　　号	测　试　项	主要内容和交付物	完成时间	工作天数	责　任　人	备　　注
1	测试环境搭建部署	完成测试步骤第一步				
2	测试方案编写	完成测试方案编写				
3	测试用例编写	完成测试用例编写				
4	测试文档评审	项目组/部门内完成测试方案和测试用例评审				
5	测试执行	逐条识别执行测试用例，记录测试结果				
6	测试报告编写和发布	测试结束后，完成对应版本的测试报告，并发送通知给项目组/部门				

6.3.3　识别率测试（动态环境产品）

识别率测试就是针对语音识别率的测试项，前文已详细介绍识别率的概念，此处不再解释，以（车载）智能车机为例，实际产品比如智能汽车中控台。

1. 测试目的

根据主副驾用户实际常用场景进行测试，真实地反映用户的识别效果。

2. 测试资源

具体硬件配置如表6-29所示。

表 6-29　硬件配置

关　键　项	数　　量	性能要求
笔记本电脑	1 台	麦克风正常可用
音箱	2 台	音质需高保真度

3. 测试场景设计

测试场景设计主要包括车速（主要动态变化因素）、被测距离、方位角、车窗状态、空调状态、天气状态等维度。车内外噪音（人与人的交谈声、手机的播放声音等）暂不考虑，项目有需要可添加。

（1）车速

车速主要考量车胎噪音和发动机噪音对识别效果的影响。车速主要分为以下5种：

- 车速0（静止状态）。

- 车速0～20（低速）。
- 车速40～60（中速）。
- 车速80～100（高速）。
- 车速120～140（极限）。

如果对车速有其他要求，可根据项目需求再区分。

说明

一般只考虑前4种情况，第5种情况可根据项目需求评估是否使用。

如果对车速有其他要求，可根据项目需求再区分。

（2）被测距离

被测距离一般以实际主副驾距离车机的距离为标准测试，正常情况为1m左右。如果对被测距离有其他要求，可根据项目需求再区分。

（3）方位角

方位角是指人声声源与被测产品水平间的角度，一般选择实际车上的人声声源正对被测产品的角度（大致为45°和135°）。

（4）车窗状态

车窗主要考虑主副驾车窗打开状态下的风速噪音对识别效果的影响。车窗状态主要分为以下3种：

- 车窗全关闭（主副驾车窗都关闭，后座车窗关闭）。
- 车窗半打开（主副驾车窗都打开50%，后座车窗关闭）。
- 车窗全打开（主副驾车窗都打开100%，后座车窗关闭）。

如果对车窗状态有其他要求，可根据项目需求再区分。

（5）空调状态

空调状态主要考虑空调风速噪音对识别效果的影响。空调状态主要分为以下4种：

- 空调关闭（空调出风口位置符合主副驾习惯即可）。
- 空调风速30%（空调出风口位置符合主副驾习惯即可）。
- 空调风速60%（空调出风口位置符合主副驾习惯即可）。
- 空调风速100%（空调出风口位置符合主副驾习惯即可）。

如果对车窗状态有其他要求，可根据项目需求再区分。

（6）天气状态

天气状态主要考虑雨水拍打车身的噪音对识别效果的影响。天气状态主要分为以下两种，如果对天气状态有其他要求，可根据项目需求再区分。

- 晴天。
- 雨天（雨天没有特定要求雨水大小，根据实际天气雨水量测试即可）。

4. 测试准备

测试准备主要是指测试前的数据准备，一般只包括唤醒和识别音频准备。这些数据准备的方法和步骤上文已详细介绍，接下来只介绍对应项目的具体要求。如果项目需要考虑车内外噪音（人与人的交谈声、手机的播放声音等），可准备车内外噪音数据。

测试集：

- 选择标准且容易唤醒的一条唤醒词音频。
- 需要测试的识别语料。
- 语速：快语速、正常语速和慢语速的比例为1:2:1。
- 性别：男女比例为1:1。
- 语种：中文。
- 口音：普通话。
- 音频合成规则：唤醒词音频2次+1条识别音频（唤醒词2次是为了保证唤醒成功率）。

说明 若有其他音频要求，可参考5.1.2节选择。

5. 测试用例设计

根据测试场景设计完成测试用例设计，一般测试用例的设计采用表格记录形式，左边列举各种场景的维度和要求，右边记录句识别率和字识别率，如表6-30～表6-32所示。

表 6-30　识别率执行测试用例

序　　号	功　　能	语料说法（测试用例）	识别结果
1	听音乐	来一首周杰伦的歌	
2		播放李健的传奇	
3	查天气	今天的天气	
4		上海明天的天气	
5	导航	导航到野生动物园	
6		我想去最近的加油站	
7	打电话	打电话给张三	
8		拨打 10086	

（续表）

序　号	功　能	语料说法（测试用例）	识别结果
9	听广播	播放安徽音乐广播	
10		打开 FM 95.0	

表 6-31　识别率统计表

序　号	测试环境	声源与麦克风的距离（m）	声源到达麦克风的分贝（dB）	车　速（km/h）	车　窗状态	空调状态	天　气	方位角（°）	性　别	识别语料	句识别率/字识别率
1	实车环境	1m	65dB	0（静止状态）	全关闭	关闭	晴天	主驾	男	实际使用语料文本	
2							晴天	主驾	女		
3							雨天	主驾	男		
4							雨天	主驾	女		
5							晴天	副驾	男		
6							晴天	副驾	女		
7							雨天	副驾	男		
8							雨天	副驾	女		
9				0～20（低速）	半打开	风速60%	晴天	主驾	男		
10							晴天	主驾	女		
11							晴天	副驾	男		
12							晴天	副驾	女		
13				40～60（中速）	全打开	风速100%	晴天	主驾	男		
14							晴天	主驾	女		
15							晴天	副驾	男		
16							晴天	副驾	女		
17				80～100（高速）	全关闭	风速60%	晴天	主驾	男		
18							晴天	主驾	女		
19							晴天	副驾	男		
20							晴天	副驾	女		

表 6-32　识别率汇总表

场　景	句识别成功率（%）	句识别错误率（%）						
		无识别结果	字　识　别			符号识别		
			错　误	丢　失	插　入	错　误	丢　失	插　入
1								
2								
3								
4								
5								
6								

6. 测试执行

（1）测试环境搭建和配置

识别率测试环境的搭建和配置说明如下：

- 主驾驾驶人员选择测试集录音人员，由于驾驶场景中优先保持安全性，故需要驾驶员人工语音识别测试。其他场景（如静止状态）使用“唤醒+识别播放音箱”放置在主驾驶位置，相距被测设备1m处并保持和驾驶员坐下嘴巴相同高度。
- 副驾使用“唤醒+识别播放音箱”放置在副驾驶位置，相距被测设备1m处并保持和驾驶员坐下嘴巴相同高度。

识别率测试环境搭建原理图如图6-8所示。

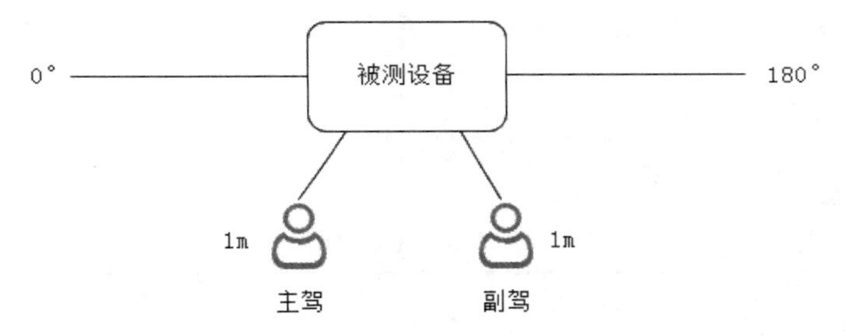

图 6-8　识别率测试环境搭建原理图

（2）测试执行步骤和方法

根据测试用例要求部署测试环境和测试场景，逐条完成测试用例，记录识别率结果。

（3）注意事项

- 若测试数据有异常，可进行多次求平均数来评估（通常是测试3～5次求平均数）。
- 正常情况下字识别率要大于句识别率。

7. 时间计划安排

时间计划安排表如表6-33所示。

表 6-33　时间计划安排表

序　号	测　试　项	主要内容和交付物	完成时间	工作天数	责　任　人	备　注
1	测试环境搭建部署	完成测试步骤第一步				
2	测试方案编写	完成测试方案编写				
3	测试用例编写	完成测试用例编写				
4	测试文档评审	项目组/部门内完成测试方案和测试用例评审				

（续表）

序　号	测 试 项	主要内容和交付物	完成时间	工作天数	责 任 人	备　注
5	测试执行	逐条执行测试用例，记录测试结果				
6	测试报告编写和发布	测试结束后，完成对应版本的测试报告，并发送通知给项目组/部门				

6.3.4 打断识别率测试（动态环境产品）

打断识别率测试就是针对语音打断识别率的测试项，前文已详细介绍了打断识别率的概念，此处不再解释，以（车载）智能车机为例，实际产品比如智能汽车中控台。

1. 测试目的

测试回声消除的效果，验证特殊场景下的识别效果。

2. 测试资源

具体硬件配置如表6-34所示。

表 6-34　硬件配置

关键项	数量	性能要求
笔记本电脑	1 台	麦克风正常可用
音箱	1 台	音质需高保真度

3. 测试场景设计

测试场景设计主要包括车速（主要动态变化因素）、被测距离、方位角、车窗状态、空调状态、天气状态、信号类别等维度。

（1）车速

车速主要考量车胎噪音和发动机噪音对识别效果的影响。车速主要分为以下5种：

- 车速0（静止状态）。
- 车速0～20（低速）。
- 车速40～60（中速）。
- 车速80～100（高速）。
- 车速120～140（极限）。

如果对车速有其他要求，可根据项目需求再区分。

说明

- 一般只考虑前4种情况，第5种情况可根据项目需求评估是否使用。
- 如果对车速有其他要求，可根据项目需求再区分。

（2）被测距离

被测距离一般以实际主副驾距离车机的距离为标准测试，正常情况为1m左右。如果对被测距离有其他要求，可根据项目需求再区分。

（3）方位角

方位角是指人声声源与被测产品水平间的角度，一般选择实际车上人声声源正对被测产品的角度（大致为45°和135°）。

（4）车窗状态

车窗一般选择车窗全关闭（主副驾车窗都关闭，后座车窗关闭）。如果对车窗状态有其他要求，可根据项目需求再区分。

（5）空调状态

空调状态一般选择空调关闭。如果对车窗状态有其他要求，可根据项目需求再区分。

（6）天气状态

天气状态选择晴天。如果对天气状态有其他要求，可根据项目需求再区分。

（7）信号类别

信号类别主要指自播音频的类型，比如自播音乐、自播视频、自播TTS等。

4. 测试准备

测试准备主要是指测试前的数据准备，一般包括唤醒和识别音频准备、噪音音频准备等。这些数据准备的方法和步骤上文已详细介绍，接下来只介绍对应项目的具体要求。如果项目需要考虑车内外噪音（人与人的交谈声、手机的播放声音等），可准备车内外噪音数据。

（1）测试集

- 选择标准且容易唤醒的一条唤醒词音频。
- 需要测试的识别语料。
- 语速：快语速、正常语速和慢语速的比例为1:2:1。
- 性别：男女比例为1:1。
- 语种：中文。
- 口音：普通话。
- 音频合成规则：唤醒词音频2次+1条识别音频（唤醒词2次是为了保证唤醒成功率）。

说明 若有其他音频要求，可参考5.1.2节选择。

（2）外部噪音源

一般会考虑两种自身噪音源：

- 自播音乐声（同一首音乐）。
- 自播TTS声（同一段TTS播报）。

5. 测试用例设计

根据测试场景设计完成测试用例设计，一般测试用例的设计采用表格记录形式，左边列举各种场景的维度和要求，右边记录句识别率和字识别率，如表6-35～表6-37所示。

表 6-35　识别率执行测试用例

序　号	功　能	语料说法（测试用例）	识别结果
1	听音乐	来一首周杰伦的歌	
2		播放李健的传奇	
3	查天气	今天的天气	
4		上海明天的天气	
5	导航	导航到野生动物园	
6		我想去最近的加油站	
7	打电话	打电话给张三	
8		拨打 10086	
9	听广播	播放安徽音乐广播	
10		打开 FM 95.0	

表 6-36　识别率统计表

序　号	测试环境	声源与麦克风的距离（m）	声源到达麦克风的分贝（dB）	车　速（km/h）	车窗状态	空调状态	天　气	方位角（°）	性　别	信号类别	识别语料	打断句识别率/打断字识别率
1	实车环境	1m	65dB	0（静止状态）	全关闭	关闭	晴天	主驾	男	自播音乐		
2								主驾	女			
3								副驾	男			
4								副驾	女			
5				0～20（低速）				主驾	男			
6								主驾	女			
7								副驾	男			
8								副驾	女			

（续表）

序　号	测试环境	声源与麦克风的距离（m）	声源到达麦克风的分贝（dB）	车　速（km/h）	车窗状态	空调状态	天　气	方位角（°）	性　别	信号类别	识别语料	打断句识别率/打断字识别率
9	实车环境	1m	65dB	40～60（中速）	全关闭	关闭	晴天	主驾	男	自播音乐		
10								主驾	女			
11								副驾	男			
12								副驾	女			
13				80～100（高速）				主驾	男			
14								主驾	女			
15								副驾	男			
16								副驾	女			
17				0（静止状态）				主驾	男	自播TTS		
18								主驾	女			
19								副驾	男			
20								副驾	女			
21				0～20（低速）				主驾	男			
22								主驾	女			
23								副驾	男			
24								副驾	女			
25				40～60（中速）				主驾	男			
26								主驾	女			
27								副驾	男			
28								副驾	女			
29				80～100（高速）				主驾	男			
30								主驾	女			
31								副驾	男			
32								副驾	女			

表 6-37　识别率汇总表

场　景	打断句识别成功率（%）	打断句识别错误率（%）						
		无识别结果	字　识　别			符号识别		
			错　误	丢　失	插　入	错　误	丢　失	插　入
1								
2								
3								
4								
5								
6								

6. 测试执行

（1）测试环境搭建和配置

打断识别率测试环境的搭建和配置说明如下：

- 主驾驾驶人员选择测试集录音人员，由于驾驶场景中优先保持安全性，故需要驾驶员人工语音识别测试。其他场景（如静止状态）使用“唤醒+识别播放音箱”放置在主驾驶位置，相距被测设备1m处并保持和驾驶员坐下嘴巴相同高度。
- 副驾使用“唤醒+识别播放音箱”放置在副驾驶位置，相距被测设备1m处并保持和驾驶员坐下嘴巴相同高度。
- 测试前使用被测设备播放音乐/播放TTS。

打断识别率测试环境搭建原理图如图6-9所示。

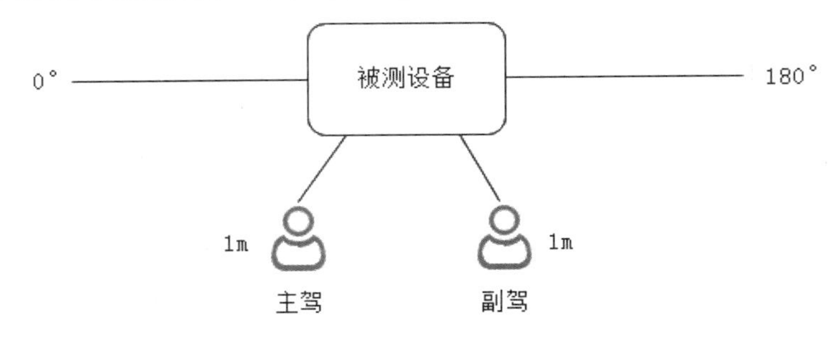

图 6-9　打断识别率测试环境搭建原理图

（2）测试执行步骤和方法

根据测试用例要求部署测试环境和测试场景，逐条完成测试用例，记录打断识别率的结果。

（3）注意事项

- 若测试数据有异常，可进行多次求平均数来评估（通常是测试3～5次求平均数）。
- 正常情况下字识别率要大于句识别率。

7. 时间计划安排

时间计划安排表如表6-38所示。

表 6-38　时间计划安排表

序　　号	测　试　项	主要内容和交付物	完成时间	工作天数	责　任　人	备　　注
1	测试环境搭建部署	完成测试步骤第一步				
2	测试方案编写	完成测试方案编写				
3	测试用例编写	完成测试用例编写				

（续表）

序　　号	测　试　项	主要内容和交付物	完成时间	工作天数	责　任　人	备　　注
4	测试文档评审	项目组/部门内完成测试方案和测试用例评审				
5	测试执行	逐条识别执行测试用例，记录测试结果				
6	测试报告编写和发布	测试结束后，完成对应版本的测试报告，并发送通知给项目组/部门				

6.4　AI 语音基础功能测试

本节主要介绍AI语音基础功能测试，其中主要包括语音唤醒功能测试、语音识别功能测试、自然语言处理功能测试、语音TTS合成功能测试等，详细讲解其中的测试原理、测试过程和测试步骤。

6.4.1　语音唤醒功能测试

语音唤醒功能测试就是针对语音唤醒功能的测试项，重点包括唤醒角度（不包括单麦结构）、唤醒响应时间、唤醒启动方式、唤醒启动时机、不同设备状态下的语音唤醒、长时间静默后的语音唤醒、不同网络状态下的语音唤醒（在线语音唤醒模式才支持）等。接下来将详细介绍。

1. 测试背景

在讲解语音唤醒功能测试前，我们先来看看语音唤醒启动在硬件底层和Android前端的代码显示。

（1）语音唤醒硬件底层代码 MTK_Audio_Hal（MTK 芯片音频 Hal 驱动）

以科大讯飞语音为例：

```
    mtk_audio_hw_hal: [IflytekCaeImpl] procCAEIvwEventCb:618 angle = 99, channel = 1, power
= 1009099997184.000000, CMScore = 1532, beam = 1, param1 = {"cur_ms":22756736,
"start_ms":22755460, "end_ms":22756290, "beam":1, "physical":1, "similar":1532.000000,
"similar_thresh":950.000000, "power":1009099997184.000000, "angle":99.000000,
"keyword":"xiao3 kang1 xiao3 kang1"}
```

说明

- angel：唤醒角度。
- channel：声道。

说明

- power：能量值。
- CMScore：唤醒得分（一般设置唤醒得分等于唤醒门限阈值，即CMScore=similar）。
- beam：波束。
- param：参数。
- start_ms：唤醒起始时间点。
- end_ms：唤醒结束时间点。
- similar：唤醒门限阈值，是误唤醒率与唤醒率之间的一个平衡选择。
- similar_thresh：最低唤醒门限阈值，门限阈值设置低了，误唤醒会比较高；门限阈值设置高了，唤醒率会比较低（一般最低唤醒门限阈值设置区间为800～1200，当前的最低唤醒门限阈值为950）。
- keyword：唤醒词。

（2）语音唤醒 Android 前端代码

```
{"app_by_click":false,"NLP_mike_state":false,"skill_State":"awake","service":"GMAI"}
```

说明　此段代码日志是Android前端和AI语音规定的，每个项目可以不同。

- app_by_click：唤醒是否为单击启动。
- NLP_mike_state：唤醒后录音是否开启。
- skill_State：唤醒成功标识awake。
- Service：服务标识GMAI。

2. 测试目的

测试验证语音唤醒功能在各种场景下的可用性和正确性。

3. 语音唤醒功能测试点

语音唤醒功能包含以下7类常用测试点，可根据项目实际业务需求筛选所需的功能测试点。

（1）唤醒角度（多麦阵列结构，单麦阵列不支持360°唤醒角度）

测试360°下的语音唤醒功能（一般以5°划分角度来设计测试用例）。

（2）唤醒响应时间

测试多次唤醒冷启动响应时间和唤醒热启动响应时间，以及语音唤醒功能。

- 唤醒冷启动响应时间：设备断电重启后的首次唤醒启动。
- 唤醒热启动响应时间：设备非断电重启后的唤醒启动。

计算公式：

唤醒响应时间=唤醒结束时间点–唤醒起始时间点

=22756290–22755460

=830ms

评价标准：

- 唤醒响应时间<1s，合格。
- 唤醒响应时间<0.8s，良好。
- 唤醒响应时间<0.5s，优秀。
- 一般唤醒热启动响应时间<唤醒冷启动响应时间。

（3）唤醒启动方式

测试不同启动方式的语音唤醒，以及不同启动方式之间交叉的语音唤醒功能。

（4）唤醒启动时机

测试不同唤醒启动时机的语音唤醒是否正常。

- 唤醒自动正常退出后，再次进行语音唤醒。
- 唤醒即将自动正常退出的瞬间，再次进行语音唤醒。
- 唤醒后在录音状态，再次进行语音唤醒。
- 连续2次语音唤醒不间断。

（5）设备状态

测试设备重启/设备升级/设备崩溃后重启的语音唤醒功能。

（6）常态静默

测试设备静默12小时/24小时/48小时后的语音唤醒功能。

（7）网络状态（在线语音唤醒模式才支持，本地语音唤醒模型无须测试）

测试无网络/正常网络/弱网下的语音唤醒功能，以及不同网络之间切换和各种网络恢复后的语音唤醒功能。

6.4.2　语音识别功能测试

语音识别功能测试就是针对语音识别转写功能的测试项，主要包括识别角度（不包括单麦结构）、识别转写响应时间、识别启动时机、不同设备状态下的语音识别、长时间静默后的语音识别、不同网络状态下的识别转写（在线语音识别模式才支持）等。接下来将详细介绍。

1. 测试背景

在讲解语音识别功能测试前，我们要先了解识别转写的不同模式。识别转写存在实时语音识别转写模式和非实时语音识别转写模式。

- 实时语音识别转写：将不限时长的音频流实时识别为文字，实时纠错提高语音识别转写准确率，并实时返回识别转写结果。
- 非实时语音识别转写：先语音输入，再语音识别转写，非实时且音频文件一般小于20s。

2. 测试目的

测试验证语音识别功能在各种场景下的可用性和正确性。

3. 语音识别功能测试点

语音识别功能包含以下6类常用测试点，可根据项目实际业务需求筛选所需的功能测试点。

（1）识别角度（多麦阵列结构，单麦阵列不支持360°唤醒角度）

测试360°下的语音识别功能（一般以5°划分角度来设计测试用例）。

（2）识别转写响应时间

测试多次“首次识别转写响应时间”和“非首次识别转写响应时间”以及语音识别转写功能。

- 首次识别转写响应时间：设备断电重启后的首次识别转写。
- 非首次识别转写响应时间：设备断电重启后的非首次识别转写。

计算公式：

实时识别转写：

识别转写响应时间=识别转写成功时间点–识别语音输入起始时间点

非实时识别转写：

识别转写响应时间=识别转写成功时间点–识别语音输入结束时间点

评价标准：

- 识别转写响应时间<1.5s，合格。
- 识别转写响应时间<1s，良好。
- 识别转写响应时间<0.5s，优秀。

（3）识别启动时机

测试不同识别启动时机的转写功能是否正常。

- 一轮识别结果正常响应退出后，再次进行语音唤醒+识别。
- 一轮识别结果即将自动正常退出的瞬间，再次进行语音唤醒+识别。
- 语音唤醒后录音状态时再次进行语音唤醒，最后输入识别语音。
- 语音唤醒后连续2次输入识别语音不间断（2次识别语音不同）。

（4）设备状态

测试设备重启/设备升级/设备崩溃后重启的语音识别转写功能。

（5）常态静默

测试设备静默12小时/24小时/48小时后的语音识别转写功能。

（6）网络状态（在线语音识别模式才支持，本地语音识别模型无须测试）

测试无网络/正常网络/弱网下的语音识别功能，以及不同网络之间切换和各种网络恢复后的语音识别功能。

6.4.3 自然语言处理功能测试

自然语言处理功能测试就是针对识别文本进行分析、理解和处理的测试项，主要包括语义理解和反馈生成。接下来将详细介绍。

1. 测试背景

在讲解自然语言处理功能测试前，我们先来看看自然语言处理在Android前端的代码显示。

（1）自然语言处理－请求（Post 形式）

```
{
    "userToken": "xxxxxxxxxxxxxxxxxx",
    "action": "text",
    "content": {
        "text": "我要看加勒比海盗"
    }
}
```

请求参数说明如表6-39所示。

表 6-39 请求参数说明

字段名称	字段类型	是否必填	字段说明
userToken	String	是	用户登录后获取到的 token
action	String	是	操作类型，目前只有 text
content	Object	是	具体内容，当 action 为 text 时 content 中只需要 text 字段

（2）自然语言处理—响应（JSON格式）

```
{
    "data": {
        "userToken": "xxxxxxxx",
        "action": "text",
        "content": {
            "TTS": {
              "text": "即将为您播放加勒比海盗。",
              "type": "TTS"
            },
            "text": "我要看加勒比海盗",
            "semantic": [{
                "score": 1,
                "intent": "PLAY",
                "template": "我要看{videoName}",
                "slots": [{
                    "name": "videoName",
                    "value": "加勒比海盗"
                }]
            }],
            "service": "video",
            "data": null
        }
    },
    "errInfo": "None",
    "rescode": "200"
}
```

响应参数说明如表6-40～表6-42所示。

表 6-40　响应参数说明 1

Response 字段名称	字段类型	是否必填	字段说明
data	Object	是	响应具体内容
rescode	String	是	响应码
errInfo	String	是	错误信息

表 6-41　响应参数说明 2

Data 字段名称	字段类型	是否必填	字段说明
userToken	String	是	用户登录后获取到的 token
action	String	是	操作类型，目前只有 text
content	Object	是	具体内容，当 action 为 text 时 content 中只需要 text 字段

表 6-42　响应参数说明 3

Content 字段名称	字段类型	是否必填	字段说明
text	String	是	用户的输入，可能和请求中的原始 text 不完全一致，因服务器可能会对 text 进行语言纠错
service	String	是	服务类型，当前 service 是 video，代表查询视频服务，这里服务器直接处理，不用客户端处理
semantic	List	是	语义理解后的结构化标识，各个服务不同
TTS	Object	否	返回的结果，用于直接展示给用户看
data	Object	否	具体结果详细内容
moreResults	List	否	其他结果，一般也不用处理，但有时会有用，例如查询航班时这里会返回火车信息

2. 测试目的

测试验证自然语言处理功能在各种真实语料下的正确性和稳定性。

3. 自然语言处理功能测试点

自然语言处理功能包含以下两类常用测试点，可根据项目实际业务需求筛选所需的功能测试点。在查看语义理解前，我们需要关注此次请求是否成功。

（1）请求状态

Response结果中的rescode和errInfo字段，请求成功rescode字段显示200，errInfo字段显示None。

常见rescode说明如表6-43所示。

表 6-43　常见 rescode 说明

rescode	errInfo	说　明
200	None	请求成功
401	语义解析失败	NLP 没有匹配的应答，导致语义没解析出来
500	科大讯飞语义解析失败	科大讯飞服务端返回错误，导致语义解析失败

（2）语义理解

① 识别转写内容

测试验证识别转写结果是否正确，比如"text": "我要看加勒比海盗"，查看是否和项目语料说法一致，以此判断识别转写内容正确与否。

② 服务类型

测试验证服务类型是否正确，服务相当于前文提到的框架语义表示中的领域（domain），比如"service": "video"（即视频领域），查看是否和项目服务类型列表一致，以此判断服务类型正确与否。

常见service举例如表6-44所示。

表 6-44 常见 service 举例

类　别	服务名称	服务描述	服务说明
生活类	restaurant	餐馆	查询餐馆的服务，例如中关村附近的面馆
	map	地图	查询地图的服务，例如从银科大厦到天坛公园怎么走
	nearby	周边	查询周边的服务，例如我想去打保龄球
	hotel	酒店	查询酒店的服务，例如查一下中关村附近的七天酒店
	flight	航班	查询航班的服务，例如明天从北京到上海的机票
	train	火车	查询火车的服务，例如查一下从北京到西安的火车
娱乐类	movie	上映电影	查询上映电影的服务，例如最近有什么好看的电影
	music	音乐	查询音乐的服务，例如来点刘德华的歌
	video	视频	查询视频的服务，例如我想看甄嬛传
	novel	小说	查询小说的服务，例如来点言情小说看看
工具类	weather	天气	查询天气的服务，例如明天北京的天气
	stock	股票	查询股票的服务，例如腾讯股价多少
	remind	提醒	提醒服务，例如提醒我明天上午十点开会
	clock	时钟	查询当前时间，例如现在几点了
知识类	cookbook	菜谱	查询菜谱的服务，例如宫保鸡丁怎么做
	baike	百科	查询百科的服务，例如查一下刘德华的百科资料
	news	资讯	查询新闻的服务，例如今天有什么新闻

③ 意图内容

测试验证意图是否正确，意图相当于前文提到的框架语义表示中的意图（intent），比如"intent": "PLAY"（即播放视频意图），查看是否和项目意图列表一致，以此判断意图内容正确与否。

视频常见intent举例如表6-45所示。

表 6-45　视频常见 intent 举例

服　务	意图名称	意图说明
视频	PLAY_VIDEO	播放视频
	STOP_VIDEO	停止视频
	PAUSE_VIDEO	暂停视频
	UP_VIDEO	上一个视频
	DOWN_VIDEO	下一个视频
	PLAY_LIST_VIDEO	打开视频播放列表

④ 属性槽内容

测试验证属性槽是否正确，属性槽相当于前文提到的框架语义表示中的属性槽（slots），比如"template": "我要看{videoName}","name": "videoName","value": "加勒比海盗"，即视频播放内容为<加勒比海盗>，查看是否和项目属性槽列表一致，以此判断属性槽内容正确与否。

视频slots说明如表6-46所示。

表 6-46　视频 slots 说明

slots 字段名称	字段类型	是否必填	字段说明
name	String	否	属性槽命名
value	String	否	属性槽具体内容

⑤ 自然语言处理打分

测试验证自然语言处理打分（score）是否正确，一般语义解析结果是有概率的，一般只显示概率≥0.85的结果，根据项目需求通过概率从高到低展示语义解析结果。

（3）反馈生成

测试验证自然语言处理的反馈生成是否正确，反馈生成就是自然语言处理后生成机器对于用户的反馈，比如：

```
"TTS": {
            "text": "即将为您播放加勒比海盗。",
            "type": "TTS"
            },
```

查看回答内容，type字段表示回答格式，可以是语音TTS播报（"type": "TTS"），也可以是文本展示（"type": "text"），text字段表示回答的具体文字内容。查看回答格式和文字内容是否和“语料的TTS合成内容+格式”一致，以此判断TTS合成正确无误。

6.4.4 语音 TTS 合成功能测试

语音TTS合成功能测试就是针对语音TTS合成的测试项，主要包括语音TTS合成内容和语音TTS自然度。

6.4.3节自然语言处理测试中的反馈生成就是针对语音TTS合成内容的测试。

语音TTS自然度属于人工测试，前文已详细介绍了测试方法，参照测试即可。

6.5 AI 语音特性功能测试

本节介绍各种AI语音特性功能测试，主要包括前文提到的全双工打断、跨场景测试、可见即可说、自定义唤醒词、上下文理解、非全时免唤醒、声源定位、声纹认证，详细讲解其中的测试原理、测试过程和测试步骤。

6.5.1 全双工打断

针对全双工打断语音特性测试，主要包括场景需求打断测试和TTS打断测试。接下来将详细介绍。

1. 测试目的

测试全双工打断语音特性功能，验证该特性功能的可用性和正确性。

2. 测试场景设计

（1）场景需求打断测试

主要分为相同场景需求打断和不同场景需求打断两种。

① 相同场景需求打断

相同场景需求打断首次语音请求和再次语音请求属于相同场景（即相同服务）。

举例：

- 用户：我想去动物园。
- TTS：找到动物园多个结果，您选第几个（TTS未全部播放完成）？
- 用户：还是去图书馆吧。
- TTS：找到图书馆多个结果，您选第几个？

② 不同场景需求打断

首次语音请求和再次语音请求属于不同场景（即不同服务）。

举例：

- 用户：我想去动物园。
- TTS：找到动物园多个结果，您选第几个（TTS未全部播放完成）？
- 用户：我想听刘德华的忘情水。
- TTS：好的，即将为您播放刘德华的忘情水。

（2）TTS 打断测试

TTS打断即提前完成场景内的语音命令请求。

举例：

- 用户：我想去动物园。
- TTS：找到动物园多个结果，您选第几个（TTS未全部播放完成）？
- 用户：第一个。
- TTS：好的，即将为您导航到第一个动物园。

6.5.2　跨场景交互

针对跨场景交互语音特性测试，主要包括跨相同场景交互测试和跨不同场景交互测试。接下来将详细介绍。

1. 测试目的

测试跨场景交互语音特性功能，验证该特性功能的可用性和正确性。

2. 测试场景设计

（1）跨相同场景交互测试

首次语音请求和再次语音请求属于相同场景（即相同服务）。

举例：

- 用户：我想去动物园。
- TTS：找到动物园多个结果，您选第几个（TTS播放完成）？
- 用户：还是去图书馆吧。
- TTS：找到图书馆多个结果，您选第几个？

（2）跨不同场景交互测试

首次语音请求和再次语音请求属于不同场景（即不同服务）。

举例：

- 用户：我想去动物园。

- TTS：找到动物园多个结果，您选第几个（结果列表显示：1. 大青山动物园；2. 野狐狸动物园，等待TTS播放完成）？
- 用户：我想听刘德华的忘情水。
- TTS：好的，即将为您播放刘德华的忘情水。

6.5.3 可见即可说

针对可见即可说语音特性测试，主要包括语音交互内测试和语音交互外测试。接下来将详细介绍。

1. 测试目的

测试可见即可说语音特性功能，验证该特性功能的可用性和正确性。

2. 测试场景设计

（1）语音交互内测试

针对多轮语音交互内的结果进行“可见即可说”语音选择。

① 可见即可说结果唯一

语音选择结果唯一。

举例：

- 用户：我想去动物园。
- TTS：找到动物园多个结果，您选第几个（结果列表显示：1. 大青山动物园；2. 野狐狸动物园）？
- 用户：大青山动物园。
- TTS：好的，即将为您导航到大青山动物园。

② 可见即可说结果不唯一

语音选择结果不唯一。

举例：

- 用户：我想去动物园。
- TTS：找到动物园多个结果，您选第几个（结果列表显示：1. 大青山动物园东门；2. 大青山动物园西门；3. 野狐狸动物园）？
- 用户：大青山动物园。
- TTS：好的，为您找到两个大青山动物园，您选第几个（结果列表显示：1. 大青山动物园东门；2. 大青山动物园西门）？

- 用户：东门。
- TTS：好的，即将为您导航到大青山动物园东门。

（2）语音交互外测试

针对产品UI界面内所有信息进行“可见即可说”语音选择。

① 可见即可说结果唯一

语音选择结果唯一。

举例：

- 前提：产品UI界面只有抖音一个应用（无名称相同的产品）。
- 用户：抖音。
- TTS：请问是打开抖音应用吗？
- 用户：是的。
- TTS：好的，已为您打开抖音应用。

② 可见即可说结果不唯一

语音选择结果不唯一。

举例：

- 前提：产品UI界面有抖音和抖音极速版共两个应用。
- 用户：抖音。
- TTS：找到抖音多个结果，您选第几个（结果列表显示：1. 抖音；2. 抖音极速版）？
- 用户：极速版。
- TTS：好的，已为您打开抖音极速版。

6.5.4 自定义唤醒词

针对自定义唤醒词语音特性测试，主要包括自定义唤醒词规范测试、自定义唤醒词不规范测试和原唤醒词有效性测试。接下来将详细介绍。

1. 测试目的

测试自定义唤醒词语音特性功能，验证该特性功能的可用性和正确性。

2. 测试场景设计

（1）自定义唤醒词规范测试

按照说明规范自定义唤醒词，比如规范要求一自定义>3字中文为唤醒词。

举例：

- 用户：飞鱼你好（唤醒词）。
- TTS：有何吩咐？
- 用户：给你起个名字叫熊大熊二。
- TTS：好的，您可以通过“熊大熊二”来唤醒我（超过3个字无须添加后缀你好）。
- 用户：熊大熊二。
- TTS：有何吩咐？

（2）自定义唤醒词不规范测试

未按照说明规范自定义唤醒词，比如规范要求一自定义>3字中文为唤醒词，我们使用贝贝。

举例：

- 用户：飞鱼你好。
- TTS：有何吩咐？
- 用户：给你起个名字叫贝贝。
- TTS：好的，您可以通过“贝贝，你好”来唤醒我（未超过3个字需添加后缀你好）。
- 用户：贝贝你好。
- TTS：有何吩咐？

（3）原唤醒词有效性测试

根据产品需求测试原唤醒词有效性。

- 自定义唤醒词后，只记忆用户最新定义的唤醒词，之前定义的唤醒词失效。
- 自定义唤醒词后，原先出厂时自带的唤醒词保留，仍有效（保底唤醒词）。

举例：

- 用户：飞鱼你好。
- TTS：有何吩咐？
- 用户：给你起个名字叫贝贝。
- TTS：好的，您可以通过“贝贝，你好”来唤醒我（未超过3个字需添加后缀你好）。
- 用户：贝贝你好。
- TTS：有何吩咐？
- 用户：给你起个名字叫熊大熊二。
- TTS：好的，您可以通过“熊大熊二”来唤醒我（超过3个字无须添加后缀你好）。
- 用户：贝贝你好（无响应，之前定义的唤醒词失效）。
- 用户：飞鱼你好（原唤醒词保留生效）。

- TTS：有何吩咐？

6.5.5 上下文理解

针对上下文理解语音特性测试，主要包括相同场景测试和不同场景测试。接下来将详细介绍。

1. 测试目的

测试上下文理解语音特性功能，验证该特性功能的可用性和正确性。

2. 测试场景设计

（1）相同场景测试

首次语音请求和再次语音请求属于相同场景（即相同服务）。

举例：

- 用户：上海明天的天气（参数：意图—查询天气，地点—上海，时间—明天）？
- TTS：上海明天天气晴朗……
- 用户：南京呢（上下文理解：意图—查询天气，地点—南京，时间—明天）？
- TTS：南京明天天气多云……
- 用户：后天呢（上下文理解：意图—查询天气，地点—南京，时间—后天）？
- TTS：南京后天天气小雨……

下文集成上文的属性槽信息进行对应参数补全

（2）不同场景测试

首次语音请求和再次语音请求属于不同场景（即不同服务）。

举例：

- 用户：上海明天的天气（参数：意图—查询天气，地点—合肥，时间—明天）？
- TTS：上海明天天气晴朗……
- 用户：去哪里的航班（上下文理解：意图—查询航班，地点—上海，时间—明天）？
- TTS：为您找到明天合肥到上海的航班……

下文集成上文的属性槽信息进行对应参数补全

6.5.6　非全时免唤醒

针对非全时免唤醒语音特性测试，主要包括免唤醒测试、有效时间测试和免唤醒退出测试。接下来将详细介绍。

1. 测试目的

测试非全时免唤醒语音特性功能，验证该特性功能的可用性和正确性。

2. 测试场景设计

（1）免唤醒测试

免唤醒测试主要分为单轮语音交互和多轮语音交互。

① 单轮语音交互

首次语音请求为单轮语音交互。

举例：

- 前提：非全时免唤醒功能开启。
- 用户：飞鱼你好。
- 用户：我想听周杰伦的歌。
- TTS：好的，正在为您播放周杰伦的歌（听歌交互一般都是单轮交互，TTS播报后语音交互退出。由于使用非全时免唤醒功能，因此无须再进行语音唤醒）。
- 用户：换成他唱的告白气球。
- TTS：好的，正在为您播放周杰伦的告白气球。

② 多轮语音交互

首次语音请求为多轮语音交互。

举例：

- 前提：非全时免唤醒功能开启。
- 用户：我想去动物园。
- TTS：找到动物园多个结果，您选第几个（TTS播放完成）？
- 用户：第一个。
- TTS：好的，即将为您导航到第一个动物园（导航交互一般到此就结束了，TTS播报后语音交互退出。由于使用非全时免唤醒功能，因此无须再进行语音唤醒）。
- 用户：还是去博物馆吧。
- TTS：找到博物馆多个结果，您选第几个（TTS播放完成）？

（2）有效时间测试

在有效时间30s、60s、90s之间切换测试。

举例：

- 前提：非全时免唤醒功能开启30s/60s/90s。
- 用户：我想去动物园。
- TTS：找到动物园多个结果，您选第几个（TTS播放完成）？
- 用户：第一个。
- TTS：好的，即将为您导航到第一个动物园（导航交互一般到此就结束了，TTS播报后语音交互退出。由于使用非全时免唤醒功能，因此无须再进行语音唤醒）。
- 用户：不输入语音/输入无效交互语音，等待30s/60s/90s（检查非全时免唤醒状态是否退出）。

（3）免唤醒退出测试

① 免唤醒自动退出

等待免唤醒有效时间结束，自动退出免唤醒状态。

举例：

- 前提：非全时免唤醒功能开启30s/60s/90s。
- 用户：我想去动物园。
- TTS：找到动物园多个结果，您选第几个（TTS播放完成）？
- 用户：第一个。
- TTS：好的，即将为您导航到第一个动物园（导航交互一般到此就结束了，TTS播报后语音交互退出。由于使用非全时免唤醒功能，因此无须再进行语音唤醒）。
- 用户：语音再次唤醒，等待30s/60s/90s（检查非全时免唤醒状态是否退出）。

② 免唤醒语音退出

语音退出免唤醒状态。

举例：

- 前提：非全时免唤醒功能开启30s/60s/90s。
- 用户：我想去动物园。
- TTS：找到动物园多个结果，您选第几个（TTS播放完成）？
- 用户：第一个。
- TTS：好的，即将为您导航到第一个动物园（导航交互一般到此就结束了，TTS播报后语音交互退出。由于使用非全时免唤醒功能，因此无须再进行语音唤醒）。

- 用户：退出。
- TTS：已为您退出免唤醒状态。

6.5.7 声源定位

针对声源定位语音特性测试，主要包括相同位置不同发音人测试和不同位置相同发音人测试。接下来将详细介绍。

1. 测试目的

测试声源定位语音特性功能，验证该特性功能的可用性和正确性。

2. 测试场景设计

使用场景：车载环境，主副驾位置，设置声源定位为“主驾”位置（即只有主驾才能唤醒被测设备）。

（1）相同位置不同发音人测试

首次语音请求和再次语音请求属于相同位置不同发音人。

举例：

- 前提：主驾位置，两个用户。
- 用户1：飞鱼你好（唤醒词）。
- TTS：有何吩咐？
- 用户2：飞鱼你好。
- TTS：有何吩咐？

（2）不同位置相同发音人测试

首次语音请求和再次语音请求属于不同位置相同发音人测试。

举例：

- 前提：位置有主驾和副驾，1个用户。
- 用户（主驾位置）：飞鱼你好。
- TTS：有何吩咐？
- 用户（副驾位置）：飞鱼你好（语音输出后，无任何响应）。
- 用户（再切换主驾位置）：飞鱼你好。
- TTS：有何吩咐？

6.5.8　声纹认证

针对声纹认证语音特性测试，主要包括声纹认证测试和取消声纹认证测试。接下来将详细介绍。

1. 测试目的

测试声纹认证语音特性功能，验证该特性功能的可用性和正确性。

2. 测试场景设计

（1）声纹认证测试

未进行声纹认证到声纹认证成功测试。

举例：

- 用户（未进行声纹认证）：飞鱼你好（唤醒词）。
- TTS：你好，未搜索到您的声纹认证，请声纹认证后再进行语音操作（声纹认证失败）。
- 用户：进行声纹认证。
- TTS：请输入声纹认证密码，添加声纹认证。
- 用户：123456（密码）。
- TTS：密码正确，请语音输入以下语句3次（声纹认证语音文本：我爱我伟大的祖国，希望它永远平安幸福）。
- 用户：我爱我伟大的祖国，希望它永远平安幸福（3次）。
- TTS：声纹认证成功，您可以语音唤醒我了。
- 用户：飞鱼你好。
- TTS：有何吩咐？

（2）取消声纹认证测试

已认证声纹的取消测试。

举例：

- 用户（声纹已认证）：飞鱼你好（唤醒词）。
- TTS：有何吩咐？
- 用户：取消声纹认证。
- TTS：请输入声纹认证密码，认证您的身份。
- 用户：123456（密码）。
- TTS：密码正确，请选择您要删除的声纹认证人员（主声纹人无法删除）。

- 用户：第2个。
- TTS：请明确需要删除XXX人的声纹认证吗？
- 用户：是的。
- TTS：已为您删除。
- 用户（删除声纹认证人员）：飞鱼你好。
- TTS：你好，未搜索到您的声纹认证，请声纹认证后再进行语音操作（声纹认证失败）。

6.5.9 快捷词免唤醒

针对快捷词免唤醒语音特性测试，主要包括全局唤醒词测试和场景唤醒词测试。接下来将详细介绍。

1. 测试目的

测试快捷词免唤醒语音特性功能，验证该特性功能的可用性和正确性。

2. 测试场景设计

（1）全局唤醒词测试

使用场景：全局唤醒词无使用场景要求，任何场景都可以。

① 未唤醒状态，使用全局唤醒词

举例：

- 前提：未唤醒状态下，全局唤醒词—声音大/小一点。
- 用户：声音大/小一点。
- TTS：声音已为您调大/小（音量图标显示）。

② 已唤醒状态，使用全局唤醒词

举例：

- 用户：飞鱼你好（唤醒词）。
- TTS：有何吩咐？
- 用户：声音大/小一点。
- TTS：声音已为您调大/小（音量图标显示）。

（2）场景唤醒词测试

使用场景：针对特定场景下的快捷词免唤醒，比如音乐前台播放场景下，场景唤醒词—暂停播放/继续播放。

① 未唤醒状态，使用场景唤醒词

举例：

- 前提：前台非音乐播放场景下，音乐在后台播放。
- 用户：暂停播放/继续播放（无任何响应）。
- 用户：打开音乐播放界面。
- TTS：已为您打开音乐播放界面。
- 用户：暂停播放。
- TTS：已为您暂停播放音乐。
- 用户：继续播放。
- TTS：已为您继续播放音乐。

② 已唤醒状态，使用场景唤醒词

举例：

- 前提：前台音乐播放场景下。
- 用户：飞鱼你好。
- TTS：有何吩咐？
- 用户：暂停播放。
- TTS：已为您暂停播放音乐。

6.5.10 自定义 TTS 播报

针对自定义TTS播报语音特性测试，主要包括自定义TTS播报测试和原TTS播报有效性测试。接下来将详细介绍。

1. 测试目的

测试自定义唤醒词语音特性功能，验证该特性功能的可用性和正确性。

2. 测试场景设计

（1）自定义 TTS 播报测试

未进行自定义TTS播报到自定义TTS播报测试。

举例：

- 用户：飞鱼你好。
- TTS：有何吩咐？
- 用户：定义专属的TTS播报音。

- TTS：好的，为您进行TTS播报音定制，请输入5条语音（同一条语句录入5条，进行语音建模完成TTS模拟合成）。
- 用户：用户输入5条语音。
- TTS：TTS播报音合成完成（声音为新合成的TTS播报音）。

（2）原 TTS 播报有效性测试

根据产品需求测试原TTS播报有效性。

- 自定义TTS播报，只记忆用户最新定义的TTS播报音，之前定义的TTS播报音失效。
- 自定义TTS播报后，原先出厂时自带的TTS播报音保留。

举例：

- 前提：已自定义过TTS播报音。
- 用户：飞鱼你好。
- TTS：有何吩咐（TTS播报音为已自定义过的）？
- 用户：定义专属的TTS播报音。
- TTS：好的，为您进行TTS播报音定制，请输入5条语音（同一条语句录入5条，进行语音建模完成TTS模拟合成）。
- 用户：用户输入5条语音。
- TTS：TTS播报音合成完成（声音为新合成的TTS播报音，原自定义TTS播报音失效）。
- 用户：切换为出厂TTS播报音。
- TTS：好的，为您切换为出厂TTS播报音（声音为出厂时的TTS播报音）。

6.6 本章小结

本章详细地介绍了AI语音产品黑盒测试的背景和目的，并从AI语音效果、AI语音基础功能和AI语音特性功能3个层面详细讲解了黑盒测试的方法和测试场景设计，同时通过实战的方式向读者展示了黑盒测试流程中的各项测试任务以及各种重点测试内容。

第 7 章

AI语音产品自动化测试

本章主要介绍AI语音产品自动化测试，包括语音唤醒自动化测试、语音识别自动化测试、自然语言处理自动化测试3个模块，详细讲解自动化测试的实现原理和操作步骤。

7.1 AI 语音产品自动化测试简介

AI语音产品自动化测试是针对AI语音功能测试的自动化实现，解决人工测试向机器测试的转化问题，本质上和功能测试没有区别。

7.1.1 AI 语音产品自动化测试的价值

AI语音产品自动化测试的价值主要体现在3个方面：一是提高测试效率；二是回归测试，降低测试成本；三是使用相同的测试数据，保证测试结果的可靠性。

1. 提高测试效率

AI语音产品人工测试比较烦琐且相对耗时，使用AI语音产品自动化测试会降低测试工作强度，解放测试人力，以从事其他测试工作，等自动化执行结束后，查看自动化运行结果分析即可，提高了测试效率。

AI语音产品人工测试执行出错概率大，由于AI语音产品自动化测试使用测试集标准，且执行者是机器（如计算机），故出错概率会大大降低。

2. 回归测试，降低测试成本

对于生命周期长、语音系统迭代比较频繁的项目，经常会有AI语音的优化和改动，为此需要经常回归测试，如果使用AI语音产品自动化测试，就会大幅降低回归测试的成本。

3. 使用相同的测试数据，保证测试结果的可靠性

若两次AI语音迭代版本使用相同的测试集，AI语音自动化测试的结果将会有更高的可靠性，因为两次测试结果优劣性对比更具说服力。

7.1.2 AI 语音产品自动化测试应用

AI语音产品自动化测试的应用主要覆盖AI语音交互的各个重要环节，当前行业内AI语音产品自动化测试应用主要包括3个方向，基本包含AI语音交互的3大环节，即语音唤醒、语音识别、自然语言处理，详细说明如下：

1. 语音唤醒自动化测试的应用

语音唤醒自动化测试的应用主要关注语音唤醒成功率，考察和评估AI语音产品测试版本的唤醒VT效果。

2. 语音识别自动化测试的应用

语音识别自动化测试的应用主要关注语音识别字成功率和句成功率，考察和评估AI语音产品测试版本的识别ASR效果。

3. 自然语言处理自动化测试的应用

自然语言处理自动化测试的应用主要关注自然语言处理的意图，理解精确率、召回率、F1值，考察和评估自然语言处理意图的理解效果。

7.2 语音唤醒自动化测试

语音唤醒自动化测试是针对语音唤醒效果的自动化测试，使用数据量化地评估语音唤醒的效果。在运行语音唤醒自动化测试之前，我们需要熟悉语音自动化工具框架的设计和实现步骤，然后进行测试方案的设计和测试执行。

7.2.1 语音唤醒自动化工具框架

1. 工具原理框架设计

开发语言建议使用Python 3.8及以上版本（本文所有代码以Python 3.8版本编写）。本节以AI语音SDK集成在Android系统上来介绍。语音唤醒自动化工具的框架结构主要包含3部分，说明如下：

（1）播放唤醒音频，通过安装第三方playsound包播放WAV格式的音频。

（2）分析唤醒结果，通过分析logcat日志来统计唤醒成功的次数。
（3）日志记录，通过导入logging包打印日志记录信息。

2. 工具实现逻辑和步骤

语音唤醒自动化测试工具实现步骤主要有如下6步：

（1）前提：保证测试计算机连接测试设备，并将logcat日志记录开启（注意：工具测试过程保证logcat打印正常）。
（2）测试开始，播放唤醒音频，比如小艾小艾。
（3）设置唤醒音频之间的播放时间间隔，比如设置5s。
（4）设置唤醒成功字段信息，比如awake字段。
（5）读取logcat日志信息，判断本次唤醒是否成功，并打印本次唤醒的执行结果。
（6）测试结束，手动退出logcat日志打印，最后统计唤醒成功的次数和概率。

语音唤醒自动化实现逻辑图如图7-1所示。

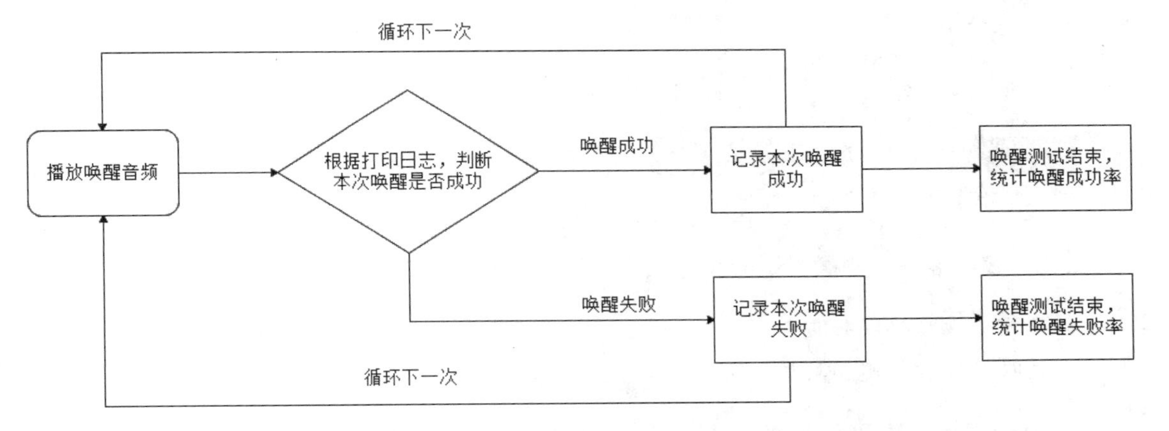

图 7-1　语音唤醒自动化实现逻辑图

7.2.2　语音唤醒自动化测试方案

1. 测试目的

完成语音唤醒的人工测试向自动化测试转变，节约测试人力并提高测试效率，通过自动化测试形成规范的测试结果，数据化和量化语音唤醒指标。

2. 测试资源和测试环境

（1）测试资源

具体的硬件配置如表7-1所示。

表 7-1 硬件配置

关 键 项	数 量	性能要求
笔记本电脑	1 台	麦克风正常可用
音箱	2 台	音质需高保真度

（2）测试环境

测试环境如表7-2所示。

表 7-2 测试环境

环境分类	环境说明	举 例
安静环境	环境底噪≤40dB	无人的会议室
常噪环境	加噪音，信噪比为 10dB	办公室环境
高噪环境	加噪音，信噪比为–5dB	高峰期的火车站候客厅

3. 测试步骤和方法

第 1 步：前期准备。

（1）音频准备，新建两个文件夹，用来存放唤醒音频和噪音源音频。

说明 针对唤醒音频和噪音源音频的要求，录音音频生成规范请查看第5章“语音音频文本准备”和“噪音源音频文本准备”。

（2）版本准备，明确测试的硬件版本和软件版本，并进行版本编号标注记录。

第 2 步：测试环境搭建和配置。

语音唤醒自动化测试环境的搭建和配置说明如下：

（1）正中心摆放被测设备。

（2）“唤醒音频播放音箱”放置在被测设备正前方，一般选择90°方位角，如果对角度有其他要求，可根据项目需求再区分（行业内一般以5°划分角度）。

（3）“噪音播放音箱”放置在被测设备同水平线上且正对被测设备，左侧/右侧相距被测设备2m处（综合考虑中间距离得出的2m，该值可根据项目实际情况进行改变），一般选择90°方位角，如果对角度有其他要求，可根据项目需求再区分（行业内一般以5°划分角度）。

唤醒自动化测试环境搭建原理图如图7-2所示。

第 3 步：测试用例设计。

测试用例设计参考6.2节的内容。

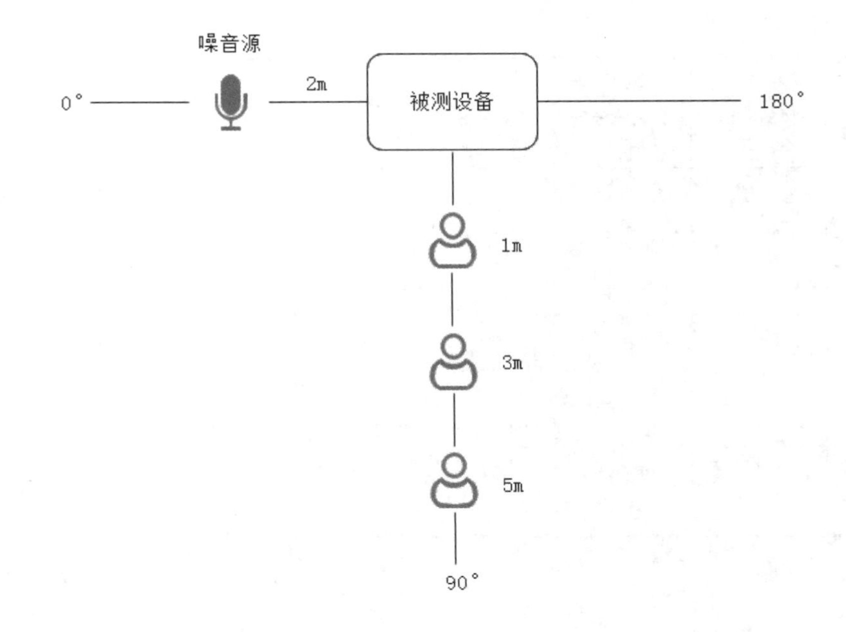

图 7-2　唤醒自动化测试环境搭建原理图

第 4 步：测试执行。

（1）测试计算机连接测试设备，并将logcat日志开启记录。
（2）打开语音唤醒自动化测试工具，按照测试用例逐条执行。

4. 测试用例

语音唤醒测试用例如表7-3所示。

表 7-3　语音唤醒测试用例

<table>
<tr><th>序　号</th><th>测试环境</th><th>声源与麦克风的距离（m）</th><th>声源到达麦克风的强度（dB）</th><th>外噪到达麦克风的强度（dB）</th><th>信噪比（dB）</th><th>唤醒状态</th><th>发音人性别</th><th>方位角（°）</th><th>唤醒词条数</th><th>唤 醒 率</th></tr>
<tr><td>1</td><td rowspan="6">安静环境</td><td rowspan="2">1m</td><td rowspan="6">65dB</td><td rowspan="6">环境底噪≤40dB</td><td rowspan="6">≥20dB（不加外噪）</td><td rowspan="8">设备未唤醒</td><td>男</td><td>90</td><td>200</td><td></td></tr>
<tr><td>2</td><td>女</td><td>90</td><td>200</td><td></td></tr>
<tr><td>3</td><td rowspan="2">3m</td><td>男</td><td>90</td><td>200</td><td></td></tr>
<tr><td>4</td><td>女</td><td>90</td><td>200</td><td></td></tr>
<tr><td>5</td><td rowspan="2">5m</td><td>男</td><td>90</td><td>200</td><td></td></tr>
<tr><td>6</td><td>女</td><td>90</td><td>200</td><td></td></tr>
<tr><td>7</td><td rowspan="2">常噪环境</td><td rowspan="2">1m</td><td rowspan="2">65dB</td><td rowspan="2">55dB</td><td rowspan="2">10dB</td><td>男</td><td>90</td><td>200</td><td></td></tr>
<tr><td>8</td><td>女</td><td>90</td><td>200</td><td></td></tr>
</table>

（续表）

序　号	测试环境	声源与麦克风的距离（m）	声源到达麦克风的分贝（dB）	外噪到达麦克风的分贝（dB）	信噪比（dB）	唤醒状态	发音人性别	方位角（°）	唤醒词条数	唤 醒 率
9	常噪环境	3m	65dB	55dB	10dB	设备未唤醒	男	90	200	
10							女	90	200	
11		5m					男	90	200	
12							女	90	200	
13	高噪环境	1m	65dB	70dB	–5dB		男	90	200	
14							女	90	200	
15		3m					男	90	200	
16							女	90	200	
17		5m					男	90	200	
18							女	90	200	

5. 时间计划安排

时间计划安排如表7-4所示。

表 7-4　时间计划安排表

序　号	测　试　项	主要内容和交付物	完成时间	工作天数	责　任　人	备　注
1	测试环境搭建部署	完成测试步骤第一步				
2	测试方案编写	完成测试方案编写				
3	测试用例编写	完成测试用例编写				
4	测试文档评审	项目组/部门内完成测试方案和测试用例评审				
5	测试执行	逐条执行测试用例，记录测试结果				
6	测试报告编写和发布	测试结束后，完成对应版本的测试报告，并发送通知给项目组/部门				

7.2.3　语音唤醒自动化工具说明

1. 背景说明

自研工具主要使用Python语言、playsound第三方包完成工具逻辑脚本，通过tkinter包完成工具可视化界面。

2. 前提条件

保证被测设备USB连接上计算机，可正常获取被测设备的log日志信息。

3. 前期准备

（1）新建文件

新建唤醒音频存放文件夹、log日志TXT文件、工具测试执行结果记录TXT文件、工具唤醒结果统计TXT文件。

（2）日志打印

通过adb命令开启logcat日志打印，并保证logcat打印正常。

4. 启动工具

打开语音唤醒自动化测试工具，双击voiceTrigger_performance_v3.0.exe启动，如图7-3所示。

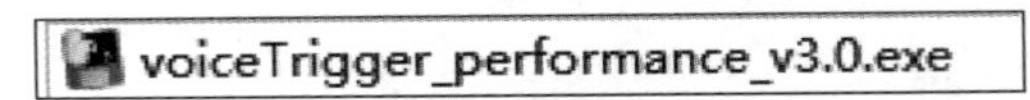

图 7-3　语音唤醒自动化工具包名

5. 语音唤醒自动化测试工具介绍

语音唤醒自动化测试工具的界面如图7-4所示。

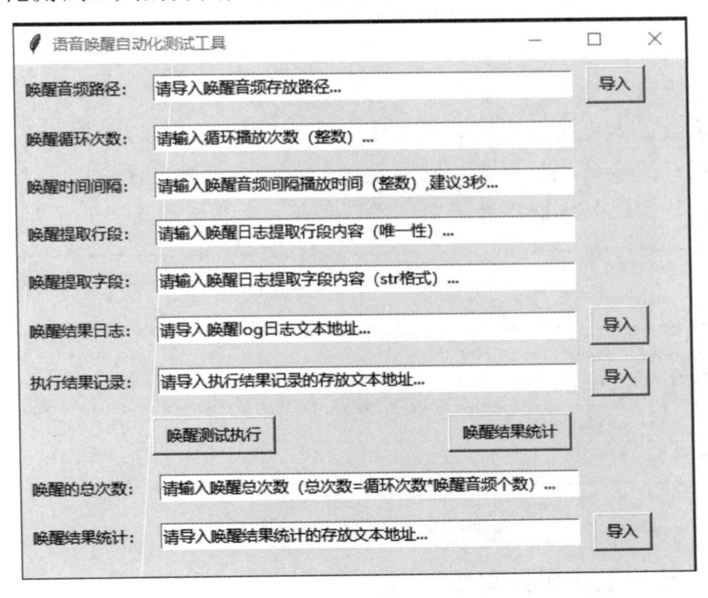

图 7-4　语音唤醒自动化测试工具

工具字段说明：

- 唤醒音频路径：存放唤醒音频播放路径，音频格式为WAV，音频文件名称不支持中文名，建议使用英文+数字。同时文件夹路径中不能有非音频文件。

- 唤醒循环次数：唤醒音频播放文件夹路径中音频循环播放的次数，单位是次，输入的需是正整数。
- 唤醒时间间隔：唤醒音频播放的时间间隔，单位是秒，输入的需是正整数。
- 唤醒提取行段：log日志中唤醒字段所在的行，一般为str格式，需保证该唤醒提取行段具有唯一性。
- 唤醒提取字段：log日志中的唤醒字段名称，输入唤醒字段名称即可，一般为str格式，比如"skill_State":"awake"，awake是唤醒标识，那么skill_State就是唤醒字段名称。
- 唤醒结果日志：log日志文件存放地址，TXT文件格式，主要为打开日志，监测相应日志内容。
- 执行结果记录：唤醒测试执行结果记录存放文件地址，TXT文件格式，主要是显示测试执行结果，比如唤醒轮数+唤醒次数+唤醒是否成功，如图7-5所示。

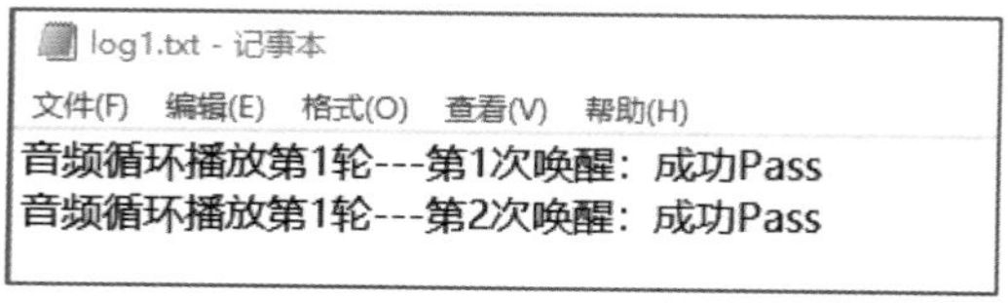

log1.txt - 记事本
文件(F)　编辑(E)　格式(O)　查看(V)　帮助(H)
音频循环播放第1轮---第1次唤醒：成功Pass
音频循环播放第1轮---第2次唤醒：成功Pass

图 7-5　语音唤醒执行结果记录

- 唤醒测试执行：单击该按钮，开始唤醒测试。
- 唤醒结果统计：单击该按钮，获取此次的唤醒测试的结果统计，包括唤醒成功、失败的次数和成功、失败的概率。
- 唤醒的总次数：本次唤醒测试的总次数，单位是次，输入的需是正整数。
- 唤醒结果统计：唤醒测试结果统计存放文件地址，TXT文件格式，主要显示此次的唤醒测试的结果统计，比如唤醒成功、失败次数和成功、失败概率，如图7-6所示。

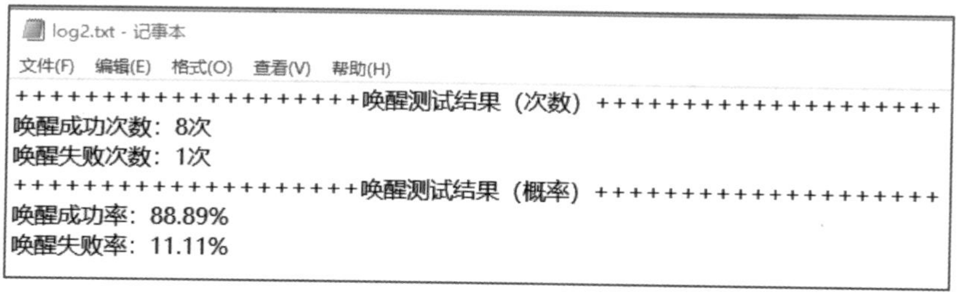

log2.txt - 记事本
文件(F)　编辑(E)　格式(O)　查看(V)　帮助(H)
++++++++++++++++++++唤醒测试结果（次数）++++++++++++++++++++
唤醒成功次数：8次
唤醒失败次数：1次
++++++++++++++++++++唤醒测试结果（概率）++++++++++++++++++++
唤醒成功率：88.89%
唤醒失败率：11.11%

图 7-6　语音唤醒结果统计

7.2.4　语音唤醒自动化工具操作实战

1. 工具实现功能

（1）播放唤醒音频，记录本次唤醒音频播放后的唤醒成功率。

（2）计算和统计唤醒测试结束后的唤醒成功率和失败率。

2. 工具操作步骤

（1）导入唤醒音频路径，输入唤醒循环次数、唤醒时间间隔、唤醒提取行段、唤醒提取字段，导入唤醒结果日志、执行结果记录。

（2）单击“唤醒测试执行”按钮，运行唤醒自动化测试。

（3）等待唤醒测试结束，输入唤醒总次数，导入唤醒结果统计存放文件地址，一键获取本次测试唤醒成功率。

示例如图7-7所示。

图 7-7　语音唤醒自动化测试工具实际录入举例

7.2.5　语音唤醒自动化工具源码

上述语音唤醒自动化工具的源代码如下：

```
# -*- coding: UTF-8 -*-
from playsound import playsound
import os
import tkinter
from tkinter import *
import tkinter.messagebox
from tkinter import filedialog
import logging
import time
class voiceTrigger_performance(object):
    """
    语音唤醒自动化测试
    """
    def __init__(self):
```

```
        """
        初始化GUI窗口+实例
        :param FH_filename:
        """
        # 创建一个窗口
        self.master = tkinter.Tk()
        # 将窗口的标题设置为'语音唤醒自动化测试工具'
        self.master.title('语音唤醒自动化测试工具')
        # 获取屏幕尺寸，使窗口位于屏幕中央
        width = 510
        height = 400
        # 获取屏幕的宽度和高度(分辨率)
        screenwidth = self.master.winfo_screenwidth()
        # 获取屏幕的宽度和高度(分辨率)
        screenheight = self.master.winfo_screenheight()
        # 设置窗口位置和修改窗口大小(窗口宽×窗口高+窗口位于屏幕x轴+窗口位于屏幕y轴)
        self.master.geometry('%dx%d+%d+%d' % (
            width, height, (screenwidth - width) / 2,
            (screenheight - height) / 2))
    def logger(self, log_name, FH_filename):
        """
        日志方法
        :return: 日志收集器
        """
        # 1. 日志收集器
        # 创建自己的日志收集器
        self.my_log = logging.getLogger(log_name)
        self.my_log.setLevel(level=logging.INFO)
        # 只有不存在Handler时才设置Handler(保持同一loggername对应的FileHander唯一)
        if not self.my_log.handlers:
            # 2.1 创建一个日志输出渠道(输出到文件)
            self.file_handler = logging.FileHandler(filename=FH_filename, mode='w',
                                encoding='utf-8')
            self.file_handler.setLevel(logging.INFO)
            # 2.2 设置日志输入格式
            ft = '%(message)s'
            self.formatter = logging.Formatter(ft)
            self.file_handler.setFormatter(self.formatter)
            # 3.1 创建一个日志输出渠道(输出到屏幕)
            self.console = logging.StreamHandler()
            self.console.setLevel(logging.INFO)
            # 4. 将日志输出渠道添加到日志收集器中
            self.my_log.addHandler(self.file_handler)
            self.my_log.addHandler(self.console)
        return self.my_log
    def mainPage(self):
        """
        工具GUI页面设计
        :return:
        """
```

```
# 文本显示
tkinter.Label(self.master, text="唤醒音频路径：").grid(row=0, padx=5)
tkinter.Label(self.master, text="唤醒循环次数：").grid(row=1, padx=5)
tkinter.Label(self.master, text="唤醒时间间隔：").grid(row=2, padx=5)
tkinter.Label(self.master, text="唤醒提取行段：").grid(row=3, padx=5)
tkinter.Label(self.master, text="唤醒提取字段：").grid(row=4, padx=5)
tkinter.Label(self.master, text="唤醒结果日志：").grid(row=5, padx=5)
tkinter.Label(self.master, text="执行结果记录：").grid(row=6, padx=5)
tkinter.Label(self.master, text="唤醒的总次数：").grid(row=8, padx=5)
tkinter.Label(self.master, text="唤醒结果统计：").grid(row=9, padx=5)
# 导入唤醒音频路径
# 文本输入框
self.e1 = tkinter.Entry(self.master, width=45)  # 输入文本路径
self.e1.grid(row=0, column=1, padx=5, pady=8)
self.e1.insert(0, "请导入唤醒音频存放路径...")  # 插入输入说明
# 导入唤醒音频路径按键
button_open_voicetrigger = tkinter.Button(self.master, text="导入",
command=self.open_file, width=5).grid(row=0,column=2, padx=5, pady=5)
# 输入唤醒循环次数
self.e2 = tkinter.Entry(self.master, width=45)
self.e2.grid(row=1, column=1, padx=5, pady=8)
self.e2.insert(0, "请输入循环播放次数(整数)...")
# 输入唤醒音频间隔播放时间
self.e3 = tkinter.Entry(self.master, width=45)
self.e3.grid(row=2, column=1, padx=5, pady=8)
self.e3.insert(0, "请输入唤醒音频间隔播放时间(整数),建议3秒...")
# 输入唤醒日志提取行段
self.e4 = tkinter.Entry(self.master, width=45)
self.e4.grid(row=3, column=1, padx=5, pady=8)
self.e4.insert(0, "请输入唤醒日志提取行段内容(唯一性)...")
# 输入唤醒日志提取字段
self.e5 = tkinter.Entry(self.master, width=45)
self.e5.grid(row=4, column=1, padx=5, pady=8)
self.e5.insert(0, "请输入唤醒日志提取字段内容(str格式)...")
# 输入唤醒结果log日志文本
self.e6 = tkinter.Entry(self.master, width=45)
self.e6.grid(row=5, column=1, padx=5, pady=8)
self.e6.insert(0, "请导入唤醒log日志文本地址...")
tkinter.Button(self.master, text="导入", command=self.open_txt1, width=5).grid
(row=5, column=2,padx=5, pady=5)
# 输入唤醒执行结果记录保存文本地址
self.e7 = tkinter.Entry(self.master, width=45)
self.e7.grid(row=6, column=1, padx=5, pady=8)
self.e7.insert(0, "请导入执行结果记录的存放文本地址...")
tkinter.Button(self.master, text="导入", command=self.open_txt2, width=5).grid
(row=6, column=2,padx=5, pady=5)
# 输出唤醒结果按键
tkinter.Button(self.master, text="唤醒结果统计", width=12, command=
self.vioceTrigger_successrate_estimate).grid(row=7, column=1, stick='e',
padx=10, pady=7)
```

```
        # 循环播放按键
        tkinter.Button(self.master, text='唤醒测试执行', width=12,
        command=self.voiceTrigger_Playback_estimate).grid(row=7, column=1,
        sticky='w')
        # 输入唤醒总次数
        self.e8 = tkinter.Entry(self.master, width=45)
        self.e8.grid(row=8, column=1, padx=5, pady=8)
        self.e8.insert(0, "请输入唤醒总次数(总次数=循环次数*唤醒音频个数)...")
        # 输入唤醒结果统计保存文本地址
        self.e9 = tkinter.Entry(self.master, width=45)
        self.e9.grid(row=9, column=1, padx=5, pady=8)
        self.e9.insert(0, "请导入唤醒结果统计的存放文本地址...")
        tkinter.Button(self.master, text="导入", command=self.open_txt3,
         width=5).grid(row=9, column=2, padx=5, pady=5)
        # 窗口运行主循环开始
        self.master.mainloop()
    def voiceTrigger_Playback_estimate(self):
        """
        唤醒执行输入内容异常判断和执行操作
        :return:
        """
        # e1
        if self.e1.get() == "请导入唤醒音频存放路径...":
            tkinter.messagebox.showerror('报警', "未导入唤醒音频存放路径信息！")
        elif self.e1.get() is None or self.e1.get() == "":
            tkinter.messagebox.showerror('报警', "唤醒音频路径地址为空！")
        # e2
        elif self.e2.get() == "请输入循环播放次数(整数)...":
            tkinter.messagebox.showerror('报警', "未填入循环播放次数")
        elif self.e2.get() is None or self.e2.get() == "":
            tkinter.messagebox.showerror('报警', "循环播放次数为空！")
        elif self.e2.get().isdigit() is False:
            tkinter.messagebox.showerror('报警', "循环播放次数不是数值或正整数！")
        # e3
        elif self.e3.get() == "请输入唤醒音频间隔播放时间(整数),建议3s...":
            tkinter.messagebox.showerror('报警', "未填入唤醒音频间隔播放时间！")
        elif self.e3.get() is None or self.e3.get() == "":
            tkinter.messagebox.showerror('报警', "唤醒音频间隔播放时间为空！")
        elif self.e3.get().isdigit() is False:
            tkinter.messagebox.showerror('报警', "唤醒音频间隔播放时间不是数值或正整数！")
        # e4
        elif self.e4.get() == "请输入唤醒日志提取行段内容(json格式)...":
            tkinter.messagebox.showerror('报警', "未填入唤醒提取行段！")
        elif self.e4.get() is None or self.e4.get() == "":
            tkinter.messagebox.showerror('报警', "唤醒提取行段输入为空！")
        # e5
        elif self.e5.get() == "请输入唤醒日志提取字段内容(str格式)...":
            tkinter.messagebox.showerror('报警', "未填入唤醒提取字段！")
        elif self.e5.get() is None or self.e5.get() == "":
            tkinter.messagebox.showerror('报警', "唤醒提取字段输入为空！")
```

```
    # e6
    elif self.e6.get() == "请导入唤醒log日志文本地址...":
        tkinter.messagebox.showerror('报警', "未导入唤醒日志log地址! ")
    elif self.e6.get() is None or self.e6.get() == "":
        tkinter.messagebox.showerror('报警', "唤醒日志log地址为空! ")
    # e7
    elif self.e7.get() == "请导入执行结果记录的存放文本地址...":
        tkinter.messagebox.showerror('报警', "未导入测试执行结果记录的存放地址! ")
    elif self.e7.get() is None or self.e7.get() == "":
        tkinter.messagebox.showerror('报警', "测试执行结果记录的存放地址为空! ")
    else:
        # 唤醒测试执行
        self.voiceTrigger_Playback()
def voiceTrigger_Playback(self):
    """
    唤醒测试执行,循环播放唤醒音频
    :return:
    """
    # 初始定义成功的次数记录为0
    k = 0
    # 定义播放次数
    m = 1
    # 循环以下操作int(e2.get()-1次
    for n in range(1, int(self.e2.get()) + 1):
        # 判断-唤醒音频播放文件地址的正确性
        try:
            # 得到文件夹下的所有唤醒音频播放文件名称
            path = self.e1.get()
            files = os.listdir(self.e1.get())
            # 判断-唤醒log日志的文件地址的正确性
            try:
                # 遍历文件夹
                for file in files:
                    # 音频播放间隔时间
                    time.sleep(int(self.e3.get()))
                    # 播放音频文件
                    playsound(path + '/' + '{0}'.format(file))
                    # 等待1s用于读取日志
                    time.sleep(1)
                    # 获取唤醒成功字段
                    awakes = self.get_voicetriger()
                    # 如果日志中唤醒次数大于“唤醒成功次数记录”，即判断此次唤醒成功，否则失败
                    if len(awakes) > k:
                        # 将打印日志同时输出到屏幕和日志文件
                        self.logger(log_name='execute_log',
                        FH_filename=self.e7.get()).info(
                            "音频循环播放第{0}轮---第{1}次唤醒：成功Pass".format(n, m))
                    else:
                        # 将打印日志同时输出到屏幕和日志文件
                        self.logger(log_name='execute_log',
```

```
                                FH_filename=self.e7.get()).info(
                                    "音频循环播放第{0}轮---第{1}次唤醒：失败Fail".format(n, m))
                                # 唤醒成功次数记录-1
                                k = k - 1
                            # 唤醒成功次数记录+1
                            k = k + 1
                            # 唤醒执行次数+1
                            m = m + 1
                    # 异常报警提示
                    except FileNotFoundError as err:
                        tkinter.messagebox.showerror('报警', "唤醒log日志地址不存在或名称错误！")
                        break
                    # 异常报警提示
                    except UnicodeDecodeError as err:
                        tkinter.messagebox.showerror('报警', "唤醒音频播放文件中有非音频文件！".
                        format(sys.exc_info()[0]))
                        break
                # 异常报警提示
                except FileNotFoundError as err:
                    tkinter.messagebox.showerror('报警', "唤醒音频播放文件地址不存在或名称错误！")
                    break
                # 异常报警提示
                except:
                    tkinter.messagebox.showerror('报警', "未知异常{0}！".
                    format(sys.exc_info()[0]))
                    break
    def vioceTrigger_successrate_estimate(self):
        """
        唤醒结果统计异常判断和统计操作
        :return:
        """
        # e4
        if self.e4.get() == "请输入唤醒日志提取行段内容(json格式)...":
            tkinter.messagebox.showerror('报警', "未填入唤醒提取行段！")
        elif self.e4.get() is None or self.e4.get() == "":
            tkinter.messagebox.showerror('报警', "唤醒提取行段输入为空！")
        # e5
        elif self.e5.get() == "请输入唤醒日志提取字段内容(str格式)...":
            tkinter.messagebox.showerror('报警', "未填入唤醒提取字段！")
        elif self.e5.get() is None or self.e5.get() == "":
            tkinter.messagebox.showerror('报警', "唤醒提取字段输入为空！")
        # e6
        elif self.e6.get() == "请导入唤醒log日志文本地址...":
            tkinter.messagebox.showerror('报警', "未导入唤醒日志log地址！")
        elif self.e6.get() is None or self.e6.get() == "":
            tkinter.messagebox.showerror('报警', "唤醒日志log地址输入为空！")
        # e8
        elif self.e8.get() == "请输入唤醒总次数(总次数=循环次数*唤醒音频个数)...":
            tkinter.messagebox.showerror('报警', "未填入唤醒总次数")
        elif self.e8.get() is None or self.e8.get() == "":
```

```
            tkinter.messagebox.showerror('报警', "唤醒总次数输入为空！")
        elif self.e8.get().isdigit() is False:
            tkinter.messagebox.showerror('报警', "唤醒总次数不是数值或正整数！")
        # e9
        elif self.e9.get() == "请导入唤醒结果统计的存放文本地址...":
            tkinter.messagebox.showerror('报警', "未导入唤醒结果统计文件的存放地址！")
        elif self.e9.get() is None or self.e9.get() == "":
            tkinter.messagebox.showerror('报警', "唤醒结果统计文件的存放地址为空！")
        else:
            # 获取语音唤醒成功率和具体哪次唤醒失败
            self.get_vioceTrigger_successrate()
    def get_vioceTrigger_successrate(self):
        """
        获取语音唤醒成功率和具体哪次唤醒失败
        :return:
        """
        # 获取唤醒成功字段
        awakes = self.get_voicetriger()
        # 计算唤醒总次数
        service_len = len(awakes)
        # 计算唤醒成功次数
        a = int(service_len)
        # 计算唤醒失败测试
        b = int(self.e8.get()) - a
        # 计算唤醒成功率
        awakes = a / int(self.e8.get())
        # 计算唤醒失败率
        b1 = 1 - awakes
        # 唤醒执行详细统计
        self.logger(log_name='results_log', FH_filename=self.e9.get()).info(
            '+++++++++++++++++++唤醒测试结果(次数)+++++++++++++++++++')
        self.logger(log_name='results_log', FH_filename=self.e9.get()).info("唤醒
                    成功次数：{}次".format(a))
        self.logger(log_name='results_log', FH_filename=self.e9.get()).info("唤醒
                    失败次数：{}次".format(b))
        self.logger(log_name='results_log', FH_filename=self.e9.get()).info(
            '+++++++++++++++++++唤醒测试结果(概率)+++++++++++++++++++')
        self.logger(log_name='results_log', FH_filename=self.e9.get()).info("唤醒
                   成功率：{0:.2%}".format(awakes))
        self.logger(log_name='results_log', FH_filename=self.e9.get()).info("唤醒
                   失败率：{0:.2%}\n".format(b1))
    def get_voicetriger(self):
        """
        读取唤醒成功字段
        :return:
        """
        # 读取TXT文本内容
        logcat = open(self.e6.get(), encoding="utf-8").read()
        # 定义列表，保存唤醒成功字段
        awakes = []
```

```
        # 通过\n分行来拆分日志文本内容
        lines = logcat.split('\n')
        # 提取带有{"skill_State":"awake"}文本的整行内容
        voicetrigger_line = self.e4.get()
        service_all = [x for x in lines if x.find(voicetrigger_line) > -1]
        # 循环提取日志有效信息
        for i in service_all:
            # extract = re.findall('.*{(.*)}.*', i)  # 提取唤醒成功字段"service":"awake"
            voicetrigger_field = self.e5.get()
            extract_awake = re.findall('.*"{0}":"(.+?)".*'.format(voicetrigger_field), i)
            # 接着在for循环里边用append方法即可把解析到的单个字符添加到列表
            for j in extract_awake:
                awakes.append(j)
        return awakes
    def open_file(self):
        """
        唤醒音频文件夹路径导入
        :return:
        """
        # 打开文件夹
        filename = filedialog.askdirectory(title='打开文件夹')
        # 删除之前的输入框中的默认内容
        self.e1.delete(0, 'end')
        # 往entry中插入文件夹路径
        self.e1.insert('insert', filename)
    def open_txt1(self):
        """
        唤醒日志文件导入
        :return:
        """
        # 打开TXT文件
        filename = filedialog.askopenfilename(title='打开txt文件',
                   filetypes=[('txt', '*.txt')])
        # 删除之前的输入框中的默认内容
        self.e6.delete(0, 'end')
        # 往entry中插入txt文件路径
        self.e6.insert('insert', filename)
    def open_txt2(self):
        """
        唤醒日志文件导入
        :return:
        """
        # 打开TXT文件
        filename = filedialog.askopenfilename(title='打开txt文件',
                   filetypes=[('txt', '*.txt')])
        # 删除之前的输入框中的默认内容
        self.e7.delete(0, 'end')
        # 往entry中插入TXT文件路径
        self.e7.insert('insert', filename)
    def open_txt3(self):
```

```
        """
        唤醒日志文件导入
        :return:
        """
        # 打开TXT文件
        filename = filedialog.askopenfilename(title='打开txt文件',
                      filetypes=[('txt', '*.txt')])
        # 删除之前的输入框中默认内容
        self.e9.delete(0, 'end')
        # 往entry中插入txt文件路径
        self.e9.insert('insert', filename)

if __name__ == '__main__':
    # 主函数运行
    voiceTrigger_performance().mainPage()
```

7.3 语音识别自动化测试

语音识别自动化测试主要是针对语音识别效果的自动化测试，使用数据量化地评估语音识别的效果。语音识别自动化测试的理论和实际操作基本和语音唤醒自动化测试差不多，主要差别在于语音识别自动化测试识别任务前需要先唤醒设备。

7.3.1 语音识别自动化工具框架

1. 工具原理框架设计

语音识别自动化工具主要包含两大类，一是语音识别结果获取工具，二是语音识别结果分析工具。

（1）语音识别结果获取工具（自研）

开发语言建议使用Python 3.8及以上版本（本文所有代码以Python 3.8版本编写）。本节以AI语音SDK集成在Android系统上来介绍。语音识别结果获取工具的框架结构主要包含5部分，说明如下：

① 唤醒音频播放，通过安装第三方playsound包播放WAV格式音频。

② 唤醒结果分析，通过分析logcat日志来判断本次唤醒是否成功，若成功，则接着播放识别音频。若失败，则重新播放唤醒音频直到唤醒成功为止。

③ 唤醒成功后，播放识别音频，通过安装第三方playsound包播放WAV格式音频。

④ 识别结果分析，通过分析logcat日志来统计query识别结果。

⑤ 日志记录，通过导入logging包打印日志记录信息。

（2）语音识别结果分析工具（引用）

获取到详细的语音识别结果后，还需要对识别结果进行分析，但人工分析识别结果的字正确率和句准确率是一个特别耗时的过程，工作量大，为此我们引用HTK（HMM Toolkit）工具——一款基于HMM模型的自然语言处理工具，该工具可用于语音识别研究。我们主要使用HTK中的HResults方法来计算语音识别的字正确率和句正确率。语音识别结果分析工具的框架结构主要包含以下两部分：

① 将语料测试用例TXT文件和识别结果TXT文件都转换为MLF文件。

② 对齐语料测试用例MLF文件和识别结果MLF文件的第一列，HResults会根据对应关系来找到对应的文本（例如"*No1.lab"对应"*No1.rec"）来计算字正确率和句正确率。

（3）文本转 MLF 文件工具（自研）

为方便使用语音识别结果分析工具中的TXT文件转MLF文件的人工操作，特此开发“文本转MLF文件工具”。

开发语言建议使用Python 3.8及以上版本（本文所有代码以Python 3.8版本编写），TXT转MLF文件工具的框架结构主要包含以下4部分：

① 导入TXT文件，通过导入一定格式的TXT文件实现TXT文件转换为MLF文件。

② 导入MLF文件的存放地址，通过导入MLF文件的存放地址实现转换后MLF文件的定点存放，保证MLF文件没有问题。

③ 输入MLF文件的关键字标识，由于HResults方法通过MLF文件的关键字标识来找到对应的比较文件，因此需要输入不同的关键字标识。

④ 文件转换逻辑：TXT文件转换为MLF文件主要经历3步，即去除标点符号、阿拉伯数字转大写数字以及小写字母转大写字母。

2. 工具实现逻辑和步骤

（1）语音识别结果获取工具

实现步骤主要分为8步，说明如下：

① 前提：保证测试计算机连接测试设备，并将logcat日志记录开启（注意：工具测试过程保证logcat打印正常）。

② 测试开始，播放唤醒音频，比如小艾小艾。

③ 设置唤醒音频之间的播放时间间隔，比如设置5s。

④ 设置唤醒成功字段信息，比如awake字段。

⑤ 读取logcat日志信息，判断本次唤醒是否成功，并打印本次唤醒的执行结果。若唤醒失败，则重新播放唤醒音频直到唤醒成功为止。

⑥ 设置唤醒音频和识别音频间的播放时间间隔，比如设置1s。
⑦ 播放识别音频，比如我想听刘德华的歌。
⑧ 测试结束，手动退出logcat日志打印，最后统计识别结果。

语音识别自动化实现逻辑如图7-8所示。

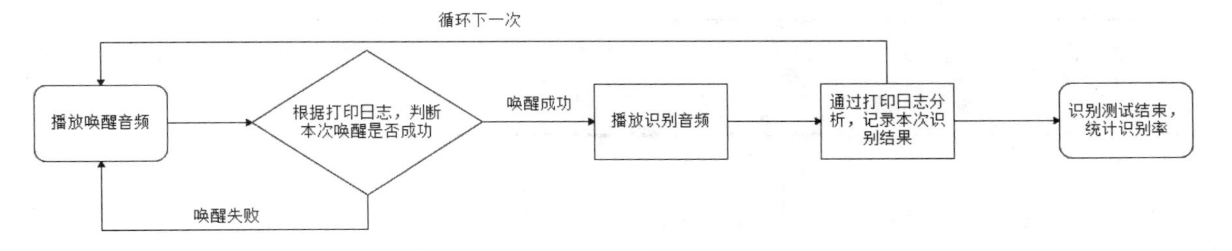

图 7-8　语音识别自动化实现逻辑

（2）语音识别结果分析工具

实现步骤主要分为3步，说明如下：

① 测试开始，文本转MLF文件，将语料测试用例TXT文件和识别结果TXT文件都转换为MLF文件。
② 对比测试，使用HTK工具的HResults方法操作执行对比测试。
③ 测试结束，统计字正确率和句正确率。

（3）文本转 MLF 文件工具

实现步骤主要分为4步，说明如下：

① 测试开始，导入语料测试用例TXT文件。
② 导入MLF文件存放地址。
③ 输入MLF文件关键字标识。
④ 测试结束，输出MLF文件。

7.3.2　语音识别自动化测试方案

1. 测试目的

完成语音识别人工测试向自动化测试的转变，节约测试人力并提高测试效率，通过自动化测试形成规范的测试结果，数据化和量化语音识别指标。

2. 测试资源和测试环境

（1）测试资源

硬件配置如表7-5所示。

表 7-5　硬件配置

关　键　项	数　　量	性能要求
笔记本电脑	1 台	麦克风正常可用
音箱	2 台	音质需高保真度

（2）测试环境

测试环境如表7-6所示。

表 7-6　测试环境

环境分类	环境说明	举　　例
安静环境	环境底噪≤40dB	无人的会议室
常噪环境	加噪音，信噪比为 10dB	办公室环境
高噪环境	加噪音，信噪比为–5dB	高峰期的火车站候客厅

3. 测试步骤和方法

第 1 步：前期准备。

（1）音频准备，新建3个文件夹，存放唤醒音频、识别音频、噪音源音频。

说明　针对唤醒音频、识别音频和噪音源音频的要求，录音音频生成规范请查看第5章。

（2）版本准备，明确测试的硬件版本和软件版本，并进行版本编号的标注记录。

第 2 步：测试环境搭建和配置。

语音识别自动化测试环境的搭建和配置说明如下：

（1）正中心摆放被测设备。

（2）“唤醒/识别音频播放音箱”放置在被测设备正前方，一般选择方位角90°，如果对角度有其他要求，可根据项目需求再区分（行业内一般以5°划分角度）。

（3）“噪音播放音箱”放置在被测设备同水平线上且正对被测设备，左侧/右侧相距被测设备2m处（综合考虑中间距离得出的2m，该值可根据项目实际情况进行改变），一般选择方位角90°，如果对角度有其他要求，可根据项目需求再区分（行业内一般以5°划分角度）。

识别自动化测试环境搭建原理图如图7-9所示。

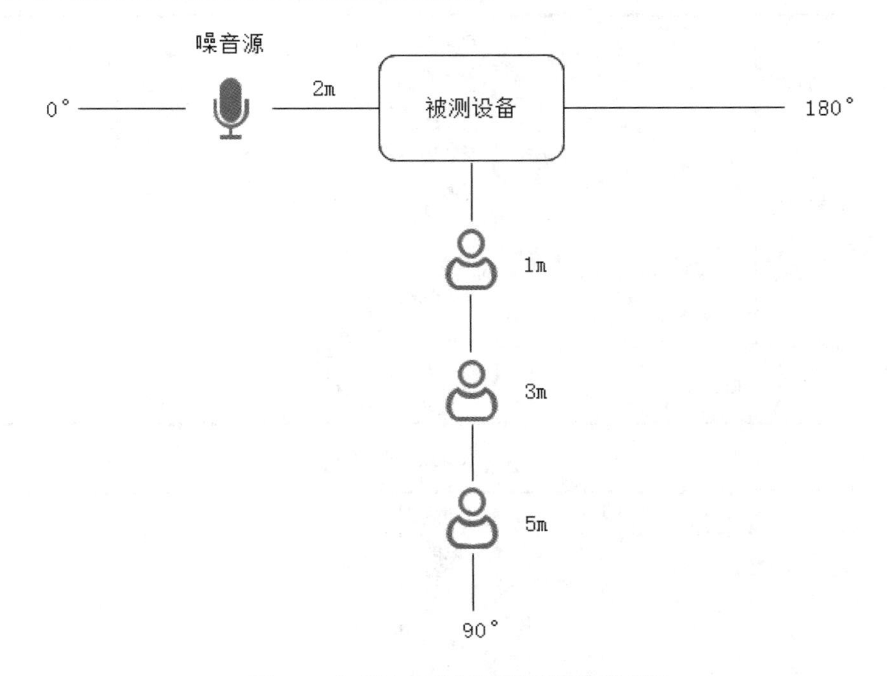

图 7-9　识别自动化测试环境搭建原理图

第 3 步：测试用例设计。

测试用例设计参考6.3节。

第 4 步：测试执行。

（1）测试计算机连接测试设备，并将logcat日志开启记录。

（2）打开语音识别自动化测试工具，按照测试用例逐条执行。

第 5 步：识别结果分析。

（1）测试执行后获取到语音识别结果，将语料测试用例TXT文件和识别结果TXT文件都转换为MLF文件。

（2）通过HTK工具的HResults方法分析识别结果，得出字正确率和句正确率。

4. 测试用例

参考表7-7～表7-9。

表 7-7　识别率执行测试用例

<table>
<tr><th>序号</th><th>功能</th><th>语料说法（测试用例）</th><th>识别结果</th></tr>
<tr><td>1</td><td rowspan="2">听音乐</td><td>来一首周杰伦的歌</td><td></td></tr>
<tr><td>2</td><td>播放李健的传奇</td><td></td></tr>
<tr><td>3</td><td rowspan="2">查天气</td><td>今天的天气</td><td></td></tr>
<tr><td>4</td><td>上海明天的天气</td><td></td></tr>
<tr><td>5</td><td rowspan="2">导航</td><td>导航到野生动物园</td><td></td></tr>
<tr><td>6</td><td>我想去最近的加油站</td><td></td></tr>
<tr><td>7</td><td rowspan="2">打电话</td><td>打电话给张三</td><td></td></tr>
<tr><td>8</td><td>拨打 10086</td><td></td></tr>
<tr><td>9</td><td rowspan="2">听广播</td><td>播放安徽音乐广播</td><td></td></tr>
<tr><td>10</td><td>打开 FM 95.0</td><td></td></tr>
</table>

表 7-8　测试场景识别率统计表

<table>
<tr><th>序号</th><th>测试环境</th><th>声源与麦克风的距离（m）</th><th>声源到达麦克风的分贝（dB）</th><th>外噪到达麦克风的分贝（dB）</th><th>信噪比（dB）</th><th>发音人性别</th><th>方位角（°）</th><th>识别语料</th><th>句识别率/字识别率</th></tr>
<tr><td>1</td><td rowspan="6">安静环境</td><td rowspan="2">1m</td><td rowspan="6">65dB</td><td rowspan="6">环境底噪≤40dB</td><td rowspan="6">≥20dB（不加外噪）</td><td>男</td><td>90</td><td rowspan="18">实际使用语料文本</td><td></td></tr>
<tr><td>2</td><td>女</td><td>90</td><td></td></tr>
<tr><td>3</td><td rowspan="2">3m</td><td>男</td><td>90</td><td></td></tr>
<tr><td>4</td><td>女</td><td>90</td><td></td></tr>
<tr><td>5</td><td rowspan="2">5m</td><td>男</td><td>90</td><td></td></tr>
<tr><td>6</td><td>女</td><td>90</td><td></td></tr>
<tr><td>7</td><td rowspan="6">常噪环境</td><td rowspan="2">1m</td><td rowspan="6">65dB</td><td rowspan="6">55dB</td><td rowspan="6">10dB</td><td>男</td><td>90</td><td></td></tr>
<tr><td>8</td><td>女</td><td>90</td><td></td></tr>
<tr><td>9</td><td rowspan="2">3m</td><td>男</td><td>90</td><td></td></tr>
<tr><td>10</td><td>女</td><td>90</td><td></td></tr>
<tr><td>11</td><td rowspan="2">5m</td><td>男</td><td>90</td><td></td></tr>
<tr><td>12</td><td>女</td><td>90</td><td></td></tr>
<tr><td>13</td><td rowspan="6">高噪环境</td><td rowspan="2">1m</td><td rowspan="6">65dB</td><td rowspan="6">70dB</td><td rowspan="6">–5dB</td><td>男</td><td>90</td><td></td></tr>
<tr><td>14</td><td>女</td><td>90</td><td></td></tr>
<tr><td>15</td><td rowspan="2">3m</td><td>男</td><td>90</td><td></td></tr>
<tr><td>16</td><td>女</td><td>90</td><td></td></tr>
<tr><td>17</td><td rowspan="2">5m</td><td>男</td><td>90</td><td></td></tr>
<tr><td>18</td><td>女</td><td>90</td><td></td></tr>
</table>

表 7-9　识别率汇总表

<table>
<tr><th rowspan="3">场　景</th><th rowspan="3">句识别成功率（%）</th><th colspan="7">句识别错误率（%）</th></tr>
<tr><th rowspan="2">无识别结果</th><th colspan="3">字　识　别</th><th colspan="3">符号识别</th></tr>
<tr><th>错　误</th><th>丢　失</th><th>插　入</th><th>错　误</th><th>丢　失</th><th>插　入</th></tr>
<tr><td>1</td><td></td><td></td><td></td><td></td><td></td><td></td><td></td><td></td></tr>
<tr><td>2</td><td></td><td></td><td></td><td></td><td></td><td></td><td></td><td></td></tr>
<tr><td>3</td><td></td><td></td><td></td><td></td><td></td><td></td><td></td><td></td></tr>
<tr><td>4</td><td></td><td></td><td></td><td></td><td></td><td></td><td></td><td></td></tr>
<tr><td>5</td><td></td><td></td><td></td><td></td><td></td><td></td><td></td><td></td></tr>
<tr><td>6</td><td></td><td></td><td></td><td></td><td></td><td></td><td></td><td></td></tr>
</table>

5. 时间计划安排

时间计划安排如表7-10所示。

表 7-10　时间计划安排表

序　号	测　试　项	主要内容和交付物	完成时间	工作天数	责　任　人	备　注
1	测试环境搭建部署	完成测试步骤第一步				
2	测试方案编写	完成测试方案编写				
3	测试用例编写	完成测试用例编写				
4	测试文档评审	项目组/部门内完成测试方案和测试用例评审				
5	测试执行	逐条执行测试用例，记录测试结果				
6	测试报告编写和发布	测试结束后，完成对应版本的测试报告，并发送通知给项目组/部门				

7.3.3　语音识别结果获取工具说明

1. 背景说明

自研工具主要使用Python语言、playsound第三方包完成工具逻辑脚本，通过tkinter包完成工具可视化界面。

2. 前提条件

保证被测设备USB连接上计算机，可正常获取被测设备的log日志信息。

3. 前期准备

（1）新建文件

新建唤醒音频存放文件夹、识别音频存放文件夹、log日志TXT文件、工具测试执行结果记录TXT文件、工具识别结果统计Excel文件。

（2）日志打印

通过adb命令开启logcat日志打印，并保证logcat打印正常。

4. 启动工具

打开语音识别结果获取工具，双击voiceTrigger_performance_v2.0.exe启动，如图7-10所示。

speech_recognition_v2.0.exe

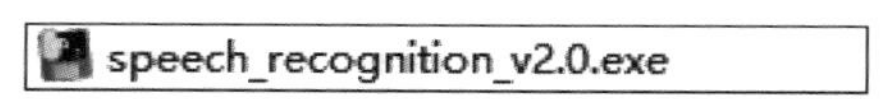

图 7-10　语音识别结果获取工具包名

5. 语音识别结果获取工具介绍

语音识别结果获取工具的界面如图7-11所示。

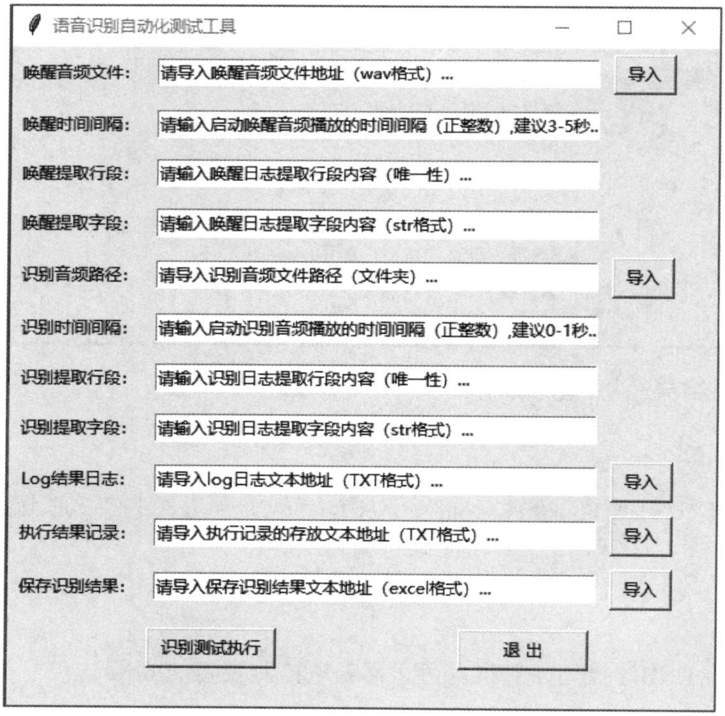

语音识别自动化测试工具
唤醒音频文件:
请导入唤醒音频文件地址（wav格式）...
导入
唤醒时间间隔:
请输入启动唤醒音频播放的时间间隔（正整数）,建议3-5秒..
唤醒提取行段:
请输入唤醒日志提取行段内容（唯一性）...
唤醒提取字段:
请输入唤醒日志提取字段内容（str格式）...
识别音频路径:
请导入识别音频文件路径（文件夹）...
导入
识别时间间隔:
请输入启动识别音频播放的时间间隔（正整数）,建议0-1秒..
识别提取行段:
请输入识别日志提取行段内容（唯一性）...
识别提取字段:
请输入识别日志提取字段内容（str格式）...
Log结果日志:
请导入log日志文本地址（TXT格式）...
导入
执行结果记录:
请导入执行记录的存放文本地址（TXT格式）...
导入
保存识别结果:
请导入保存识别结果文本地址（excel格式）...
导入
识别测试执行
退 出

图 7-11　语音识别结果获取工具

工具字段说明：

- 唤醒音频文件：存放唤醒音频播放文件，音频格式为WAV，音频文件名称不支持中文名，建议使用英文+数字。由于唤醒音频的作用是唤醒语音产品，因此一般使用同一条唤醒录音做唤醒音频（建议选择容易唤醒产品的音频）。
- 唤醒时间间隔：唤醒音频播放间的时间间隔，单位是秒，输入的需是正整数。
- 唤醒提取行段：log日志中唤醒字段所在的行，一般为str格式，需保证该唤醒提取行段具有唯一性。
- 唤醒提取字段：log日志中的唤醒字段名称，输入唤醒字段名称即可，一般为str格式，比如"skill_State":"awake"，awake是唤醒标识，那么skill_State就是唤醒字段名称。
- 识别音频路径：存放识别音频播放路径，音频格式为WAV，音频文件名称不支持中文名，建议使用英文+数字。同时文件夹路径中不能有非音频文件。
- 识别时间间隔：唤醒音频和识别音频播放间的时间间隔，单位是秒，输入的需是正整数。
- 识别提取行段：log日志中识别字段所在的行，一般为str格式，需保证该识别提取行段具有唯一性。
- 识别提取字段：log日志中的识别字段名称，输入识别字段名称即可，一般为str格式，比如"query":"我想听刘德华的歌"，我想听刘德华的歌是识别标识，那么query就是识别字段名称。
- Log结果日志：log日志文件存放地址，TXT文件格式，主要是为打开日志，监测相应日志内容。
- 执行结果记录：测试执行结果记录存放文件地址，TXT文件格式，主要是显示测试执行结果，比如唤醒次数+唤醒是否成功，识别次数+ASR识别转写结果，如图7-12所示。

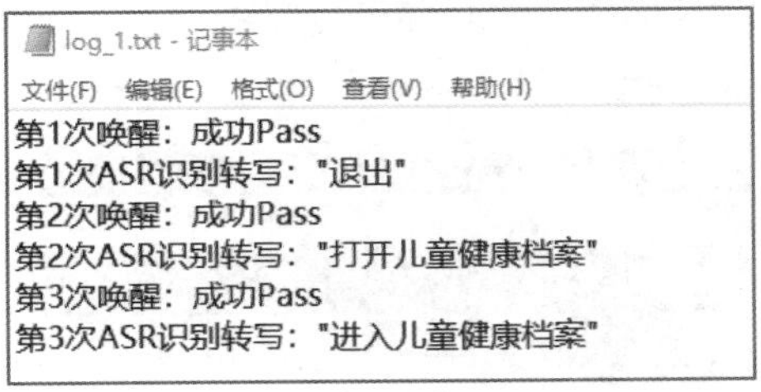

log_1.txt - 记事本
文件(F) 编辑(E) 格式(O) 查看(V) 帮助(H)
第1次唤醒：成功Pass
第1次ASR识别转写："退出"
第2次唤醒：成功Pass
第2次ASR识别转写："打开儿童健康档案"
第3次唤醒：成功Pass
第3次ASR识别转写："进入儿童健康档案"

图 7-12　语音识别执行结果记录

- 保存识别结果：识别结果文件存放地址，Excel文件格式，主要是为一键存放识别结果。
- 识别测试执行：单击该按钮，开始语音识别测试。
- 退出：单击该按钮，退出工具。

7.3.4　语音识别结果分析工具说明

1. HTK工具安装和配置

语音识别分析工具仍然使用HTK，接下来介绍在Windows环境下如何配置编译HTK。

（1）准备事项

① 安装Microsoft Visual Studio 2010开发环境（以下简称VS），因为HTK代码需要通过VS来编译。

② 安装ActivePerl工具，测试的时候需要用到Perl命令。

③ 安装解压缩工具（解压下载下来的HTK文档）。

④ 如果对DOS命令行窗口及命令语句熟悉就更好了，在编译、安装和运行HTK时都需要它。

⑤ 添加环境变量：在系统环境变量中添加Microsoft Visual Studio下VC环境的bin路径。

（2）安装和环境

① 右击，解压Visual studio 2010。

② 双击打开“Visual Studio 2010简体中文旗舰版”文件夹。

③ 双击运行setup.exe。

④ 单击“安装Microsoft Visual Studio 2010”。

⑤ 安装加载完成后，取消勾选安装体验的信息，然后单击“下一步”按钮所示。

⑥ 单击“我已阅读并接受许可条款”，再单击“下一步”按钮。

⑦ 选择“完全”，再选择软件安装路径，单击“安装”按钮。

⑧ 软件安装成功，单击“完成”按钮。

⑨ 安装结束，添加环境变量。

在系统环境变量中添加Microsoft Visual Studio下VC环境的bin路径，如笔者使用的是VS 2010，将其安装在D盘，就需要将以下路径添加到环境变量Path中：D:\Program Files\Microsoft Visual Studio 10.0\VC\bin，如图7-13所示。

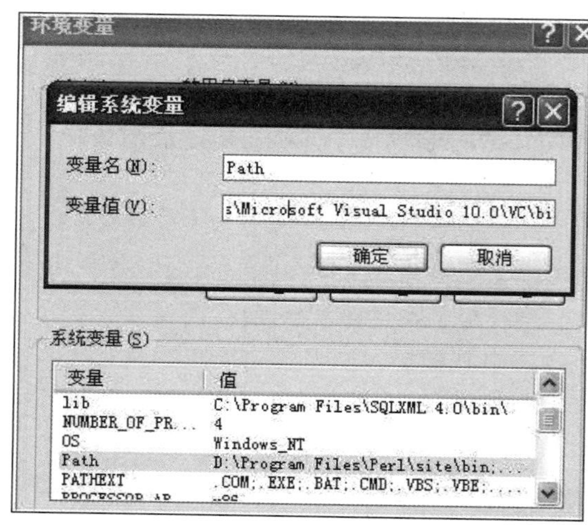

图 7-13 添加 Visual Studio 2010 环境变量

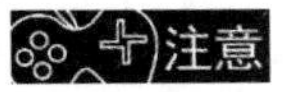 对Path中自带的值不要进行任何修改。

（3）安装 ActivePerl（Windows 下的 Perl 运行环境）

① 下载安装包后，按照步骤直接安装即可。

② 添加环境变量，如图7-14所示。

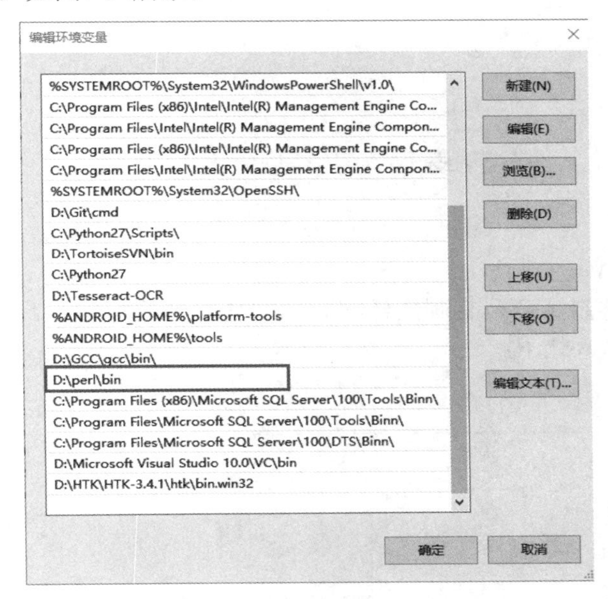

图 7-14　添加 ActivePerl 环境变量

（4）HTK 配置

进入HTK的官网（http://htk.eng.cam.ac.uk/docs/inst-win.shtml），先进行注册才能下载文件。

① 下载HTK源代码，如图7-15所示。

Windows downloads

- HTK source code (zip archive for Windows users)
- HTK samples (zip archive for Windows users)

图 7-15　HTK 工具下载包版本

官网下载地址（需要注册）：http://htk.eng.cam.ac.uk/download.shtml。

CSDN下载地址：http://download.csdn.net/detail/it_newborn/5723473。

这两个文件都下载下来，其中samples用来测试安装是否成功，后面会介绍。当然，在下载之前要求注册会员。

② 解压所下载的HTK源代码。

解压HTK源码最好在根目录下，文件用英文，如D:\HTK，便于后来在DOS下的编译和其他操作。

③ 进入htk目录下。

先进入DOS界面，单击“开始”→“运行”，输入CMD后按回车键，笔者的代码安装在D:\HTK下，输入代码如下：

```
cd D:\HTK\htk
```

④ 新建文件夹。

使用命令创建一个文件夹，用来存放编译后生成的EXE文件。

```
mkdir bin.win32
```

⑤ 打开vcvars32.bat文件。

把VS下的vcvars32.bat文件复制到HTK根目录下（见图7-16），在DOS中使用命令打开vcvars32文件，输入命令如下：

```
vcvars32.bat
```

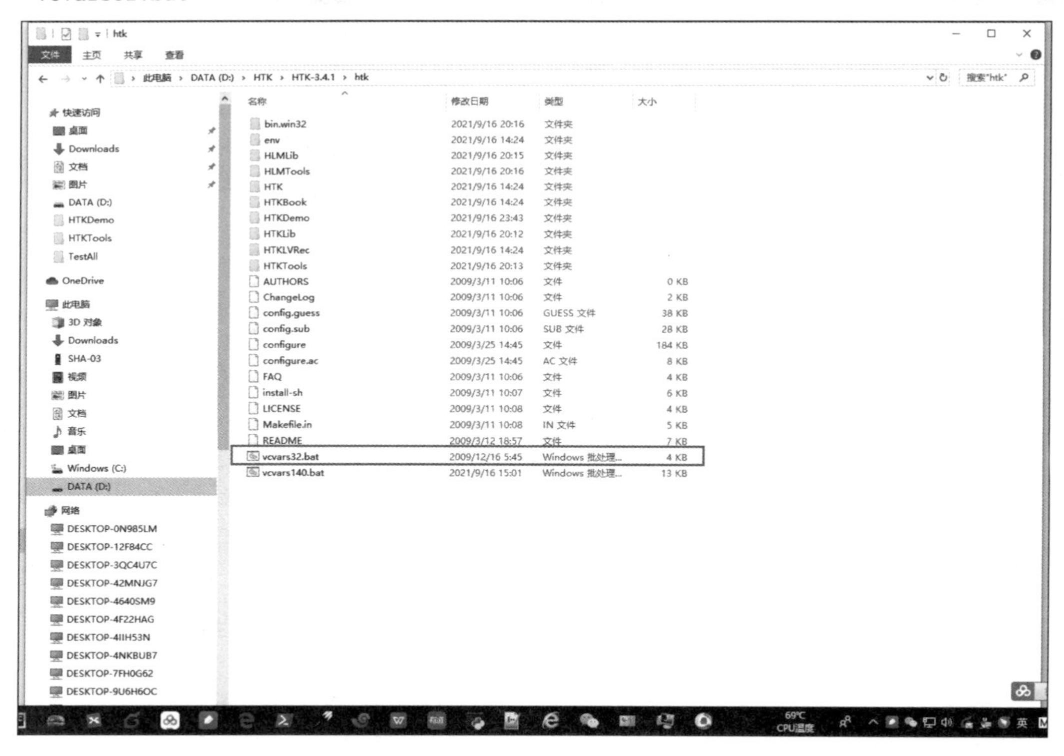

图 7-16　vcvars32.bat 文件

结果如图7-17所示。

```
D:\HTK\HTK-3.4.1\htk>vcvars32.bat
Setting environment for using Microsoft Visual Studio 2010 x86 tools.
```

图 7-17　启动 vcvars32.bat

⑥ 编译HTK Library，并回到上一级目录。

输入命令如下：

```
cd HTKLib
nmake /f htk_htklib_nt.mkf all
cd ..
```

⑦ 编译HTK工具，并回到上一级目录。

输入命令如下：

```
cd HTKTools
nmake /f htk_htktools_nt.mkf all
cd ..
```

⑧ 切换HLMLib目录继续编译，并回到上一级目录。

输入命令如下：

```
cd HLMLib
nmake /f htk_hlmlib_nt.mkf all
cd ..
```

⑨ 切换HLMTools目录仍继续编译，并返回根目录。

```
cd HLMTools
nmake /f htk_hlmtools_nt.mkf all
cd ..
```

⑩ HTK工具安装结束，添加环境变量。

现在HTK工具已经安装创建完成，编译生成的EXE文件都存放在第一步创建的bin.win32目录下，如图7-18所示。

工具文件说明：

- HSLab.exe：录音、标记工具。
- Hcopy.exe：从语音提取特征参数的工具。
- HInit.exe和HCompV.exe：对HMM模型初始化的工具。注意，这里需要对每个模型使用此命令进行初始化。
- HRest.exe：对模型进行迭代训练的工具。

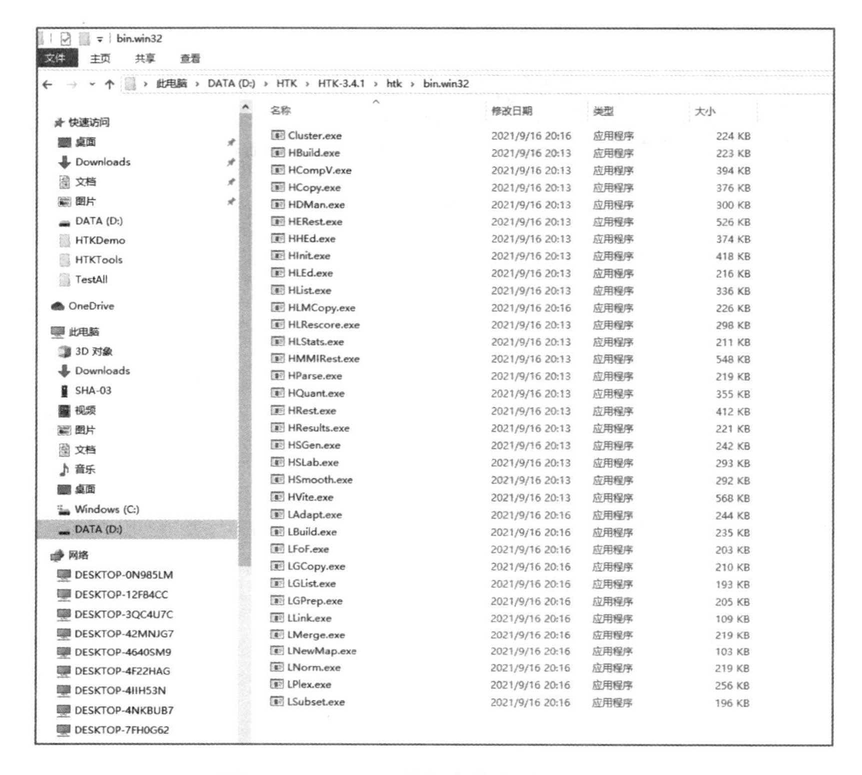

图 7-18　HTK 工具包含的各种 EXE 工具

- HParse.exe：语法转网络的工具，发音转文本会用到。
- HSGen.exe：语法查错工具。
- HVite.exe：解码工具，也就是识别工具。可以用命令行方式使用，也可以用交互方式使用。

最后需要在系统环境变量的PATH中添加bin.win32路径的值，如图7-19所示。

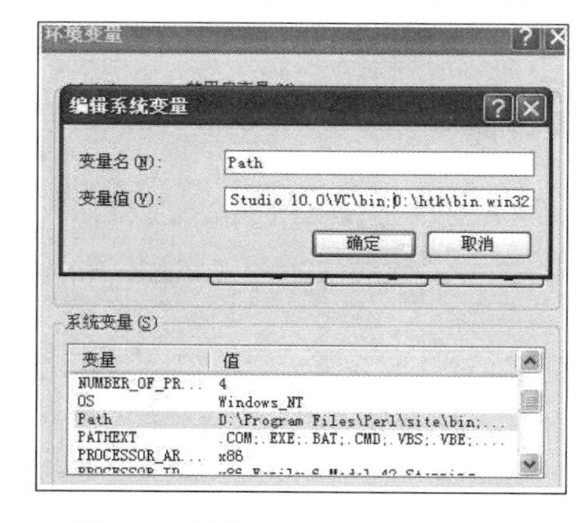

图 7-19　添加 bin.win32 的环境变量

（5）测试安装是否成功

① 解压HTK-samples-3.4.1.zip文件，将其中的HTKDemo文件夹复制到D:\HTK\htk目录下。
② 通过命令创建相应目录。
输入命令如下：

```
cd HTKDemo
mkdir hmms
cd hmms
mkdir tmp
mkdir hmm.0
mkdir hmm.1
mkdir hmm.2
mkdir hmm.3
cd ..
mkdir proto
mkdir acc
mkdir test
```

③ 验证HTK工具测试安装是否成功。
输入命令如下：

```
perl runDemo.pl configs\monPlainM1S1.dcf
```

最后如图7-20所示。

至此，HTK工具运行环境基本上就搭建完成了。

2. 启动工具

进入HTK所在文件夹，输入命令：HResults，可以看到该工具的各个参数，如图7-21所示。

3. HResults使用介绍

HResults的主要操作命令如下：

（1）最简洁命令

```
HResults -I src.mlf labellist.txt testResult.mlf
```

（2）推荐命令

```
HResults -A -D -T 1 -I src.mlf labellist.txt testResult.mlf
```

（3）常用命令

```
HResults -t -I src.mlf labellist.txt testResult.mlf >results.txt
```

```
D:\HTK\HTK-3.4.1\htk\HTKDemo>perl runDemo.pl configs\monPlainM1S1.dcf
 Test Config File Read
 =====================
Parameter        Value
----------------------


hsKind              p
covKind             d
nStreams            1
nMixes              1
Context             m
TiedState           n
VQ_clust            1
HERest_Iter         3
HERest_par_mode     n
Clean_up            y
Trace_tool_calls    y


HCopy               n
HList               n
HQuant              n
HLEd                n
HInit               y
HRest               y
HERest              y
HSmooth             n
HVite               y
已复制         1 个文件。
已复制         1 个文件。
已复制         1 个文件。
已复制         1 个文件。
已复制         1 个文件。
已复制         1 个文件。
Cleaning up directories
系统找不到指定的路径。
Done cleaning

 Proto Config File Read
 ======================
Parameter        Value
----------------------


hsKind              p
covKind             d
nStates             3
nStreams            1
sWidths             26
mixes               1
parmKind            MFCC_E_D
vecSize             26
outDir              proto
```

图 7-20　HTK 安装成功验证

```
D:\HTK\HTK-3.4.1\htk>HResults

USAGE: HResults [options] labelList recFiles...

 Option                                          Default

 -a s     Redefine string level label            SENT
 -b s     Redefine unitlevel label               WORD
 -c       Ignore case differences                off
 -d N     Find best of N levels                  1
 -e s t   Label t is equivalent to s
 -f       Enable full results                    off
 -g fmt   Set test label format to fmt           HTK
 -h       Enable NIST style formatting           off
 -k s     Results per spkr using mask s          off
 -m N     Process only the first N rec files     all
 -n       Use NIST alignment procedure           off
 -p       Output phoneme statistics              off
 -s       Strip triphone contexts                off
 -t       Output time aligned transcriptions      off
 -u f     False alarm time units (hours)         1.0
 -w       Enable word spotting analysis          off
 -z s     Redefine null class name to s          ???
 -A       Print command line arguments           off
 -C cf    Set config file to cf                  default
 -D       Display configuration variables        off
 -G fmt   Set source label format to fmt         as config
 -I mlf   Load master label file mlf
 -L dir   Set input label (or net) dir           current
 -S f     Set script file to f                   none
 -T N     Set trace flags to N                   0
 -V       Print version information              off
 -X ext   Set input label (or net) file ext      lab
```

图 7-21　HResults 的参数

命令说明：

- -A：打印命令行参数。
- -D：显示配置变量。使用户设置的当前配置参数在HResults执行之前和之后显示。
- -T N：将跟踪标志设置为N。
- -t：输出时间对齐的转录。如果每个测试文件与参考转录文件不同，则此选项会导致输出每个测试文件的时间对齐转录。
- -I：加载主标签文件MLF。
- src.mlf：参考文件，即识别音频文本文件或语料测试用例（src.mlf是当前文件所在位置的写法，不加路径即在当前路径下）。
- labellist.txt：标签列表，主要用于识别参考文件和识别结果文件的标签头。
- testResult.mlf：识别结果文件，即识别后的文字文本（testResult.mlf是当前文件所在位置的写法，不加路径即在当前路径下）。
- >results.txt：执行结果存放位置。

7.3.5　文本转 MLF 文件工具说明

1. 背景说明

文本转MLF文件的工具可自己研发，本书自研工具主要使用Python语言完成工具逻辑脚本，通过tkinter包完成工具可视化界面。

2. 前期准备

新建一个MLF文件的存放地址。

3. 启动工具

打开语音识别结果获取工具，双击Txt_To_Mlf.exe启动，如图7-22所示。

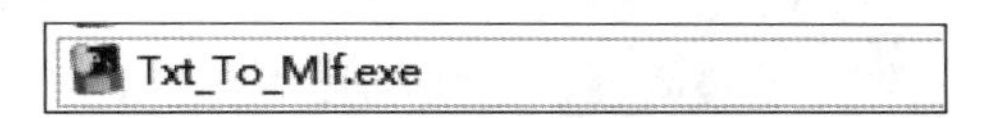

图 7-22　文本转 MLF 文件工具包名

4. 文本转MLF文件工具介绍

工具界面如图7-23所示。

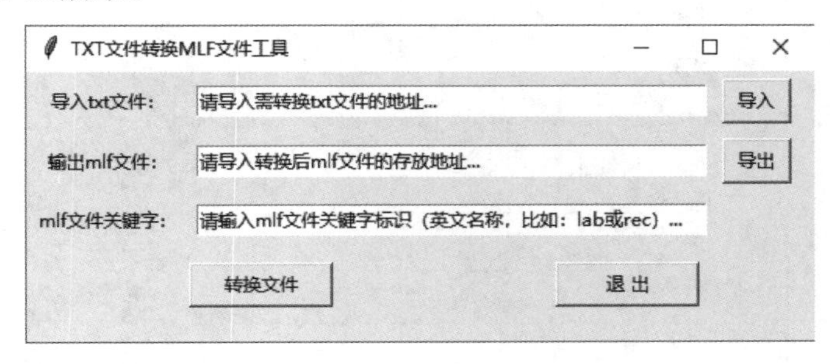

图 7-23　文本转 MLF 文件获取工具

各个选项的说明如下：

- 导入txt文件：导入需要转换的TXT文件，文件格式为.txt，TXT文件名称不支持中文名，建议使用英文+数字。
- 输出mlf文件：导入转换后MLF文件的存放地址，文件格式为.mlf，MLF文件名称不支持中文名，建议使用英文+数字。
- mlf文件关键字：输入MLF文件关键字，关键字不支持中文名，建议使用英文+数字。
- 一般语料测试用例MLF文件使用关键字lab，识别结果MLF文件使用关键字rec。
- 转换文件：单击该按钮，开始文本转换MLF文件。
- 退出：单击该按钮，退出工具。

7.3.6　语音识别自动化工具操作实战

1. 语音识别结果获取工具操作实战

（1）工具实现功能

① 播放唤醒音频，唤醒成功后再播放识别音频，记录本次识别结果信息。
② 统计测试结束后的识别结果信息。

（2）工具操作步骤

① 导入唤醒音频文件，入唤醒时间间隔、唤醒提取行段、唤醒提取字段，导入识别音频路径，输入识别时间间隔、识别提取行段、识别提取字段，导入log结果日志、识别结果记录，保存识别结果。
② 单击“识别测试执行”按钮，运行识别自动化测试。
③ 等待识别测试结束，查看识别结果文件。

示例如图7-24所示。

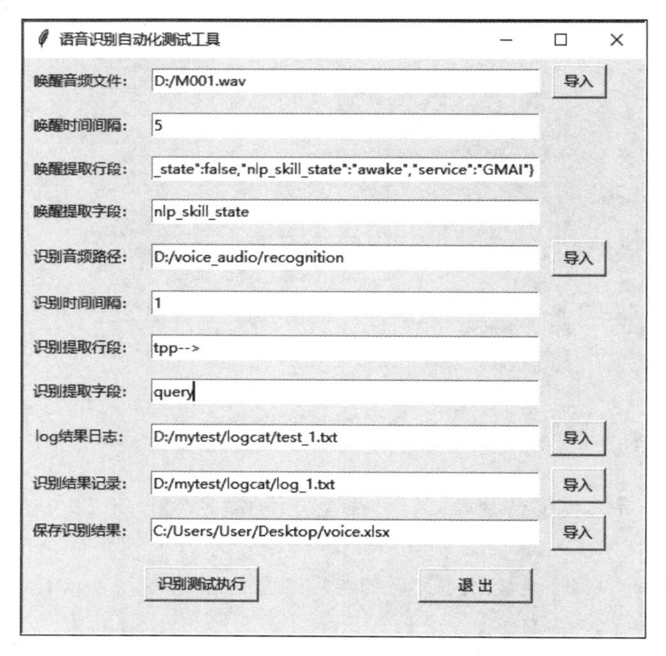

图 7-24　语音识别结果获取工具实际录入举例

注意　若存在“未获取识别录音”，可再次运行工具直到每条用例都有识别结果为止（再次运行工具时，可将已有结果的识别音频过滤掉，以节约测试时间）。

2. 语音识别结果分析工具操作实战

（1）工具实现功能

通过分析语料测试用例和识别结果文件，得出字识别率和句识别率。

（2）工具操作步骤

① 测试开始，文本转MLF文件，将语料测试用例TXT文件和识别结果TXT文件都转换为MLF文件。

注意

- 每个MLF文件的开头都要加上#!MLF!#，以便语音识别结果分析工具识别读取文件。
- 每条语料测试用例/识别结果都需要加上标识"*xxx.yyy"，其中xxx为每条用例/结果读取的标签头名称，yyy为标签的关键字，然后通过标识编号依次增加形成MLF文件。
  举例：语料测试用例MLF文件的第一条标识为"*No1.lab"。识别结果MLF文件的第一条标识为"*No1.rec"。
- MLF文件的每条语料测试用例/识别结果结尾都以“.”结束，如图7-25和图7-26所示。

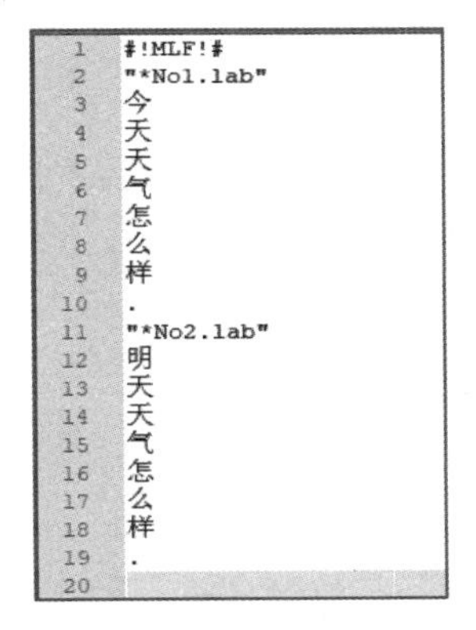

图7-25　语料测试用例MLF文件举例

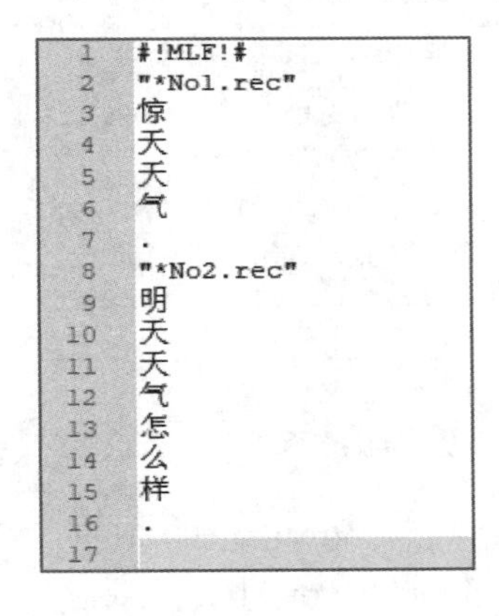

图7-26　识别结果MLF文件举例

② 新建labellist.txt标签文件，用HResult读取两个MLF文件的标签头。

说明 我们默认规定标签头为No，如图7-27所示。

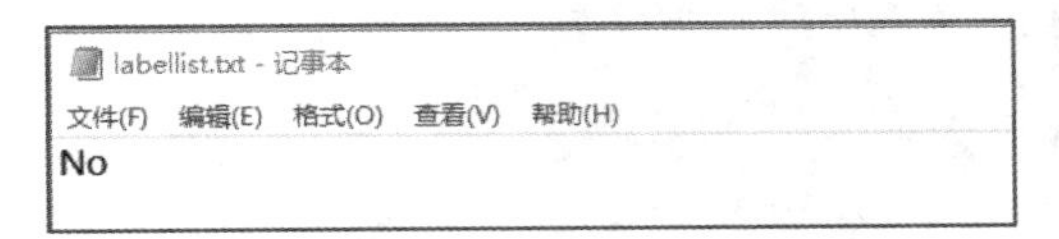

图7-27　labellist.txt标签文件

③ 对比测试，使用HTK工具的HResults方法操作执行对比测试。

- 在htk目录下启动CMD窗口命令。
- 将test.mlf、result.mlf、labellist.txt文件复制到htk目录下。
- 获取字正确率和句正确率，输入命令如下：

```
HResults -t -I test.mlf labellist.txt result.mlf >results.txt
```

命令执行如图7-28所示。

```
D:\HTK\HTK-3.4.1\htk>HResults -t -I test.mlf labellist.txt result.mlf >results.txt
```

图 7-28 HResults 运行命令

④ 测试结束，统计字正确率和句正确率。

运行HResults得出的结果如图7-29所示。

```
results.txt - 记事本
文件(F) 编辑(E) 格式(O) 查看(V) 帮助(H)
Aligned transcription: *No1.lab vs *No1.rec
 LAB: 今天天气怎么样
 REC: 惊天天气
====================== HTK Results Analysis =======================
  Date: Tue Oct 26 17:49:29 2021
  Ref : test.mlf
  Rec : result.mlf
------------------------ Overall Results --------------------------
SENT: %Correct=50.00 [H=1, S=1, N=2]
WORD: %Corr=71.43, Acc=71.43 [H=10, D=3, S=1, I=0, N=14]
===================================================================
```

图 7-29 HResults 的运行结果

结果字段说明：

- SENT: %Correct=50.00 [H=1, S=1, N=2]。
- WORD: %Corr=71.43， Acc=71.43 [H=10, D=3, S=1, I=0, N=14]。

解释：

- SENT: %Correct（句正确率%）=(H/N)%=(1/2)%=50%。
- WORD: %Corr（字正确率%）=((H–I)/N)%=(10/14)%=71.43%。
- H：句正确个数/字正确个数。
- D：删除字个数（丢失字）。
- S：替换字个数。
- I：插入字个数（新增字）。
- N：句总数/字总数。

3. 文本转MLF文件工具操作实战

（1）工具实现功能

主要实现TXT文件转换MLF文件。

（2）工具执行前准备

① 准备语料测试用例TXT文件：voice_test.txt。

文本内容说明：

- 用例编号：数字+空格，比如1<空格>。
- 语料内容：文本内容。

语料测试用例TXT文件如图7-30所示。

② 准备识别结果TXT文件：voice_result.txt。

文本内容说明：

- 结果编号：数字+空格，比如1<空格>。
- 识别结果内容：文本内容。

识别结果TXT文件如图7-31所示。

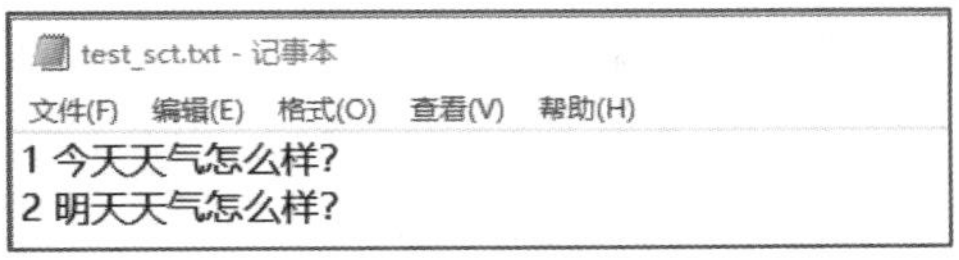

test_sct.txt - 记事本
文件(F)　编辑(E)　格式(O)　查看(V)　帮助(H)
1 今天天气怎么样?
2 明天天气怎么样?

图 7-30　语料测试用例 TXT 文件

result_sct.txt - 记事本
文件(F)　编辑(E)　格式(O)　查看(V)　帮助(H)
1 惊天天气?
2 明天天气怎么样?

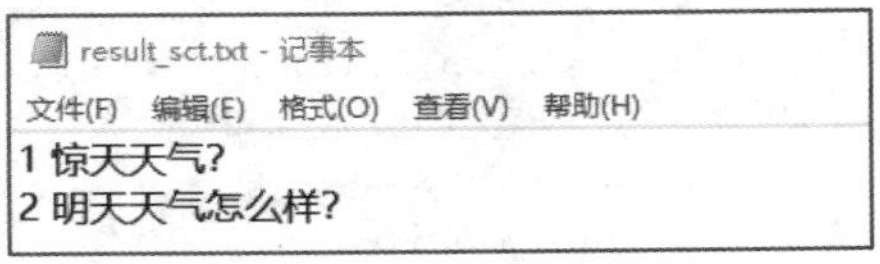

图 7-31　识别结果 TXT 文件

③ 新建语料测试用例MLF空文件：voice_test.mlf。

④ 新建识别结果MLF空文件：voice_result.mlf。

（3）工具操作步骤

① 导入需转换的TXT文件，导入转换后的MLF文件存放地址，输入MLF文件关键字（两次转换需不一致）。

② 单击“转换文件”按钮，查看转换后的MLF文件。

③ 退出工具再重新打开，重复以上操作，运行第2次。

注意 由于MLF保存使用的是logging包，不退出工具直接保存内容会始终存储在同一个MLF文件中。

7.3.7 语音识别自动化工具源码

1. 语音识别结果获取工具源码

上述语音识别结果工具的源代码如下：

```
# -*- coding: UTF-8 -*-
from openpyxl import load_workbook
from playsound import playsound
import os
import tkinter
from tkinter import *
import tkinter.messagebox
from tkinter import filedialog
import logging
import time
class voiceTrigger_performance(object):
    """
    语音识别自动化测试
    """
    def __init__(self):
        """
        初始化GUI窗口+实例
        :param FH_filename:
        """
        # 创建一个窗口
        self.master = tkinter.Tk()
        # 将窗口的标题设置为'语音识别自动化测试工具'
        self.master.title('语音识别自动化测试工具')
        # 获取屏幕尺寸，使窗口位于屏幕中央
        width = 510
        height = 490
        # 获取屏幕的宽度和高度(分辨率)
        screenwidth = self.master.winfo_screenwidth()
        # 获取屏幕的宽度和高度(分辨率)
        screenheight = self.master.winfo_screenheight()
        # 设置窗口位置和修改窗口大小(窗口宽×窗口高+窗口位于屏幕x轴+窗口位于屏幕y轴)
        self.master.geometry('%dx%d+%d+%d' % (
            width, height, (screenwidth - width) / 2,
            (screenheight - height) / 2))

    def logger(self, log_name, FH_filename):
        """
        日志方法
        :return: 日志收集器
        """
        # 1. 日志收集器
        # 创建自己的日志收集器
        self.my_log = logging.getLogger(log_name)
        self.my_log.setLevel(level=logging.INFO)
```

```
        # 只有不存在Handler时才设置Handler(保持同一loggername对应的FileHander唯一)
        if not self.my_log.handlers:
            # 2.1 创建一个日志输出渠道(输出到文件)
            self.file_handler = logging.FileHandler(filename=FH_filename, mode='w',
                                encoding='utf-8')
            self.file_handler.setLevel(logging.INFO)
            # 2.2 设置日志输入格式
            ft = '%(message)s'
            self.formatter = logging.Formatter(ft)
            self.file_handler.setFormatter(self.formatter)
            # 3.1 创建一个日志输出渠道(输出到屏幕)
            self.console = logging.StreamHandler()
            self.console.setLevel(logging.INFO)
            # 4. 将日志输出渠道添加到日志收集器中
            self.my_log.addHandler(self.file_handler)
            self.my_log.addHandler(self.console)
        return self.my_log

    def mainPage(self):
        """
        工具GUI页面设计
        :return:
        """
        # 文本显示
        tkinter.Label(self.master, text="唤醒音频文件: ").grid(row=0, padx=5)
        tkinter.Label(self.master, text="唤醒时间间隔: ").grid(row=1, padx=5)
        tkinter.Label(self.master, text="唤醒提取行段: ").grid(row=2, padx=5)
        tkinter.Label(self.master, text="唤醒提取字段: ").grid(row=3, padx=5)
        tkinter.Label(self.master, text="识别音频路径: ").grid(row=4, padx=5)
        tkinter.Label(self.master, text="识别时间间隔: ").grid(row=5, padx=5)
        tkinter.Label(self.master, text="识别提取行段: ").grid(row=6, padx=5)
        tkinter.Label(self.master, text="识别提取字段: ").grid(row=7, padx=5)
        tkinter.Label(self.master, text="log结果日志: ").grid(row=8, padx=5)
        tkinter.Label(self.master, text="识别结果记录: ").grid(row=9, padx=5)
        tkinter.Label(self.master, text="保存识别结果: ").grid(row=10, padx=5)
        # 导入唤醒音频文件
        # 文本输入框
        self.e1 = tkinter.Entry(self.master, width=45)  # 输入文本路径
        self.e1.grid(row=0, column=1, padx=5, pady=8)
        self.e1.insert(0, "请导入唤醒音频文件地址(wav格式)...")  # 插入输入说明
        # 导入唤醒音频文件按键
        button_open_voicetrigger = tkinter.Button(self.master, text="导入",
        command=self.open_wav, width=5).grid(row=0,column=2, padx=5, pady=5)
        # 输入启动唤醒音频播放的时间间隔
        self.e2 = tkinter.Entry(self.master, width=45)
        self.e2.grid(row=1, column=1, padx=5, pady=8)
        self.e2.insert(0, "请输入启动唤醒音频播放的时间间隔(正整数),建议3-5s...")
        # 输入唤醒日志提取行段
        self.e3 = tkinter.Entry(self.master, width=45)
        self.e3.grid(row=2, column=1, padx=5, pady=8)
        self.e3.insert(0, "请输入唤醒日志提取行段内容(唯一性)...")
```

```
# 输入唤醒日志提取字段
self.e4 = tkinter.Entry(self.master, width=45)
self.e4.grid(row=3, column=1, padx=5, pady=8)
self.e4.insert(0, "请输入唤醒日志提取字段内容(str格式)...")
# 导入识别音频文件
# 文本输入框
self.e5 = tkinter.Entry(self.master, width=45)  # 输入文本路径
self.e5.grid(row=4, column=1, padx=5, pady=8)
self.e5.insert(0, "请导入识别音频文件路径(文件夹)...")  # 插入输入说明
# 导入唤醒音频文件按键
button_open_voiceRecognition = tkinter.Button(self.master, text="导入",
command=self.open_file, width=5).grid(
    row=4,
    column=2,
    padx=5,
    pady=5)
# 输入启动识别音频播放的时间间隔
self.e6 = tkinter.Entry(self.master, width=45)
self.e6.grid(row=5, column=1, padx=5, pady=8)
self.e6.insert(0, "请输入启动识别音频播放的时间间隔(正整数),建议0-1s...")
# 输入识别日志提取行段
self.e7 = tkinter.Entry(self.master, width=45)
self.e7.grid(row=6, column=1, padx=5, pady=8)
self.e7.insert(0, "请输入识别日志提取行段内容(唯一性)...")
# 输入识别日志提取字段
self.e8 = tkinter.Entry(self.master, width=45)
self.e8.grid(row=7, column=1, padx=5, pady=8)
self.e8.insert(0, "请输入识别日志提取字段内容(str格式)...")
# 输入log结果日志文本
self.e9 = tkinter.Entry(self.master, width=45)
self.e9.grid(row=8, column=1, padx=5, pady=8)
self.e9.insert(0, "请导入log日志文本地址(TXT格式)...")
tkinter.Button(self.master, text="导入", command=self.open_txt1,
width=5).grid(row=8, column=2, padx=5, pady=5)
# 输入识别结果记录保存文本地址
self.e10 = tkinter.Entry(self.master, width=45)
self.e10.grid(row=9, column=1, padx=5, pady=8)
self.e10.insert(0, "请导入执行记录的存放文本地址(TXT格式)...")
tkinter.Button(self.master, text="导入", command=self.open_txt2,
width=5).grid(row=9, column=2,padx=5, pady=5)
# 保存ASR识别结果
self.e11 = tkinter.Entry(self.master, width=45)
self.e11.grid(row=10, column=1, padx=5, pady=8)
self.e11.insert(0, "请导入保存识别结果文本地址(excel格式)...")
tkinter.Button(self.master, text="导入", command=self.open_excel,
width=5).grid(row=10, column=2,padx=5, pady=5)
# 识别测试执行按键
tkinter.Button(self.master, text='识别测试执行', width=12,
command=self.voiceRecognition_Playback).grid(row=11, column=1, sticky='w')
# 退出
```

```
        tkinter.Button(self.master, text="退 出", width=12,
        command=self.master.quit).grid(row=11, column=1, stick='e', padx=10,pady=10)
        # 窗口运行主循环开始
        self.master.mainloop()

    def voiceRecognition_Playback(self):
        """
        识别测试执行，循环播放识别音频
        :return:
        """
        # 初始定义成功的次数记录为0
        k = 0
        # 定义循环判断
        count = 0
        # 得到文件夹下的所有唤醒音频播放文件名称
        path_recognition = self.e5.get()
        files = os.listdir(path_recognition)
        # 循环播放唤醒音频和识别音频
        while count < len(files):
            # 1. 播放唤醒音频
            # 唤醒音频播放间隔时间
            time.sleep(int(self.e2.get()))
            # 播放唤醒音频文件
            playsound(self.e1.get())
            # 查看logcat日志
            mylogcat_read = open(self.e9.get(), encoding='utf-8',
            errors='ignore').read()
            # 定义列表，保存唤醒成功字段
            trigger_successFiled = []
            # 通过\n分行来拆分日志文本内容
            trigger_lines = mylogcat_read.split('\n')
            # 提取带有{"skill_State":"awake"}文本的整行内容
            trigger_line = self.e3.get()
            service_all = [x for x in trigger_lines if x.find(trigger_line) > -1]
            # 循环提取日志有效信息
            for i in service_all:
                # extract = re.findall('.*{(.*)}.*', i)  # 提取唤醒成功字段
                                                            "service":"awake"

                trigger_field = self.e4.get()
                extract_awake = re.findall('.*"{0}":(.+?),.*'.format(trigger_field), i)
                # 接着在for循环里边用append方法即可把解析到的单个字符添加到列表
                for j in extract_awake:
                    trigger_successFiled.append(j)
            # 如果日志中唤醒次数大于“唤醒成功次数记录”，即判断此次唤醒成功，否则失败
            if len(trigger_successFiled) > k:
                # 将打印日志同时输出到屏幕和日志文件
                self.logger(log_name='execute_log',
                FH_filename=self.e10.get()).info("第{0}次唤醒：成功Pass".format(count + 1))
                # 2. 识别音频播放
                # 识别音频播放间隔时间
                time.sleep(int(self.e6.get()))
```

```
            # 播放识别音频文件
            playsound(path_recognition + '/' + '{0}'.format(files[count]))
            # 等待1s用于读取日志
            time.sleep(1)
            # 查看logcat日志
            logcat_read = open(self.e9.get(), encoding='utf-8',
                               errors='ignore').read()
            # 定义列表，保存识别字段
            recognition_successFiled = []
            # 通过\n分行来拆分日志文本内容
            recognition_lines = logcat_read.split('\n')
            # 提取带有xxx文本的整行内容
            recognition_line = self.e7.get()
            service_all = [x for x in recognition_lines if x.find(recognition_line) > -1]
            # 循环提取日志有效信息
            for i in service_all:
                # extract = re.findall('.*{(.*)}.*', i)  # 提取xxx字段"query":"xxx"。
                  "query": null
                recognition_field = self.e8.get()
                extract_awake = re.findall('.*"{0}":(.+?),
                                   .*'.format(recognition_field), i)
                # 接着在for循环里边用append方法即可把解析到的单个字符添加到列表中
                for j in extract_awake:
                    recognition_successFiled.append(j)
        print(recognition_successFiled)
        try:
            # ASCII编码转为中文utf-8，并且去除字符串前后的空格
            recognition_result = recognition_successFiled[count].
            encode('utf-8').decode('unicode_escape').strip()
            print(recognition_result)
            # 将识别结果保存到Excel中
            self.get_voiceRecognition(path=self.e11.get(), sheetname='Sheet1',
            row=count + 2, column=2, value=recognition_result)
            self.logger(log_name='execute_log',
            FH_filename=self.e10.get()).info(
                "第{0}次ASR识别转写：{1}".format(count + 1, recognition_result))
        except IndexError as err:
            self.logger(log_name='execute_log',
            FH_filename=self.e10.get()).info(
                "第{0}次ASR识别转写：识别录音未录入！".format(count + 1))
        # 执行计数+1
        count += 1
    else:
        # 将打印日志同时输出到屏幕和日志文件
        self.logger(log_name='execute_log', FH_filename=self.e10.get()).
        info("第{0}次唤醒：失败Fail".format(count + 1))
        # 唤醒成功次数记录-1
        k = k - 1
    # 唤醒成功次数记录+1
    k = k + 1
```

```
def get_voiceRecognition(self, path, sheetname, row, column, value):
    """
    保存识别结果内容
    注意：使用OpenPyXl时，行或列值必须至少为1
    :param path: excel地址
    :param sheetname: excel的操作sheet页
    :param row: 行(必须>=1)
    :param column: 列(必须>=1)
    :param value: 保存内容信息
    :return:
    """
    # 打开Excel工作簿
    workbook = load_workbook(path)
    # 选择表单sheet页
    sheet_name = workbook[sheetname]
    sheet_name.cell(row, column, value)
    workbook.save(path)

def open_wav(self):
    """
    唤醒音频文件导入
    :return:
    """
    # 打开WAV文件
    filename = filedialog.askopenfilename(title='打开wav音频文件',
    filetypes=[('wav', '*.wav')])
    # 删除之前的输入框中的默认内容
    self.e1.delete(0, 'end')
    # 往entry中插入WAV文件路径
    self.e1.insert('insert', filename)

def open_file(self):
    """
    识别音频文件夹路径导入
    :return:
    """
    # 打开文件夹
    filename = filedialog.askdirectory(title='打开文件夹')
    # 删除之前的输入框中的默认内容
    self.e5.delete(0, 'end')
    # 往entry中插入文件夹路径
    self.e5.insert('insert', filename)

def open_txt1(self):
    """
    log日志文件导入
    :return:
    """
    # 打开TXT文件
    filename = filedialog.askopenfilename(title='打开txt文件',
    filetypes=[('txt', '*.txt')])
    # 删除之前的输入框中的默认内容
```

```
            self.e9.delete(0, 'end')
            # 往entry中插入TXT文件路径
            self.e9.insert('insert', filename)

    def open_txt2(self):
        """
        执行记录文件导入
        :return:
        """
        # 打开TXT文件
        filename = filedialog.askopenfilename(title='打开txt文件',
        filetypes = [('txt', '*.txt')])
        # 删除之前的输入框中的默认内容
        self.e10.delete(0, 'end')
        # 往entry中插入TXT文件路径
        self.e10.insert('insert', filename)

    def open_excel(self):
        """
        保存识别结果文件导入
        :return:
        """
        # 打开WAV文件
        filename = filedialog.askopenfilename(title='打开excel文件',
        filetypes = [('excel', '*.xlsx')])
        # 删除之前的输入框中的默认内容
        self.e11.delete(0, 'end')
        # 往entry中插入WAV文件路径
        self.e11.insert('insert', filename)

if __name__ == '__main__':
    # 主函数运行
    voiceTrigger_performance().mainPage()
```

2. 文本转MLF文件工具源码

上述文本转MLF工具的源代码如下：

```
# -*- coding: utf-8 -*-
import tkinter
import tkinter.messagebox
from tkinter import filedialog
import logging

class txt_to_mlf(object):
    """
    txt文件转换为mlf文件
    """

    def __init__(self):
        """
        初始化GUI窗口+实例
        :param FH_filename:
```

```
        """
        # 创建一个窗口
        self.master = tkinter.Tk()

        # 将窗口的标题设置为'TXT文件转换MLF文件工具'
        self.master.title('TXT文件转换MLF文件工具')

        # 获取屏幕尺寸，使窗口位于屏幕中央
        width = 515
        height = 180

        # 获取屏幕的宽度和高度(分辨率)
        screenwidth = self.master.winfo_screenwidth()

        # 获取屏幕的宽度和高度(分辨率)
        screenheight = self.master.winfo_screenheight()

        # 设置窗口位置和修改窗口大小(窗口宽×窗口高+窗口位于屏幕x轴+窗口位于屏幕y轴)
        self.master.geometry('%dx%d+%d+%d' % (
            width, height, (screenwidth - width) / 2,
            (screenheight - height) / 2))

    def logger(self, FH_filename):
        """
        日志方法封装
        :param log_name: 日志收集器名称
        :param FH_filename: 日志输出文件地址
        :return: 日志收集器
        """
        # 1. 日志收集器
        # 创建自己的日志收集器
        self.my_log = logging.getLogger("mylog")

        self.my_log.setLevel(level=logging.INFO)

        # 只有不存在Handler时才设置Handler(保持同一loggername对应的FileHander唯一)
        if not self.my_log.handlers:
            # 2.1 创建一个日志输出渠道(输出到文件)
            self.file_handler = logging.FileHandler(filename=FH_filename, mode='w',
            encoding='utf-8')
            self.file_handler.setLevel(logging.INFO)

            # 2.2 设置日志输入格式
            ft = '%(message)s'
            self.formatter = logging.Formatter(ft)
            self.file_handler.setFormatter(self.formatter)

            # 3.1 创建一个日志输出渠道(输出到屏幕)
            self.console = logging.StreamHandler()
            self.console.setLevel(logging.INFO)

            # 4. 将日志输出渠道添加到日志收集器中
            self.my_log.addHandler(self.file_handler)
            self.my_log.addHandler(self.console)
```

```
        return self.my_log

    def mainPage(self):
        """
        工具GUI页面设计
        :return:
        """

        # 文本显示
        tkinter.Label(self.master, text="导入txt文件：").grid(row=0, padx=5)
        tkinter.Label(self.master, text="输出mlf文件：").grid(row=1, padx=5)
        tkinter.Label(self.master, text="mlf文件关键字：").grid(row=2, padx=5)

        # 导入需转换的TXT文件
        self.e1 = tkinter.Entry(self.master, width=47)  # 输入文本路径
        self.e1.grid(row=0, column=1, padx=5, pady=8)
        self.e1.insert(0, "请导入需转换txt文件的地址...")  # 插入输入说明
        # 导入TXT文件按键
        button_open_txt1 = tkinter.Button(self.master, text="导入",
        command=self.open_txt, width=5).grid(row=0, column=2, padx=5, pady=5)

        # 导出MLF文件存放路径
        self.e2 = tkinter.Entry(self.master, width=47)  # 输入文本路径
        self.e2.grid(row=1, column=1, padx=5, pady=8)
        self.e2.insert(0, "请导入转换后MLF文件的存放地址...")  # 插入输入说明
        # 导出MLF存放文件夹按键
        button_open_mlf = tkinter.Button(self.master, text="导出",
        command=self.open_mlf, width=5).grid(
            row=1,
            column=2,
            padx=5,
            pady=5)

        # 输入MLF文件关键字
        self.e3 = tkinter.Entry(self.master, width=47)
        self.e3.grid(row=2, column=1, padx=5, pady=8)
        self.e3.insert(0, "请输入mlf文件关键字标识(英文名称，比如：lab或rec)...")

        # 文件格式转换按键(TXT文件->MLF文件)
        tkinter.Button(self.master, text='转换文件', width=12,
        command=self.GUI_estimate).grid(row=3, column=1,sticky='w')

        # 退出
        tkinter.Button(self.master, text="退 出", width=12,
        command=self.master.quit).grid(row=3, column=1, stick='e',padx=10, pady=10)

        # 窗口运行主循环开始
        self.master.mainloop()

    def GUI_estimate(self):
        """
        工具GUI输入内容异常判断
        :return:
        """
```

```
        # e1输入框异常判断
        if self.e1.get() == "请导入需转换txt文件的地址...":
            tkinter.messagebox.showerror('报警', "未导入需转换txt文件的地址！")

        elif self.e1.get() is None or self.e1.get() == "":
            tkinter.messagebox.showerror('报警', "需转换txt文件地址为空！")

        # e2输入框异常判断
        elif self.e2.get() == "请导入转换后mlf文件的存放地址...":
            tkinter.messagebox.showerror('报警', "未导入转换后mlf文件的存放地址！")

        elif self.e2.get() is None or self.e2.get() == "":
            tkinter.messagebox.showerror('报警', "转换后mlf文件的存放地址为空！")

        # e3输入框异常判断
        elif self.e3.get() == "请输入mlf文件关键字标识(英文名称，比如：lab或rec)...":
            tkinter.messagebox.showerror('报警', "未导入转换后mlf文件的存放地址！")

        elif self.e3.get() is None or self.e3.get() == "":
            tkinter.messagebox.showerror('报警', "转换后mlf文件的存放地址为空！")

        else:
            # 文件转换执行
            self.start_transition()

    def start_transition(self):
        """
        开始TXT文件转换MLF文件
        :return:
        """
        try:
            fn1 = open(self.e1.get(), "r+").readlines()

            # 将打印日志同时输出到屏幕和日志文件
            self.logger(FH_filename=self.e2.get()).info('#!MLF!#')

            for l in fn1:
                # 移出头尾空格
                l = l.strip()

                # 通过空格分隔字符串
                x = l.split()

                k = x[0].strip()

                v = " ".join(x[1:])

                t = ".".join(k)

                # 将打印日志同时输出到屏幕和日志文件
                self.logger(FH_filename=self.e2.get()).info(
                    '"*No{0}.{1}"'.format(t, self.e3.get()))

                dx = {
                    "0": "零",
                    "1": "一",
                    "2": "二",
```

```
                "3": "三",
                "4": "四",
                "5": "五",
                "6": "六",
                "7": "七",
                "8": "八",
                "9": "九"
            }
            tx = [",", ".", "!", "(", ")", "，", "。", "！", '。', '、', '：', '？',
                  '“', '”']

            for x in v:
                # 去除常见标点符号
                if x in tx:
                    continue

                # 将阿拉伯数字转换为中文数字
                if len(x) == 1:
                    if x in dx:
                        x = dx[x]

                # 将打印日志同时输出到屏幕和日志文件，upper()将小写字母转换为大写字母
                self.logger(FH_filename=self.e2.get()).info(x.upper())

            # 将打印日志同时输出到屏幕和日志文件
            self.logger(FH_filename=self.e2.get()).info('.')

        # 异常报警提示
        except:
            tkinter.messagebox.showerror('报警', "TXT文件名称不正确！")

    def open_txt(self):
        """
        log日志文件导入
        :return:
        """
        # 打开TXT文件
        filename = filedialog.askopenfilename(title='打开txt文件', filetypes=[('txt',
                                                           '*.txt')])
        # 删除之前的输入框中的默认内容
        self.e1.delete(0, 'end')
        # 往entry中插入TXT文件路径
        self.e1.insert('insert', filename)

    def open_mlf(self):
        """
        log日志文件导入
        :return:
        """
        # 打开TXT文件
        filename = filedialog.askopenfilename(title='打开txt文件', filetypes=[('mlf',
                                                           '*.mlf')])
        # 删除之前的输入框中的默认内容
```

```
        self.e2.delete(0, 'end')
        # 往entry中插入TXT文件路径
        self.e2.insert('insert', filename)

if __name__ == '__main__':
    # 主函数运行
    txt_to_mlf().mainPage()
```

7.4　自然语言处理自动化测试

自然语言处理自动化测试主要是针对语音识别得到的语料文本信息进行自然语言处理的自动化测试，主要覆盖自然语言理解、多轮对话两大过程，数据量化地评估自然语言处理的效果。在运行自然语言处理自动化测试之前，我们需要熟悉语音自动化工具框架的设计和实现步骤，然后进行测试方案的设计和测试执行。

7.4.1　自然语言处理自动化脚本框架

1. 脚本原理框架设计

开发语言建议使用Python 3.8及以上版本（本文所有代码以Python 3.8版本编写）。自然语言处理自动化框架使用分层思想来完成结构设计，主要包含以下6部分：

（1）公共包文件夹：存放常用方法封装类引用.py文件，比如配置文件读取类、Excel文件读取类、log日志打印类。

（2）config文件夹：存放配置文件INI。

（3）data文件夹：存放测试用例Excel文件。

（4）logs文件夹：存放整个工具工程打印的日志文件。

（5）results文件夹：存放测试执行结果文件。

（6）testRun文件夹：存放执行脚本.py文件。

自然语言处理自动化框架结构如图7-32所示。

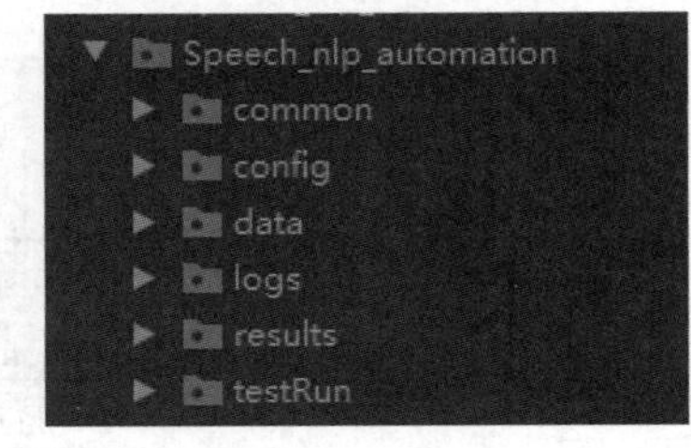

图 7-32　自然语言处理自动化框架结构图

2. 脚本实现逻辑和步骤

自然语言处理自动化测试实现步骤主要有3步，说明如下：

（1）前提：配置各种重要参数，保证各种入参正确，比如测试用例文件地址。

（2）测试开始，读取测试数据。

（3）通过NLP接口服务请求测试数据。

具体执行逻辑：

- 自然语言理解分析，主要分析语音交互后的语义理解，具体表现为查看语音NLP接口服务请求返回的语义理解（技能：skill_State）是否正确。
- 多轮对话分析，其实根本原理也是自然语音理解，不过需要考虑上下文理解来判断语音交互后的语义理解是否正确。
- 测试结束，保存测试结果。

7.4.2 自然语言处理自动化测试方案

1. 测试目的

完成自然语言处理由人工测试向自动化测试的转变，节约测试人力并提高测试效率，通过自动化测试形成规范的测试结果，数据化和量化自然语言处理指标。

2. 测试环境

（1）硬件环境

目前暂未涉及性能相关或者需要分布式执行的内容，因此对硬件的要求不是很高，日常办公硬件即可。如果后续涉及性能相关的内容，硬件环境需要在另外的性能测试方案中体现。

（2）软件环境

具体如表7-11所示。

表 7-11　软件环境

软件相关	版　本　号
Python	v3.8
PyCharm	v2016.3.3

3. 测试步骤和方法

（1）制定测试方案

在脚本编码前，需要对项目有一个整体把握，合理预估接口数量与复杂度。结合版本迭代时间，预估自动化脚本开发时间，并制定出相应的自然语言处理自动化测试方案。

（2）搭建测试框架并编写脚本代码

本例自然语言处理自动化测试框架采用的是以Python语言为脚本的开发语言，分层思想封装两大语料处理逻辑（单轮对话和多轮对话），达成运行测试脚本和一键获得测试结果的自动化。

（3）提取分析测试点并编写测试用例

根据前面写好的自然语言处理自动化测试范围分析每条语料的测试点，包括请求语料、对应的意图识别，并提前在实际项目中逐一确认调通，必要时生成相应的测试文档或编写入测试用例中。

语料测试用例可以优先挑选几个重要功能进行覆盖测试，等整体测试框架搭建好后，整体流程确认无误后，再继续维护完善测试用例，覆盖更多的语料功能。

（4）测试执行

按照要求准备测试用例，配置各种参数，执行测试脚本。

（5）识别结果分析

根据执行结果成功与否来分析意图识别结果的正确率，得出本次自然语言处理的正确率。

（6）脚本维护

脚本维护是在整体自动化脚本阶段性完成后，将现有生成的交付物归档整理好给相应的负责人管理，并进行阶段性的更新整理维护，包含项目日常版本迭代维护过程中对语料处理逻辑有改动的部分，以及后续新加入语料的自动化覆盖等。

4. 测试用例

测试用例如表7-12和表7-13所示。

表 7-12　自然语言处理自动化一单轮对话测试用例

id	service	nlp_intent	query	expect_intent	result
test_1	video	PLAY_VIDEO	播放视频		
test_2	video	STOP_VIDEO	停止视频		
test_3	video	PAUSE_VIDEO	暂停视频		
test_4	video	UP_VIDEO	上一个视频		
test_5	video	DOWN_VIDEO	下一个视频		
test_6	video	PLAY_LIST_VIDEO	打开视频播放列表		

表 7-13　自然语言处理自动化-多轮对话测试用例

id	service	nlp_intent	query	expect_intent	result
test_1_1	blood_pressure	RECORD_BLOOD_PRESSURE	记录血压		
test_1_2	blood_pressure	NUM_BLOOD_PRESSURE	高压 120，低压 80		
test_1_3	blood_pressure	CONFIRM_BLOOD_PRESSURE	确定		
test_1_4	blood_pressure	PLAYCONTROL	返回		

测试用例字段说明：

- id：用例编号，比如test_1代表单轮对话的第1条测试用例，test_1_1代表多轮对话的第一组中的第1条测试用例。
- service：服务名称（即领域（domain））。
- nlp_intent：意图名称。
- query：语料内容（语音交互内容）。
- expect_intent：预期意图，即NLP请求返回意图名称。
- result：意图识别结果pass/fail。

5. 时间计划安排

时间计划安排如表7-14所示。

表 7-14　时间计划安排表

序　　号	测　试　项	主要内容和交付物	完成时间	工作天数	责　任　人	备　　注
1	测试方案编写	完成测试方案编写				
2	测试框架搭建和脚本代码编写	完成工具框架搭建和脚本代码编写，并保证工具运行正常				
3	测试用例编写	完成测试用例编写				
4	测试文档评审	项目组/部门内完成测试方案和测试用例评审				
5	测试执行	逐条执行测试用例，记录测试结果				
6	测试报告编写和发布	测试结束后，完成对应版本的测试报告，并发送通知给项目组/部门				

7.4.3　自然语言处理自动化脚本说明

1. 背景说明

工具脚本属于自研开发，主要使用Python语言完成工具脚本的开发，通过分层思想来完成框架结构开发。

2. 前期准备

根据自动化框架建设脚本的整体目录结构，包括公共包文件夹、data文件夹、logs文件夹、results文件夹、testRun文件夹。

3. 启动脚本

打开NLP_automation_testRun.py文件，通过PyCharm运行该文件。

4. 脚本逻辑介绍

前提说明：用户使用场景分为单轮对话（没有多轮对话管理）和多轮对话（有多轮对话管理）。

（1）单轮对话

单轮对话由于只有一次语音交互，因此无须上下文关联语音交互场景。

关注检查点：查看语音NLP接口服务HTTP请求返回的意图。

（2）多轮对话

多轮对话由于有多次语音交互，因此需要关注上下文关联。

关注检查点：查看每一轮语音NLP接口服务HTTP请求返回的意图。

7.4.4　自然语言处理自动化脚本操作实战

1. 脚本实现功能

（1）针对单轮对话，通过NLP接口服务请求得出返回的意图识别。
（2）针对多轮对话，通过NLP接口服务请求得出基于上下文理解返回的意图识别。

2. 脚本操作步骤

（1）进入config文件夹，打开config.ini文件，配置各种重要参数并保证各种入参正确。
（2）进入data文件夹，准备需执行的语料测试用例Excel文件，并保证该文件未打开。
（3）打开NLP_automation_testRun.py文件，通过PyCharm运行该文件。
（4）测试结束，进入results文件夹，打开最新执行的测试结果CSV文件，查看执行结果。

7.4.5　自然语言处理自动化工具源码

1. common公共包（公用封装类）

（1）configparam_util.py

configparam_util.py文件的源代码如下：

```
# _*_ coding: utf-8 _*_

import configparser
import json
import os

"""
从配置文件中获取参数
"""

class ConfigEngine(object):
    """
```

```
    从配置文件中获取参数
    """

    @staticmethod
    def get_config(section, key):
        """
        读取配置文件对应数据
        :param section: config的section(举例: [Excel])
        :param key: config的key(举例: excel_path =)
        :return: 返回对应数据
        """
        # 获取配置文件地址(路径+文件名)
        file_path = os.path.dirname(os.path.dirname(__file__)) + './config/config.ini'
        # file_path = os.path.dirname(os.path.abspath(".")) +
                        "./InterfaceAutomation_master/conf/config.ini"

        # 实例化
        config = configparser.ConfigParser()
        # 读取配置文件
        config.read(file_path, encoding='utf-8')
        # 获取读取结果
        result = config.get(section, key)

        return result
```

（2）excel_util.py

excel_util.py文件的源代码如下：

```
# _*_ coding: utf-8 _*_

"""
Excel处理类
"""
from openpyxl import Workbook
from tqdm import tqdm
from openpyxl import load_workbook
from speech_test.Speech_NLP_automation.common.log_util import Logger

class ExcelUtil(object):
    def __init__(self, file_name, sheet_name=None, sheet_index=0):
        self.file_name = file_name  # Excel的路径
        self.sheet_name = sheet_name
        self.sheet_index = sheet_index
    def create_excel(self, data_dict):
        """创建Excel"""
        workbook = Workbook()
        sheet = None
        if self.sheet_name is None:
            sheet = workbook.create_sheet(index=self.sheet_index)
        else:
            sheet = workbook.create_sheet(title=self.sheet_name, index=self.sheet_index)
        for key in data_dict:
```

```
            sheet[key] = data_dict[key]
        workbook.save(self.file_name)
        workbook.close()

    def load_excel(self):
        """加载Excel"""
        self.workbook = load_workbook(self.file_name)
        self.sheet = None
        if self.sheet_name is None:
            self.sheet = self.workbook.worksheets[self.sheet_index]
        else:
            self.sheet = self.workbook[self.sheet_name]

    def get_data_by_cell_no(self, cell_no):
        """根据编号获取单元格的值"""
        self.load_excel()
        return self.sheet[cell_no].value

    def get_data_by_row_col_no(self, row_no, col_no):
        """根据行、列索引获取单元格的值"""
        self.load_excel()
        return self.sheet.cell(row_no, col_no).value

    def set_data_by_cell_no(self, cell_no, cell_value):
        """根据编号修改单元格的值"""
        self.load_excel()
        self.sheet[cell_no] = cell_value
        self.workbook.save(self.file_name)

    def set_data_by_row_col_no(self, row_no, col_no, cell_value):
        """根据行、列索引修改单元格的值"""
        self.load_excel()
        self.sheet.cell(row_no, col_no, cell_value)
        self.workbook.save(self.file_name)

    def get_data_by_row_no(self, row):
        """获取整行的所有值，传入行数"""
        self.load_excel()
        columns = self.sheet.max_column
        rowdata = []
        for i in range(1, columns + 1):
            cellvalue = self.sheet.cell(row=row, column=i).value
            rowdata.append(cellvalue)
        return rowdata

    def get_data_by_col_no(self, col):
        """获取整列的所有值，存入列号"""
        self.load_excel()
        rows = self.sheet.max_row
        coldata = []
        for i in range(1, rows + 1):
            cellvalue = self.sheet.cell(row=i, column=col).value
            coldata.append(cellvalue)
```

```
        return coldata

    def get_row_no_by_cell_value(self, cell_value, col_no):
        """根据单元格值获取行号"""
        self.load_excel()
        rowns = self.sheet.max_row
        row_no = -1
        for i in range(rowns):
            if self.sheet.cell(i + 1, col_no).value == cell_value:
                row_no = i + 1
                break
            else:
                continue
        return row_no

    def get_all_dict_data(self):
        """读取表格数据转换成字典的列表格式显示"""
        keys = self.get_data_by_row_no(1)
        rowNum = self.sheet.max_row  # 获取总行数
        colNum = self.sheet.max_column  # 获取总列数
        if rowNum < 1:
            print("总行数小于 1")
        else:
            result = []
            j = 2

            # 打印读取Excel数据的进度(%)
            Logger("my_log").get_logger_with_level().info("读取excel数据进度(%)")

            for i in tqdm(range(rowNum - 1)):
                s = {}
                # 从第二行取对应 values 值
                values = self.get_data_by_row_no(j)
                for x in range(colNum):
                    s[keys[x]] = values[x]
                result.append(s)
                j += 1
        return result

    def get_case_list(self):
        """获取所有用例数据的列表，每个用例数据按{"行号":[用例数据]}存储"""
        case_data_list = []
        row_counts = self.sheet.max_row
        for row_no in range(row_counts - 1):
            row_no = row_no + 2
            case_list = self.get_data_by_row_no(row_no)
            case_dict = {row_no: case_list}
            case_data_list.append(case_dict)
        return case_data_list
```

（3）log_util.py

log_util.py文件的源代码如下：

```
# _*_ coding: utf-8 _*_
import logging
import time
from Speech_AI.Speech_nlp_automation.common.configparam_util import ConfigEngine

class Logger(object):
    """
    日志类封装
    """

    def __init__(self, logger_class_name):
        """
        初始化封装日志获取类
        :param logger_class_name: 日志类名称
        """
        current_time = time.strftime('%Y%m%d', time.localtime(time.time()))
        log_name = ConfigEngine.get_config("logSetting", "logDir")
        # 文件路径需要修改
        log_name = log_name + current_time + ".log"
        # 根据传入的类名获取当前类的日志对象
        self.logger = logging.getLogger(logger_class_name)
        # 设置日志格式
        formatter = logging.Formatter('%(asctime)s - %(name)s - %(levelname)s
- %(message)s')  # handler添加格式
        # logger添加handler
        log_console = ConfigEngine.get_config("logSetting", "logConsole")
        if "file" in log_console:
            fh = logging.FileHandler(log_name, encoding='utf-8')
            fh.setLevel(logging.INFO)
            fh.setFormatter(formatter)
            self.logger.addHandler(fh)
        if "console" in log_console:
            ch = logging.StreamHandler()
            ch.setLevel(logging.INFO)
            ch.setFormatter(formatter)
            self.logger.addHandler(ch)

    def get_logger_with_level(self):
        """
        获取日志等级
        :return: 输出日志等级
        """
        level = ConfigEngine.get_config("logSetting", "logLevel")
        final_leval = logging.NOTSET
        # fatal、error、warning、info、debug
        if level.lower() == "fatal":
            final_leval = logging.FATAL
        elif level.lower() == "error":
            final_leval = logging.ERROR
        elif level.lower() == "warning":
            final_leval = logging.WARNING
```

```
        elif level.lower() == "info":
            final_leval = logging.INFO
        elif level.lower() == "debug":
            final_leval = logging.DEBUG
        self.logger.setLevel(final_leval)
        return self.logger
```

2. testRun测试执行包（单轮对话封装类和多轮对话封装类）

testRun测试执行包的源代码如下：

```
# -*- coding:utf-8 -*-
"""
```

前提说明：用户使用场景分为单轮对话（没有多轮对话管理）和多轮对话（有多轮对话管理）。

```
"""
import requests
import json
from tqdm import tqdm
from speech_test.Speech_nlp_automation.common.excel_util import ExcelUtil
from speech_test.Speech_nlp_automation.common.log_util import Logger
from speech_test.Speech_nlp_automation.common.configparam_util import ConfigEngine

class NLP_Automation_SingleDialogue(object):
    """
    (单轮对话)自然语言处理自动化测试
    """

    def __init__(self):
        """
        初始化数据
        """

        # 请求URL
        self.url = ConfigEngine.get_config('requestData', 'url')
        # 请求体
        self.data = json.loads(ConfigEngine.get_config('requestData', 'data'))

        # 日志类
        self.logger = Logger("my_log").get_logger_with_level()

        # 测试用例Excel文件地址
        self.excel_path = ConfigEngine.get_config('file', 'excel_path_danlun')

    def testRun_SingleDialogue(self):
        """
        单轮对话测试执行：
        1. 读入Excel格式的所有数据
        2. 执行NLP接口服务HTTP请求，并写入测试执行结果pass/fail
```

```
        :return:
        """
        # 1. 读入Excel格式的所有数据
        excel_TestCaseAll = self.get_ExcelTestCaseAll()

        # 2. 执行NLP接口服务HTTP请求，并写入测试执行结果pass/fail
        result = self.NLP_SingleDialogue_Logic(row_no=2, col_no=6,
                  test_allDatas=excel_TestCaseAll)

        # 3. 测试结束日志打印
        self.logger.info("单轮对话：自然语言处理测试结束！")

    def get_ExcelTestCaseAll(self):
        """
        获取单轮对话测试用例case，字典形式显示每一条执行数据
        :return: 返回每一条case数据
        """

        excel_TestCaseAll = ExcelUtil(self.excel_path).get_all_dict_data()

        for value in excel_TestCaseAll:
            for k, v in value.items():
                if v is None:
                    value[k] = ''

        return excel_TestCaseAll

    def request_Send(self, url, data):
        """
        HTTP请求并获取返回结果，解析结果得到需要的返回数据

        :param url: 请求url
        :param data: post请求的请求体
        :return: list形式的意图intent
        """
        # post请求
        post_request = requests.post(url, data)

        # 获取post请求后的响应结果并JSON化
        res_text = json.loads(post_request.text)

        # 获取响应结果的对应字段结果数据nlp_intent
        intent = res_text['data'].get("nlp_intent")

        return intent

    def NLP_SingleDialogue_Logic(self, row_no, col_no, test_allDatas):
        """
        单轮对话：NLP接口服务HTTP请求自动化测试逻辑
        1. 读入Excel格式的所有数据list，每一条请求数据为一个dict
        2. 执行NLP接口服务HTTP请求，获取意图intent响应结果并判断是否符合预期

        :param row_no: 写入测试执行结果Excel表的行数
        :param col_no: 写入测试执行结果Excel表的列数
        :param test_allDatas: 测试用例case数据
        :return: 返回测试验证结果
```

```
        """
        # 返回的最终结果，每个元素为一行Excel字典值
        result_list = []
        # 日志打印
        self.logger.info("单轮对话：NLP接口服务HTTP请求进度(%)")
        # 单轮对话请求:只需参数化传入请求语料query
        for value in tqdm(test_allDatas):
            # 参数化：替换data中的query值
            self.data["Msg"]["Content"]["intent"]["question"] = str(value['query'])
            # 将Python对象编码成JSON字符串
            request_info = json.dumps(self.data)
            # 请求后返回的结果
            expect_intent = self.request_Send(self.url, request_info)
            # 获取实际意图intent
            intent = value["nlp_intent"]
            # 测试验证：预期响应结果和实际响应结果是否一致
            if expect_intent == intent:
                result = "pass"  # 成功标识
                ExcelUtil(self.excel_path).set_data_by_row_col_no(row_no, col_no,
                result)  # Excel中写入执行结果
                row_no = row_no + 1
            else:
                result = "fail"  # 失败标识
                ExcelUtil(self.excel_path).set_data_by_row_col_no(row_no, col_no,
                result)
                row_no = row_no + 1
            # 测试结果列表添加生成
            result_list.append(expect_intent)
        return result_list

class NLP_Automation_MultiWheelDialogue(object):
    """
    (多轮对话)自然语言处理自动化测试
    """

    def __init__(self):
        """
        初始化数据
        """
        # 请求URL
        self.url = ConfigEngine.get_config('requestData', 'url')
        # 请求体
        self.data = json.loads(ConfigEngine.get_config('requestData', 'data'))
        # 日志类
```

```
        self.logger = Logger("my_log").get_logger_with_level()

        # 测试用例Excel文件地址
        self.excel_path = ConfigEngine.get_config('file', 'excel_path_duolun')

    def testRun_MultiWheelDialogue(self):
        """
        多轮对话测试执行:
        1. 读入Excel格式的所有数据
        2. 执行NLP接口服务HTTP请求，并写入测试执行结果pass/fail
        :return:
        """
        # 1. 读入Excel格式的所有数据
        allData_Dict = self.get_ExcelTestCaseAll()

        # 每个元素为一个一组多轮对话的list，list中每一个元素为一个dict(有序)
        result = []

        # 2. 执行NLP接口服务HTTP请求，并写入测试执行结果pass/fail
        for key, oneGroupData in allData_Dict.items():
            result_oneGroup = self.NLP_MultiWheelDialogue_Logic(row_no=2, col_no=6,
            test_allDatas=oneGroupData)
            result.append(result_oneGroup)

        # 3. 测试结束日志打印
        self.logger.info("多轮对话：语音处理NLP测试结束！")

    def get_ExcelTestCaseAll(self):
        """
        获取多轮对话测试用例case，字典形式显示每一条执行数据，且根据测试组别分类
        (比如：test_1_1，其中test_1代表多轮对话第一组，1_1代表第一组第一条用例)

        :return:返回每一条case数据并依照组别分类
        """
        # 获取请求测试用例case
        excel_testcaseAll = ExcelUtil(self.excel_path).get_all_dict_data()

        # 将Excel中读入的数据进行分组，dict中每一个元素为一组多轮对话的数据
        allData_Dict = {}

        for value in excel_testcaseAll:
            # 遍历字典的(键，值) 元组数组
            for k, v in value.items():
                # 异常处理，将None的值变为""
                if v is None:
                    value[k] = ''

            # 测试用例编号拆分
            skill_id = value['id'].split("_")

            # 生成测试用例分组
            dict_key = skill_id[0] + "_" + skill_id[1]

            # 判断测试用例编号是否在用例分组中
            if dict_key in allData_Dict.keys():
                allData_Dict[dict_key].append(value)
```

```
            else:
                allData_Dict[dict_key] = [value]

        return allData_Dict

    def request_Send(self, url, data):
        """
        HTTP请求并获取返回结果，解析结果得到需要的返回数据

        :param url: 请求url
        :param data: post请求的请求体
        :return: list形式的意图intent
        """

        # post请求
        post_request = requests.post(url, data)

        # 获取post请求后的响应结果并JSON化
        res_text = json.loads(post_request.text)

        # 获取响应结果的对应字段结果数据nlp_intent
        intent = res_text['data'].get("nlp_intent")

        return intent

    def NLP_MultiWheelDialogue_Logic(self, row_no, col_no, test_allDatas):
        """
        多轮对话：NLP接口服务HTTP请求自动化测试逻辑
        1. 读入Excel格式的所有数据list，每一条请求数据为一个dict
        2. 首次执行NLP接口服务HTTP请求，获取意图intent响应结果并判断是否符合预期
        3. 将上一次请求响应的意图intent作为下一次请求的意图intent参数，再执行请求并判断响应意图
           intent是否符合预期，直至多轮对话结束

        :param row_no: 写入测试执行结果Excel表的行数
        :param col_no: 写入测试执行结果Excel表的列数
        :param test_allDatas: 测试用例case数据
        :return: 返回测试验证结果
        """

        # 返回的最终结果，每个元素为一行Excel字典值
        result_list = []

        # 日志打印
        self.logger.info("多轮对话：NLP接口服务HTTP请求进度(%)")

        # 多轮对话请求:需参数化传入请求语料query
        for value in tqdm(test_allDatas):
            # 参数化：替换data中的query值
            self.data["Msg"]["Content"]["intent"]["question"] = str(value['query'])

            # 将Python对象编码成JSON字符串
            request_info = json.dumps(self.data)

            # 请求后返回的结果
            expect_intent = self.request_Send(self.url, request_info)

            # 多轮对话：上一次请求响应的意图intent作为下一次请求的意图intent参数
```

```
            self.data["Msg"]["Content"]["intent"] = expect_intent

            # 获取实际意图intent
            intent = value["nlp_intent"]

            # 测试验证：预期响应结果和实际响应结果是否一致
            if expect_intent == intent:
                result = "pass"  # 成功标识
                ExcelUtil(self.excel_path).set_data_by_row_col_no(row_no, col_no,
                result)  # Excel中写入执行结果
                row_no = row_no + 1
            else:
                result = "fail"  # 失败标识
                ExcelUtil(self.excel_path).set_data_by_row_col_no(row_no, col_no,
                result)
                row_no = row_no + 1

            # 测试结果列表添加生成
            result_list.append(expect_intent)

        return result_list

if __name__ == '__main__':
    # 主函数运行，单轮对话测试
    NLP_Automation_SingleDialogue().testRun_SingleDialogue()

    # 主函数运行，多轮对话测试
    NLP_Automation_MultiWheelDialogue().testRun_MultiWheelDialogue()
```

7.5 本章小结

本章介绍了AI语音产品自动化测试，从语音唤醒自动化、语音识别自动化、自然语言处理自动化3个方面详细阐述了自动化测试的原理、实现逻辑以及脚本设计，并通过结构化框架设计、实例化脚本开发全面系统地讲解了AI语音产品自动化测试实战。

第 8 章

AI语音算法测试

本章主要介绍AI语音算法测试，主要讲解自然语言处理中的意图分类算法测试的全过程，通过模型算法的准确率、精确率、召回率、F1值来评估算法模型的指标。

8.1 AI 语音算法测试简介

在讲解AI语音算法测试之前，先来了解语音算法应用的全流程，这样更方便我们了解算法测试。

8.1.1 AI 语音算法应用全流程

AI语音算法应用全流程指的是AI语音算法模型上线应用的全部流程。一般算法模型应用全流程包括11个步骤，分别说明如下。

（1）了解目标

首先需要了解算法模型的目标，即算法模型需要完成什么样的任务，解决什么样的问题。

（2）选择模型

在明确目标之后，就需要选择什么样的算法模型来解决任务问题。不同的算法模型带来的效果是不一样的，且算法模型上线应用的成本也是不一样的，因此选择适合自己产品业务的算法模型非常重要。

（3）建立模型

选择好算法模型后，接下来就要构建模型了。当前构建的模型是一个原始基础模型，没有经历过任何数据训练的算法模型。

（4）原始数据集

建模后接下来就需要准备原始数据集，它指的是现实场景中解决任务问题的原始输入样本集合数据，比如语音识别算法模型中原始数据集就是语音录入音频WAV文件。

原始数据集一般划分为3大部分，即训练原始数据集、验证原始数据集和测试原始数据集。

（5）数据预处理

数据预处理即数据集的准备过程，它主要是指将原始数据集转换为适合机器学习形式的数据集以及对其进行数据整理（数据清洗）的过程。其主要方法有标准化法、归一化法、二值化法等。

我们一般所说的数据集指的就是原始数据集经过数据预处理后的数据集，即训练数据集、验证数据集、测试数据集。

数据集决定了算法模型预测的上限，因此想要达到更高的算法模型效果，就必须在数据预处理阶段花费更多的时间精力。一般来说，数据预处理阶段的时间占到整个算法模型上线应用过程的80%，以此来打磨整理一个高质量的数据集。

（6）训练模型

使用经过数据预处理后的训练数据集来训练算法模型，并以此来得到一个可用的算法模型。

（7）模型评价

使用验证数据集，根据性能指标对经过训练的算法模型进行评估，然后将结果用于改进（调整）模型。通常需要对评估结果进行可视化，并且不同的ML框架支持不同的可视化选项。在实践中，通常会创建和训练几个模型，并根据评估和调整的结果选择最佳模型。

（8）模型参数调整

算法模型参数调整是指模型调优的过程，通过对模型参数（一般指的是超参数）的调整来得出超参数的最佳值集，即最佳的算法模型效果。

（9）模型测试

一旦对算法模型进行了训练、评估、调整和选择，就应该针对测试数据集进行测试，以确保符合商定的性能标准。该测试数据应完全独立于工作流中使用过的训练集数据和验证数据集。

（10）模型部署和使用

算法模型测试通过后，就需要进行算法模型部署。对于部署算法模型，不同作用或者不同类型的算法模型，其部署方式也是不同的。一般都是借助算法部署框架，比如基于TensorFlow的DL模型，可以借助tf-serving进行部署。

算法模型线上使用一般都是直接调用相对应的API接口，传入需要的参数进行接口请求，以此获得算法模型响应结果。

（11）模型监控和微调

在使用算法模型时，存在其状况可能演变的风险，并且该算法模型可能会“偏离”其预期性能。

为确保识别和管理任何可能出现的漂移问题，应根据其接受标准定期评估运营算法模型。可以更新优化算法模型或者使用新训练数据集来重新建模，并通过对比新算法模型与线上算法模型的效果，以此来解决漂移问题。

8.1.2 AI 语音算法测试简介

AI语音算法测试又称算法模型测试，主要是针对机器学习算法的测试。当前主流的算法模型包括推荐模型算法、最优化模型算法、预估模型算法、分类模型算法等。

AI语音整个测试流程中主要涉及语音识别算法模型测试和自然语言处理算法模型测试，接下来将以自然语言处理中的意图分类算法测试实战讲解。

8.1.3 AI 语音算法测试的目的

AI语音算法模型测试的主要目的是算法模型评估。算法模型评估是对算法模型的泛化能力进行评估，泛化能力指的是训练得到的模型对未知数据的预测能力。

以自然语言处理中的意图分类算法测试为例，算法模型评估就是通过测试数据集对模型分类效果进行评估，根据准确率、精确率、召回率、F1值等结果来量化算法模型的优异。

8.1.4 AI 语音算法测试应用

AI语音算法模型测试应用主要包括语音识别算法模型测试和自然语言处理算法模型测试，详细说明如下：

1. 语音识别算法模型测试应用

语音识别算法模型测试应用主要关注语音识别（声波转换为文字）的字成功率和句成功率，考察和评估AI语音产品测试版本的ASR效果。

2. 自然语言处理算法模型测试应用

自然语言处理算法模型测试应用主要关注自然语言处理（文本处理）意图识别的准确率、精确率、召回率、F1值，考察和评估AI自然语言处理意图的识别效果。

8.2　算法模型测试种类

算法模型测试主要分为算法模型评估测试、算法模型鲁棒性测试、算法模型性能测试、算法模型安全测试，一般实际项目中只以完成前3种测试为主。

本章主要介绍算法模型评估测试和算法模型鲁棒性测试，算法模型性能测试主要是对算法模型服务接口的性能测试，将在第9章详细介绍。

8.2.1　算法模型评估测试

算法模型评估测试主要是评估算法模型的泛化能力，泛化能力指的是训练得到的模型对未知数据的预测能力。我们建模的目的是让模型不仅对已知数据，而且对未知数据都能有较好的预测能力。对模型预测能力的评估可以通过样本上的训练误差和测试误差来估计。

这里有3个概念：

- 损失函数：度量预测错误程度的函数。
- 训练误差：训练数据集上的平均损失，虽然有意义，但本质不重要。
- 测试误差：测试数据集上的平均损失，反映了模型对未知数据的预测能力。

我们通常利用最小化训练误差的原则来训练模型，但真正值得关心的是测试误差。一般情况下，通过测试误差来近似估计模型的泛化能力。对于一个好的模型，其训练误差约等于泛化误差。

算法模型评价指标衡量模型的泛化能力可以通过在测试数据集上的测试误差来估计，而模型的评价指标就是如何将多个模型上的误差转变为可比较的一套方法。不同的评价指标对应了不同的误差计算方法，可能会导致不同的比较结论，因此需要结合业务场景选择一个最有意义的指标体系。

以分类算法模型为例，其主流评价指标有如下9个。

1. 混淆矩阵

混淆矩阵是分类任务中最基础、最常见的评价指标，它是表示评价指标的一种标准格式，用n行n列的矩阵形式来表示，其主要用于比较分类结果和实际测得值，可以把分类结果显示在一个混淆矩阵里面。

混淆矩阵的每一列代表了预测类别，每一列的总数表示预测为该类别的数据的数目；每一行代表了数据的真实类别，每一行的数据总数表示该类别的真实数目。每个单元格中的数值表示真实数据被预测为该类的数目。

混淆矩阵又可分为二分类混淆矩阵和多分类混淆矩阵两种。

（1）二分类

以二分类为例，通常将关注的类作为正类（比如A），另一个类作为负类（比如B），如表8-1所示。

表 8-1 二分类混淆矩阵

混淆矩阵	预测结果	
实际结果	预测值=A	预测值=B
实际值=A	TP	FN
实际值=B	FP	TN

- TP：TRUE POSITIVE 分类器将正类预测为正类的数量。
- FN：FALSE NEGATIVE 分类器将正类预测为负类的数量。
- FP：FALSE POSITIVE 分类器将负类预测为正类的数量。
- TN：TRUE NEGATIVE 分类器将负类预测为负类的数量。

（2）多分类

以多分类的三分类为例，通常将关注的类作为正类，其他类作为负类，如表8-2所示。

表 8-2 三分类混淆矩阵

混淆矩阵	预测结果		
实际结果	预测值=A	预测值=B	预测值=C
实际值=A	a	b	c
实际值=B	d	e	f
实际值=C	g	h	i

我们以A为正类，其他类为负类，以此来计算TP、FN、FP、TN。

- TP（A）$=a$。
- FN（A）$=b+c$。
- FP（A）$=d+g$。
- TN（A）$=e+f+h+i$。

2. 准确率

准确率Accuracy =（TP+TN）/（TP+FN+FP+TN），预测正确的样本（TP和TN）在所有样本中所占的比例。

在各类样本的数据集分布相对均衡时，准确率基本能够代表算法模型的效果优劣。但是大部分实际情况中，各类样本的数据集分布都是不均衡的，这样准确率就无法评估算法模型的效果优劣。比如有100条样本，其中99条为正类，1条为负类。假设一个算法模型对所有样本均预测为正类，则这个算法模型的准确率为99%。虽然这个算法模型的准确率很高，但是它无法预测负类。这种就是大类主导现象，即大类准确率高，而少数类准确率低。这样的情况下，就需要对每一类样本单独观察。

3. 精确率

精确率（查准率）Precision = TP/（TP+FP），即所有被算法模型预测为正类的样本中，多少比例是真实的正类。

4. 召回率

召回率（查全率）Recall = TP/（TP+FN），即所有真实的正类中，多少比例被算法模型预测为正类。它衡量了分类器对正类的识别能力。

5. *F*1值

不同的问题中，有的侧重精确率，有的侧重召回率。

- 对于推荐系统，更侧重精确率，即推荐的结果中，用户真正感兴趣的比例。因为给用户展示的窗口有限，必须尽可能地给用户展示他真实感兴趣的结果。
- 对于医学诊断系统，更侧重召回率，即疾病被发现的比例。因为疾病如果被漏诊，则很可能导致病情恶化。

精确率和召回率是一对矛盾的度量。一般来说，精确率高时召回率往往偏低，而召回率高时精确率往往偏低。

- 如果希望将所有的正类都找出来（查全率高），最简单的就是将所有的样本都视为正类，此时FN=0。此时查准率就偏低（精确率降低）。
- 如果希望查准率高，则可以只挑选有把握的正类。最简单的就是挑选最有把握的那一个样本。此时FP=0。此时查全率就偏低（只挑出了一个正类）。

为此我们引入*F*1值，它是精确率和召回率的调和平均值，其认为精确率和召回率两者同等重要。

*F*1值计算公式：

$$F_1=\frac{2}{\frac{1}{\text{Precision}}+\frac{1}{\text{Recall}}}=\frac{2\times\text{Precision}\times\text{Recall}}{\text{Precision}+\text{Recall}}$$

F-Beta值：$F1$值更一般的形式。计算公式如下：

$$F_\beta=\frac{1+\beta^2}{\frac{1}{\text{Precision}}+\frac{\beta^2}{\text{Recall}}}=\frac{(1+\beta^2)\times\text{Precision}\times\text{Recall}}{\beta^2\times\text{Precision}+\text{Recall}}$$

其中，β度量了召回率对精确率的相对重要性。β大于1时，召回率更重要，在0～1时，精确率更重要，常用的β值有2和0.5。

6. 灵敏度

灵敏度Sensitivity= TP/（TP+FN）=召回率 ，即所有真实的正类中，多少比例被算法模型预测为正类。它也用于衡量分类器对正类的识别能力。

7. 特异度

特异度Specificity = FP/（TN+FP），即所有真实的负类中，多少比例被算法模型预测为负类。它衡量了分类器对负类的识别能力。

8. ROC曲线和AUC值

如果算法模型支持输出预测概率，则可以根据分类器的预测结果（预测属于正类的概率）对样本进行排序：排在最前面的是分类器认为“最可能”是正类的样本，排在最后面的是分类器认为“最不可能”是正类的样本。

假设排序后的样本集合为$(x_1,y_1),(x_2,y_2),\cdots,(x_n,y_n)$，预测为正类的概率依次为$(p_1,p_2,\cdots,p_n)$。接下来，从高到低依次将$p_i$作为分类阈值，即：

$$\hat{y}_j=\begin{cases}1, & \text{if} \quad p_j \geqslant p_i \\ 0, & \text{else}\end{cases},\quad j=1,2,\cdots,N$$

当样本属于正类的概率大于等于p_i时，我们认为它是正类，否则为负类。这样每次选择一个不同的阈值，计算得到的真正类率记作TPR_i（TPR=TP/（TP+FN）），假正类率记作FPR_i（FPR = FP/（TN+FP））。以真正类率为纵轴、假正类率为横轴作图，就得到ROC曲线，如图8-1所示，该曲线由点{（TPR_1,FPR_1），（TPR_2,FPR_2），…，（TPR_n,FPR_n）}组成。可以得出，测试数据越多，能供选取的阈值越多，ROC曲线就越平滑。

ROC曲线从左下角（0,0）到右上角（1,1）。

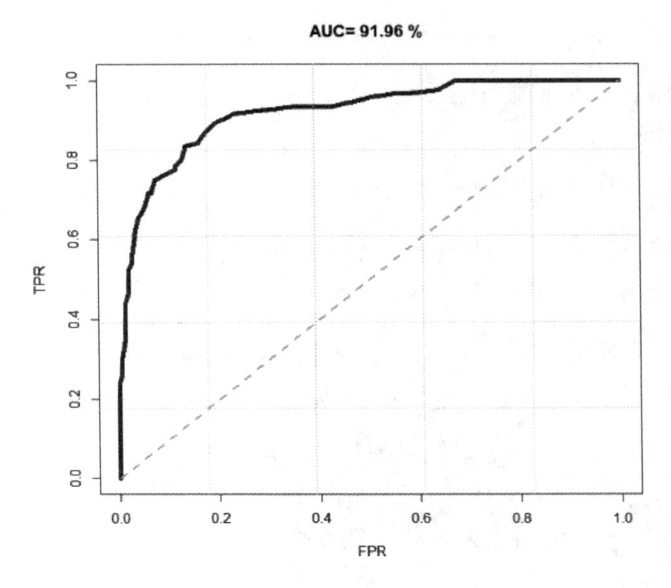

图 8-1　ROC 曲线

开始时第一个样本（最可能为正类的）预测为正类，其他样本都预测为负类。此时：

- 真正类率很低，几乎为0，因为大量的正类未预测到。
- 假正类率很低，几乎为0，因为此时预测为正类的样本很少，所以几乎没有错认的正类。

结束时所有的样本都预测为正类。此时：

- 真正类率很高，几乎为1，因为所有样本都预测为正类。
- 假正类率很高，几乎为1，因为所有的负样本都被错认为正类。

在ROC曲线中：

- 对角线对应随机猜想模型。
- 点（0,1）对应理想模型：没有预测错误，FPR恒等于0，TPR恒等于1。
- 通常ROC曲线越靠近点（0,1）越好。

可以通过两个分类器在同一个测试集上的ROC 曲线来比较它们的预测能力：

- 如果分类器A的ROC曲线被分类器B的曲线完全包住，则可断言：B的性能好于A 。
- 如果分类器A的ROC曲线与分类器B的曲线发生了交叉，则难以一般性地断言两者的优劣。

此时一个合理的判定依据是比较ROC曲线下的面积大小，这个面积称作AUC:Area Under ROC Curve。

ROC曲线刻画的都是阈值的选择对于分类度量指标的影响。

通常一个分类器对样本预测的结果是一个概率结果，比如正类概率为0.7。但是样本是不是正类还需要与阈值比较。

这个阈值会影响分类器的分类结果，比如阈值是0.5还是0.9。

- 如果更重视查准率，则将阈值提升，比如为0.9。
- 如果更看重查全率，则将阈值下降，比如为0.5。

ROC曲线上的每一个点都对应一个阈值的选择，该点就是在该阈值下的（查准率，查全率）/（真正类率，假正类率）。沿着横轴的方向对应着阈值的下降。

AUC被定义为ROC曲线下的面积，显然这个面积的数值不会大于1。由于ROC曲线一般都处于$y = x$这条直线的上方，因此AUC的取值范围在0.5和1之间。使用AUC值作为评价标准是因为很多时候ROC曲线并不能清晰地说明哪个分类器的效果更好，而作为一个数值，对应AUC更大的分类器效果更好。

直观地理解，AUC值是一个概率值，含义是当你随机挑选一个正样本以及一个负样本，当前的分类算法根据计算得到的预测值将这个正样本排在负样本前面的概率就是AUC值。AUC值越大，当前的分类算法越有可能将正样本排在负样本前面，即能够更好地分类。

ROC曲线有一个很好的特性：当测试集中的正负样本的分布变化的时候，ROC曲线能够保持不变，而P-R曲线的形状则会发生较大变化。在实际的数据集中经常会出现类不平衡现象，即负样本比正样本多很多（或者相反），而且测试数据中的正负样本的分布也可能随着时间变化，此时使用对样本分布不敏感的评价指标就显得十分重要。

另外，ROC曲线对于排序敏感，而对预测的具体分数则不怎么敏感。

9. KS曲线

常用的一种评价二元分类模型的方法来源于Kolmogorov-Smirnov Test，简称为KS。KS值越大，说明模型能将两类样本区分开的能力越大。

KS曲线的绘制很简单，先将实例按照模型输出值进行排序，通过改变不同的阈值得到小于（或大于）某个阈值时，对应实例集合中正（负）样本占全部正（负）样本的比例（即TPR和FPR与ROC曲线使用的指标一样，只是两者的横坐标不同）。由小到大改变阈值从而得到多个点，将这些点连接后分别得到正、负实例累积曲线。正、负实例累积曲线相减得到KS曲线，KS曲线的最高点即KS值，该点所对应的阈值划分点即模型最佳划分能力的点，如图8-2所示。

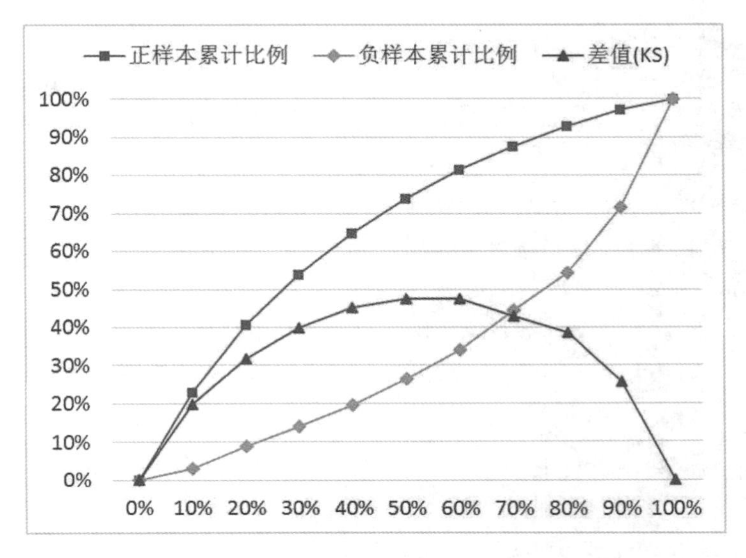

图 8-2　KS 曲线

在信贷风险评分场景中，KS值也是一种常见的评价指标，其绘制方式与上述稍有不同，其定义为各段信用评分组别中，好坏客户的累计占比曲线的最大差值，即横轴不再是模型的输出阈值，而是信用评分区间，一般把所有样本等分划为10等份，每一份计算该区间内的KS。

一般，KS<0.3表示模型的预测能力不佳，KS>0.3表示能力良好。

具体实践中，由于KS本身的限制（即只关注一个组别为代表，而不能反映所有区间上的区分效果），容易产生以偏概全的结论，因此在判断模型能力时，需要观察整条KS曲线在不同区间上的形状，或者搭配其他的评价指标共同权衡。KS值本身相对而言更适合作为寻找最佳切分阈值的参考。

8.2.2　算法模型鲁棒性测试

鲁棒性也就是所说的健壮性，简单来说就是算法模型在一些异常数据情况下是否也有比较好的效果。比如人脸识别，对于模糊的图片、人带眼镜、头发遮挡、光照不足等情况下的模型表现情况。 算法鲁棒性的要求简单来说就是“好的时候”要好，“坏的时候”不能太坏。 在AlphaGo和李世石的对决中，李世石是赢了一盘的，李世石九段下出了“神之一手”。Deepmind团队透露：错误发生在第79手，但AlphaGo直到第87手才发觉，这期间它始终认为自己仍然领先，这里点出了一个关键问题：鲁棒性。重点说明了人类犯错可能只是水平从九段降到八段，但是AI机器犯错可就是水平从九段直接降到业余。

针对鲁棒性测试，当前最佳的测试方法就是用尽可能多的异常数据来覆盖进行测试。

8.2.3 算法模型安全测试

目前算法模型安全测试还是比较难的领域，主要是对算法模型进行攻击测试，包含试探性攻击、对抗性攻击两种。

- 试探性攻击：攻击者的目的通常是通过一定的方法窃取算法模型，或者通过某种手段恢复一部分训练机器学习模型所用的数据来推断用户的某些敏感信息，主要分为模型窃取和训练数据窃取。
- 对抗性攻击：对数据源进行细微修改，让人感知不到，但机器学习模型接受该数据后做出错误的判断。比如雪山图片的原预测准确率为94%，加上噪声后，就有99.99%的概率识别成狗。

目前模型安全还是比较难的领域，本书只是简单介绍一下，不做深究。

8.3 AI语音算法测试方案

1. 测试目的

AI语音算法模型测试的主要目的就是为了进行算法模型评估。算法模型评估是对算法模型的泛化能力进行评估，泛化能力指的是训练得到的模型对未知数据的预测能力。

以自然语言处理中的意图分类算法测试为例，算法模型评估就是通过测试数据集对模型分类效果进行评估，根据准确率、精确率、召回率、F1值等结果来量化算法模型的优异。

2. 测试环境

（1）硬件环境

目前暂未涉及性能相关或者需要分布式执行的内容，因此对硬件的要求不是很高，使用日常办公硬件即可。如果后续涉及性能方面的内容，硬件环境需要在另外的性能测试方案中体现。

（2）软件环境

软件环境如表8-3所示。

表 8-3　软件环境

软件相关	版　本　号
Python	v3.8
PyCharm	v2016.3.3

3. 测试步骤和方法

算法测试步骤和一般的功能测试流程无多大差别，主要包含5部分，即明确测试需求、设计算法测试方案、收集测试数据、执行算法测试、编写测试报告，只是把测试用例替换为收集测试数据，对于算法测试来说，收集测试数据占测试工作的大部分。

（1）明确测试需求

通常首次算法提测前，产品负责人、产品经理、算法研发负责人、项目管理人员和算法测试人员等会开一个需求评审会，评审会又包括两部分：产品算法功能需求评审和算法技术方案评审。在此阶段算法测试人员需要：

- 理解产品功能的需求，即为什么需要此功能，有了该功能后产品能够实现什么样的效果。
- 了解产品的应用场景范围，并确定主要的应用场景，对后续测试方案的设计大有帮助。
- 理解产品需求的算法实现技术方案，确定算法方案的输入数据与方式、结果输出内容与方式，同时确定相关的算法指标及算法方式。
- 测试数据的获取，最好是业务方面提供测试数据，或者算法应用场景相关的资料数据以供测试方案设计与数据采集。
- 确定算法测试所需要的相关支持，主要是测试数据支持和算法相关的接口（测试环境）。

（2）设计算法测试方案

在确定需求和算法技术路线后，便可以着手设计算法测试方案。

- 确定算法主要方面、测试因素和测试目的，根据控制变量法设计实验和数据量。
- 确定需要算法方面提供的相关支持项，并同步在测试方案中，以便于跟踪。
- 确定测试方案后，需要对测试方案进行评审，评审人员应该包括产品负责人、产品经理、算法研发人员、项目管理人员、算法测试人员和数据处理人员。
- 评审通过后需要确定算法发版时间、提测时间和测试报告产生时间。
- 数据相关的支持确定下来。
- 后续可能需要对测试方案进行更新调整，需要做好版本管理。

（3）收集测试数据

测试方案确定以后，便是对数据进行清洗或分类整理，如果没有数据，还需要收集测试数据。

- 测试数据收集，如果业务方面提供相关数据，可根据实际需要确定是否需要进行数据收集，如果不提供数据，则只能收集数据。
- 对收集的数据进行标注和分类整理，对测试数据中不合格的数据进行清理。
- 对清理好的数据需要进行版本管理，以便于后面算法版本更迭后进行快速测试。

- 测试数据可能会发生变化更新，需要对测试数据进行版本管理。

（4）执行算法测试

有算法测试方案、测试数据集和算法服务，便可对算法进行测试。

- 算法测试时注意异常情况记录，算法仅是产品功能点，还会有其他工程性代码在其中，可能会有一些工程性问题。
- 排查测试结果异常部分，找出原因并更正记录。
- 测试算法服务本身相关信息，比如内存消耗、时间开销、稳定性和并发量等。
- 算法模型评估测试（准确率、精确率、召回率、F1值），算法模型鲁棒性测试。

（5）编写测试报告

算法测试过程跑完，就需要编写算法测试报告，算法测试报告需要包含一些信息，以便于回溯：

- 测试相关信息：项目名称及代号、测试人员、测试日期、算法版本号等。
- 测试参考文档：产品设计文档、算法功能需求文档、产品需求评审文档、算法提测文档、算法测试方案文档等，以便于算法性能跟踪。
- 测试结论，即通过或不通过，及原因解释和可能的风险点。
- 算法测试指标结果。
- 算法测试结果中的badcase分析。
- 其他信息：测试过程中出现的异常问题等。

4. 测试数据集

测试数据集的收集方法和规则此处不做说明，请看8.4节的内容。

5. 时间计划安排

时间计划安排表如表8-4所示。

表 8-4 时间计划安排表

序号	测试项	主要内容和交付物	完成时间	工作天数	责任人	备注
1	测试方案编写	完成测试方案编写				
2	脚本代码编写	完成脚本代码编写，并保证代码运行正常				
3	测试数据准备	完成测试数据集收集和准备工作				
4	测试文档评审	项目组/部门内完成测试方案和测试用例评审				

（续表）

序　号	测 试 项	主要内容和交付物	完成时间	工作天数	责 任 人	备　注
5	测试执行	逐条执行测试用例，记录测试结果				
6	测试报告编写和发布	测试结束后，完成对应版本的测试报告，并发送通知给项目组/部门				

8.4　数据集简介

一个算法模型效果优异，最重要的就是数据集的准备。搭建一个合格的数据集过程一般分为4步，详细说明如下：

（1）数据选择。
（2）数据划分。
（3）数据分布匹配调整。
（4）数据标注。

数据集一般分为3类，即训练集、验证集、测试集。详细说明如下：

- 训练集：训练模型，用于训练的样本集合，主要用来训练算法模型中的参数。
- 验证集：验证模型，用于验证的样本集合，主要用来调整算法模型参数，包括网络结构或者控制模型复杂程度的参数。
- 测试集：测试模型，用于测试的样本集合，主要用来测试通过训练/验证完成的最佳算法模型，评估算法模型的性能优异。

8.4.1　数据集搭建

1. 数据选择

虽然常说训练数据越多越好，但在某些条件下，过多的数据反而弊大于利。在有条件的情况下，需要对拥有的数据做一些预处理，目的主要如下：

- 数据量如果过大会消耗大量计算资源和时间。在资源有限的情况下，如果可以把数据集缩小到不影响模型效果的最小子集，则可以有效解决这一问题。
- 不是所有的样本/特征都对要预测的目标有用。携带冗余的数据对建模毫无用处，可以通过更细致的样本选择/特征筛选来缩小数据。
- 数据中如果含有噪音，则势必会影响模型的效果，但同时训练集中带有噪音也能提升模型的健壮性，因此如何处理噪音是一个复杂的问题。这里的噪音包括错误标记、数据记录错误等。

2. 数据划分

对于小批量数据，数据拆分常见的比例为：

- 如果未设置验证集，则将数据三七分：70%的数据用作训练集，30%的数据用作测试集。
- 如果设置了验证集，则将数据划分为：60%的数据用作训练集，20%的数据用过验证集，20%的数据用作测试集。

对于大批量数据，验证集和测试集占总数据的比例会更小。

（1）对于百万级别的数据，其中1万条作为验证集，1万条作为测试集即可。
（2）验证集的目的就是验证不同的超参数。测试集的目的就是比较不同的模型。

- 一方面它们要足够大，才足够评估超参数、模型。
- 另一方面，如果它们太大，则会浪费数据（验证集和训练集的数据无法用于训练）。

在K折交叉验证（K-Fold Cross Validation）中，先将所有数据拆分成K份，然后其中1份作为测试集，其他K–1份作为训练集。这里并没有验证集来做超参数的选择。所有测试集的测试误差的均值作为模型的预测能力的一个估计。

3. 数据分布匹配调整

在深度学习时代，经常会发生训练集和验证集、测试集的数据分布不同。例如，训练集的数据可能是从网上下载的高清图片，测试集的数据可能是用户上传的、低像素的手机照片。

- 必须保证验证集、测试集的分布一致，它们都要很好地代表你的真实应用场景中的数据分布。
- 训练数据可以与真实应用场景中的数据分布不一致，因为最终关心的是在模型真实应用场景中的表现。

如果发生了数据不匹配问题，则可以想办法让训练集的分布更接近验证集。

- 一种做法是：收集更多的、分布接近验证集的数据作为训练集合。
- 另一种做法是：人工合成训练数据，使得它更接近验证集。

该策略有一个潜在的问题：你可能只是模拟了全部数据空间中的一小部分，导致你的模型对这一小部分过拟合。

当训练集和验证集、测试集的数据分布不同时，有以下经验原则：

- 确保验证集和测试集的数据来自同一分布。因为需要使用验证集来优化超参数，而优化的最终目标是希望模型在测试集上表现更好。
- 确保验证集和测试集能够反映未来得到的数据，或者最关注的数据。

- 确保数据被随机分配到验证集和测试集上。

当训练集和验证集、测试集的数据分布不同时，分析偏差和方差的方式有所不同。

（1）如果训练集和验证集的分布一致，那么当训练误差和验证误差相差较大时，我们认为存在很大的方差问题。

（2）如果训练集和验证集的分布不一致，那么当训练误差和验证误差相差较大时，有两个原因：

- 第一个原因：模型只见过训练集数据，没有见过验证集的数据，是数据不匹配的问题。
- 第二个原因：模型本来就存在较大的方差。

为了弄清楚原因，需要将训练集再随机划分为训练－训练集和训练－验证集。这时候，训练－训练集、训练－验证集是同一分布的。模型在训练－训练集和训练－验证集上的误差的差距代表了模型的方差。模型在训练－验证集和验证集上的误差代表了数据不匹配问题的程度。

4. 数据标注

数据选择后，就需要对数据进行标注工作。数据标注又称数据打标，它是借助标注工具对图像、文本、语音、视频等进行加工处理，以产出适合机器学习数据集的过程。

数据标注是整个数据集搭建过程中的重要一环，它关乎着算法模型训练的效果，以及测试评估算法模型的优劣。一般由数据标注师完成，标注结束分别提供给算法开发工程师（训练集和验证集）和算法测试工程师（测试集）。

8.4.2 数据集划分

1. 数据集划分的目的

首先训练集是必需的，没有训练集就无法进行算法模型的搭建。

针对需要挑选不同的算法模型，可以只划分训练集和测试集，让两个模型分别在训练集上训练，然后将两个训练好的模型分别在测试集上进行测试。由于我们把测试集上的误差近似为泛化误差，因此自然可以选择在测试集上误差小的模型作为最终要选择的泛化能力强的　模型。

针对神经网络模型，需要在神经网络中进行参数选择，比如神经网络的层数和每层神经网络的神经元个数以及正则化的一些参数等，我们将这些参数称为超参数。这些参数的不同选择对模型最终效果也很重要，在开发模型的时候总是需要调节这些超参数。如果直接通过算法模型在测试集上的误差来调节这些参数，可能算法模型在测试集上的误差为0，但是你拿着这样的算法模型去部署到真实场景中去使用的话，效果可能会非常差。这个现象就叫作信息泄漏，我们使用测试集作为泛化误差的近似，所以不到最后是不能将测试集的信息泄漏出去的。这就和考试一样，我们平时做的题目相当于训练集，测试集相当于最终考试题目，我们通过最终的考试题目来检验学习能力，将测试集信息泄漏出去，相当于学生提前知道了考试题目，最后再考这些已知的考试题目，自然不能代表你学习能力强。为此，我们通过验证集来作为调整模型的依据，这样不至于将测试集中的信息泄漏。

2. 数据集划分方法

（1）留出法

留出法（Hold-Out）是最经典也是最简单的评估算法模型泛化能力的方式。简单地来讲，我们把数据集分为训练集和测试集两部分，前者用来训练模型，后者用来评估算法模型的泛化能力。大多数情况下，我们需要做参数调优来进一步地提升算法模型表现（即算法模型选择步骤），例如调节决策树模型中树的最大深度。

一般情况下，根据算法模型在测试集上的表现进行参数调优，但如果一直用同一份测试集作为参考来调优，最后的结果很可能使得模型过拟合于这份测试集。因此，更好的做法是将数据集切分为三个互斥的部分：训练集、验证集与测试集，然后在训练集上训练模型，在验证集上选择模型，最后用测试集上的误差作为泛化误差的估计。可以在验证集上反复尝试不同的参数组合，当找到一组满意的参数后，最后在测试集上估计模型的泛化能力。整个过程如图8-3所示。

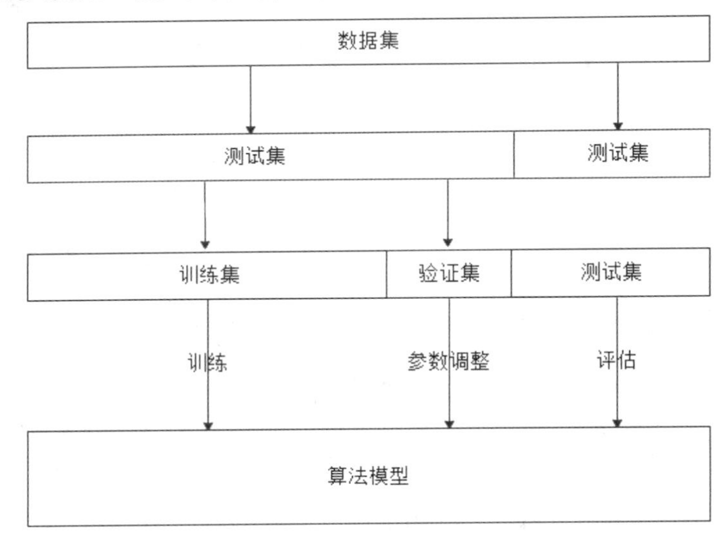

图 8-3　留出法流程图

- 针对小规模数据量（万级别及以下），训练集、验证集、测试集三部分划分比例通常取60%:20%:20%（或者训练集、测试集两部分划分比例取70%:30%）。如果训练集的比例过小，则得到的模型很可能和全量数据得到的模型差别很大；如果训练集的比例过大，则测试的结果可信度降低。

- 针对大规模数据量（十万级别及以上），训练集、验证集、测试集三部分划分比例通常取98%：1%:1%（或者训练集、测试集两部分划分比例取99%:1%）。只要拿出其中的1%数据量做验证集或测试集，就可以满足需求。
- 数据集的划分要尽可能保持数据分布的一致性，避免因数据划分过程引入额外的偏差而对最终结果产生影响。若训练集、验证集、测试集中各个类别比例差别很大，则误差估计将由于训练/验证/测试数据分布的差异而产生偏差。
- 单次留出法得出的估计结果往往不够稳定可靠，通常会进行多次留出法，每次随机划分数据集，将多次得到的结果平均。多次重复进行留出法的方法即接下来将要介绍的K折交叉验证法。

（2）*K* 折交叉验证法

*K*折交叉验证法是指数据随机划分为*K*个互不相交且大小相同的子集，利用*K*–1个子集数据训练模型，利用余下的一个子集测试模型（一共有*K*种组合方式，训练得到*K*个模型）。

对*K*种组合依次重复获取测试误差的均值，将这个均值作为泛化误差的估计。由于是在*K*个独立的测试集上获得的模型表现平均情况，因此相比留出法的结果更有代表性。利用*K*折交叉验证得到最优的参数组合后，一般在整个训练集上重新训练模型，得到最终模型。

*K*折交叉验证的优点是每个样本都会被用作训练和测试，因此产生的参数估计的方差会很小。*K*取太大，实验成本高，太小则实验的稳定性依然偏低。一般*K*取值为5或10。如果训练集数量不多，则可以再增加*K*的大小，这样每次训练会用到更多的样本，对泛化能力估计的偏差会小一些。

与留出法相似，将数据集划分为*K*个子集同样存在多种划分方式。为了减少因为样本划分不同而引入的差别，*K*折交叉验证通常需要随机使用不同划分重复多次，多次*K*折交叉验证的测试误差均值作为最终的泛化误差的估计。

（3）留一法

留一法（Leave-One-Out Cross Validation）：假设数据集中存在*N*个样本，令*K*=1则得到*K*折交叉验证的一个特例。这个方法适合数据集很小的情况下的交叉验证。

优缺点：

- 优点：由于训练集与初始数据集相比仅仅少一个样本，因此留一法的训练数据最多，模型与全量数据得到的模型最接近。
- 缺点：在数据集比较大时，训练*K*个模型的计算量太大。每个模型只有1条测试数据，无法有效帮助参数调优。

（4）分层K折交叉验证法

如果样本类别不均衡，则常用分层K折交叉验证法。这个方法在进行K折交叉验证时，对每个类别单独进行划分，使得每份数据中各个类别的分布与完整数据集一致，保证少数类在每份数据中的数据量也基本相同，从而模型能力估计的结果更可信。

（5）自助法

在留出法和K折交叉验证法中，由于保留了一部分样本用于测试，因此实际训练模型使用的训练集比初始数据集小（虽然训练最终模型时会使用所有训练样本），这必然会引入一些因为训练样本规模不同而导致的估计偏差。留一法受训练样本规模变化的影响较小，但是计算量太大。

自助法是一个以自助采样法（Bootstrap Sampling）为基础的比较好的解决方案。

自助采样法：给定包含N个样本的数据集A，对它进行采样产生数据集A1：

- 每次随机从A中挑选一个样本，将其复制放入A1中，然后将该样本放回初始数据集A中（该样本下次采样时仍然可以被采到）。
- 重复这个过程N次，就得到了包含N个样本的数据集A1。

显然，A中有些样本会在A1中多次出现，A中有些样本在A1中从不出现。A中某个样本始终不被采到的概率为（1–1/m）^m。

当m趋于无穷大时：

$$\lim_{m\to\infty}\left(1-\frac{1}{m}\right)^m \to \frac{1}{e} \approx 0.368$$

即通过自助采样，初始数据集中约有36.8%的样本未出现在采样数据集A1中。

自助法在数据集较小、难以有效划分训练集和测试集时很有用。

优缺点：

- 优点：能从初始数据集中产生多个不同的训练集，这对集成学习等方法有很大好处。
- 缺点：产生的数据集改变了初始数据集的分布，这会引入估计偏差。因此，在初始数据量足够时，留出法和K折交叉验证法更常用。

8.4.3　数据标注

数据标注最重要的是开发和设计标注工具，开发标注工具需要开发工程师完成。以AI语音为例，其打标内容类型主要集中在语音和文本这两块。

语音标注工具一般使用可视化EXE工具，主要是针对连续时间段的音频进行“音频内容”的标注工作，如图8-4所示。

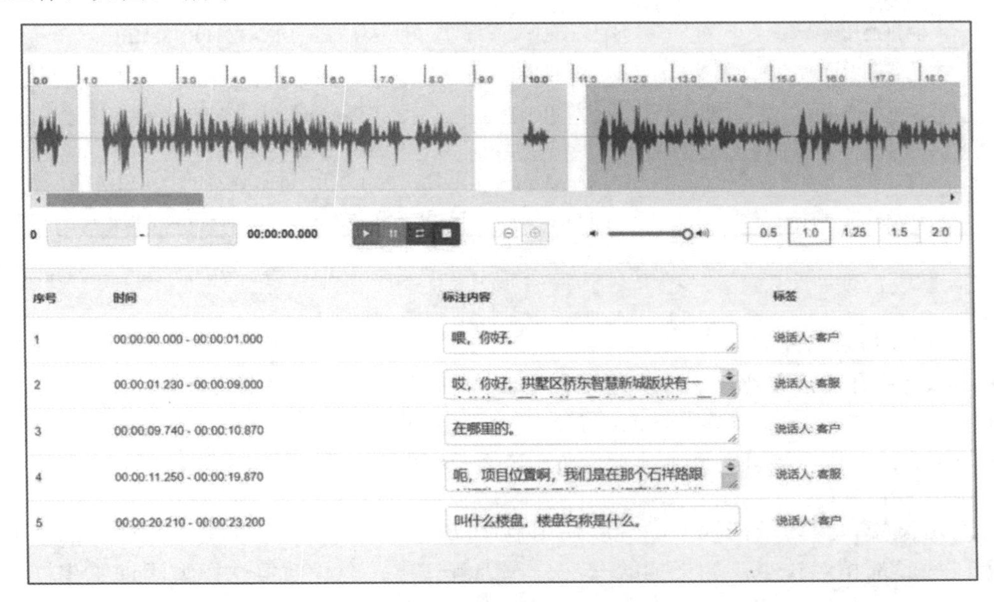

图 8-4　语音音频标注举例

文本标注一般使用Excel列表，以自然语言处理中的意图分类为例，主要是针对语料文本进行服务（service）和意图（intent）的标注工作，如表8-5所示。

表 8-5　语料文本标注举例

序　　号	语料文本	服务标注	意图标注
1	测量血压	blood_pressure	METER_BLOOD_PRESSURE
2	我要查看近期的血压记录	blood_pressure	BLOOD_PRESSURE_HISTORYDATA
3	记录血压	blood_pressure	RECORD_BLOOD_PRESSURE
4	测量血糖	blood_sugar	METER_BLOOD_SUGAR
5	我要查看近期的血糖记录	blood_sugar	BLOOD_PRESSURE_SUGAR
6	记录血糖	blood_sugar	RECORD_BLOOD_SUGAR

8.4.4　测试集设计

1. 算法模型评估测试集设计

（1）封闭域识别产品—测试集

以自然语言处理中的意图分类算法测试为例，获取到如表8-6所示的原始数据集（当前只以6条数据样本为例，真实的原始数据集是成千上万的数据样本）。

表 8-6　原始数据集

id	query	service	intent
1	测量血压	blood_pressure	METER_BLOOD_PRESSURE
2	我要查看近期的血压记录	blood_pressure	BLOOD_PRESSURE_HISTORYDATA
3	记录血压	blood_pressure	RECORD_BLOOD_PRESSURE
4	测量血糖	blood_sugar	METER_BLOOD_SUGAR
5	我要查看近期的血糖记录	blood_sugar	BLOOD_SUGAR_HISTORYDATA
6	记录血糖	blood_sugar	RECORD_BLOOD_SUGAR

数据字段说明：

- id：数据集编号。
- query：自然语言处理中的语料文本内容（即训练集具体的数据内容）。
- service：服务名称（即领域domain）。
- intent：训练集语料文本正确对应的意图名称（即实际标注意图）。

针对测试集，封闭域识别产品一般使用自助法获取测试集，这是由于封闭域的产品的原始识别语料一般都相对较少，如果抽取一部分作为测试集，会导致算法模型因训练集样本较少而产生估计偏差。为此需要将原始识别语料都作为训练集，而测试集则通过自助法获得。

为了保证测试集中各类意图分布相对均衡，一般都以各类服务（service）为自助法的取样区间。比如，原始数据集有血压和血糖两个service并各有3条识别语料，通过自助法从每个service中随机选择1条识别语料，这样就组成两条识别语料的测试集，如表8-7所示。

表 8-7　封闭域识别产品—测试集

id	query	service	intent
1	测量血压	blood_pressure	METER_BLOOD_PRESSURE
2	我要查看近期的血糖记录	blood_sugar	BLOOD_PRESSURE_SUGAR

（2）开放域识别产品—测试集

开放域识别产品一般使用留出法或K折验证法获取测试集。本文以留出法为例。比如，测量血压意图收集到10条原始数据样本，如表8-8所示。

表 8-8　原始数据集

id	query	service	intent
1	测量血压	blood_pressure	METER_BLOOD_PRESSURE
2	测量我的血压	blood_pressure	METER_BLOOD_PRESSURE
3	血压测量	blood_pressure	METER_BLOOD_PRESSURE
4	测血压	blood_sugar	METER_BLOOD_PRESSURE

（续表）

id	query	service	intent
5	量血压	blood_sugar	METER_BLOOD_PRESSURE
6	测一下我的血压	blood_sugar	METER_BLOOD_PRESSURE
7	测一下血压	blood_sugar	METER_BLOOD_PRESSURE
8	测一下血压值	blood_sugar	METER_BLOOD_PRESSURE
9	我的血压是多少	blood_sugar	METER_BLOOD_PRESSURE
10	我的血压值正常吗	blood_sugar	METER_BLOOD_PRESSURE

根据留出法，我们根据训练集和测试集比例70%:30%，挑选3条数据样本作为测试集，其余7条数据样本就是训练集，如表8-9所示。

表 8-9　开发域识别产品－测试集

id	query	Service	intent
1	量血压	blood_sugar	METER_BLOOD_PRESSURE
2	测一下血压值	blood_sugar	METER_BLOOD_PRESSURE
3	我的血压值正常吗	blood_sugar	METER_BLOOD_PRESSURE

2. 算法模型鲁棒性测试集设计

鲁棒性测试集一般可以通过自建异常数据生成，或者收集算法模型上线后真实用户的异常数据。通常都会使用第2种方法，因为真实环境的异常数据更切合用户的使用习惯，以及覆盖度更高。

以自然语言处理中的意图分类算法测试为例，鲁棒性测试集如表8-10所示。

表 8-10　鲁棒性测试集

id	query	service	intent
1	血压	blood_pressure	METER_BLOOD_PRESSURE
2	血糖	blood_sugar	METER_BLOOD_SUGAR
3	血压测	blood_pressure	METER_BLOOD_PRESSURE
4	血糖测	blood_sugar	METER_BLOOD_SUGAR

8.5　AI 语音算法测试操作实战

本节将介绍自然语言处理中的意图分类算法的测试实战，开发语言使用Python，建议使用3.8及以上版本（本文所有代码以Python 3.8版本编写）。

8.5.1 算法模型评估测试实战

自然语言处理中的意图分类算法模型测试一般使用准确率、精确率、召回率、F1值等指标来评估算法模型的泛化能力。

1. 计算评价指标方法

如何计算这些评价指标？首先需要引入sklearn库。它又称scikit-learn库，是一个通用型开源机器学习库，它几乎涵盖了所有机器学习算法，并且搭建了高效的数据挖掘框架。

算法模型测试则一般使用sklearn库中的metrics类，以此来计算各种评价指标。

（1）sklearn 库的安装

由于sklearn库是第三方库，安装方法请查看网上的教程。安装后引用库中评价指标metrics类，至此前期准备完成。

引用评价指标metrics类命令如下：

```
from sklearn import metrics
```

（2）classification_report 方法

我们经常使用sklearn包中的metrics.classification_report方法来输出各分类的评价指标，主要包括准确率、精确率、召回率、F1值。

① classification_report 方法使用

命令脚本：

```
    report = metrics.classification_report(y_true, y_pred, labels=None,
target_names=None,
    sample_weight=None, digits=2)
```

主要参数说明：

- y_true：实际标签（1维数组）。
- y_pred：算法模型预测标签（1维数组）。
- labels：标签，即报表中包含的标签索引的可选列表（类似于shape = [n_labels,]的数组）。
- target_names：标签匹配的可选名称，和标签顺序相同（字符串列表）。
- sample_weight：样本权重（类似于shape = [n_samples,]的数组）。
- digits：输出浮点值的位数（数值）。

② classification_report 方法输出

classification_report方法使用举例：

```
from sklearn import metrics
# 实际值和预测值
    y_true = [0, 3, 2, 2, 1, 1, 4, 3, 2, 4, 1, 0, 0]
    y_pred = [0, 3, 1, 2, 1, 2, 4, 3, 2, 2, 1, 3, 0]
# 输出评价指标报表
report = metrics.classification_report(y_true, y_pred)
print(report)
```

输出示例：

```
              precision    recall  f1-score   support
           0       1.00      0.67      0.80         3
           1       0.67      0.67      0.67         3
           2       0.50      0.67      0.57         3
           3       0.67      1.00      0.80         2
           4       1.00      0.50      0.67         2

    accuracy                           0.69        13
   macro avg       0.77      0.70      0.70        13
weighted avg       0.76      0.69      0.70        13
```

字段说明：

- precision：精确率。
- recall：召回率。
- f1-score：F1值。
- support：样本数。
- 0～4：各类标签名称。
- accuracy：准确率。
- macro avg：宏平均，表示所有类别对应指标的平均值。

计算方法：

```
precision = (1.0+0.67+0.5+0.67+1.0)/5=0.77
recall = (0.67+0.67+0.67+1.0+0.5)/5=0.70
f1-score = (0.8+0.67+0.57+0.8+0.67)/5=0.70
```

- weighted avg：加权平均，表示类别样本占总样本的比重与对应指标的乘积的累加和。

计算方法：

```
precision = 1.0*3/13 + 0.67*3/13 + 0.5*3/13 + 0.67*2/13 + 1.0*2/13=0.76
recall = 0.67*3/13 + 0.67*3/13 + 0.67*3/13 + 1.0*2/13 + 0.5*2/13=0.69
f1-score = 0.8*3/13 + 0.67*3/13 + 0.57*3/13 + 0.8*2/13 + 0.67*2/13=0.70
```

（3）混淆矩阵

① confusion_matrix 方法的使用

命令脚本：

```
confusion_matrix = metrics.confusion_matrix(y_true, y_pred, labels=None)
```

主要参数说明：

- y_true：实际标签。
- y_pred：预测标签。
- labels：标签，即报表中包含的标签索引的可选列表（类似于shape = [n_labels,]的数组）。

② confusion_matrix 方法输出

输出示例：

```
[[2 0 0 1 0]
 [0 2 1 0 0]
 [0 1 2 0 0]
 [0 0 0 2 0]
 [0 0 1 0 1]]
```

结果如表8-11所示。

表 8-11　多分类混淆矩阵

混淆矩阵			预测结果		
实际结果	预测值=0	预测值=1	预测值=2	预测值=3	预测值=4
实际值=0	2	0	0	1	0
实际值=1	0	2	1	0	0
实际值=2	0	1	2	0	0
实际值=3	0	0	0	2	0
实际值=4	0	0	1	0	1

2. 实战操作步骤

（1）新建y_true.txt文件，存放实际意图。
（2）新建y_pred.txt文件，存放算法模型预测意图。
（3）打开Algorithm_Intent.py文件，通过PyCharm运行该文件。
（4）测试结束，查看测试结果。

3. 测试结果分析

自然语言处理中的意图分类算法测试结果分析，首先分析意图识别准确率是否达标，若准确率不达标则分析混淆矩阵，查看算法模型意图预测错误分布情况和其相对应的语料文本，最后将测试结果分析提交给算法工程师。

若准确率达标则关注下一个$F1$值指标（防止测试数据集样本分布不均匀），若$F1$值不达标则分析各标签类的精确率和召回率，明确是哪一个标签类的精确率和召回率不达标，最后通过分析混淆矩阵查看该标签类的意图预测错误分布情况和其相对应的语料文本，最后将测试结果分析提交给算法工程师。$F1$值最大理论为1（即100%），算法模型的调优就是追求$F1$值提升，最低追求60%，$F1$值在60%～90%需追求3%～5%的提升，超过90%只需追求1%的提升。

若$F1$值也达标，则可断定NLP算法模型意图分类效果达标。

8.5.2　算法模型鲁棒性测试

算法模型鲁棒性测试方法和算法模型评估测试一样，只是将评估测试集替换为鲁棒性测试集。

鲁棒性测试结果分析参照算法模型评估测试，不过由于鲁棒性的测试集一般来源于真实环境，因此鲁棒性测试一般用于算法模型优化更新迭代。

鲁棒性测试结果和算法模型评估测试结果若存在冲突，一般优先保证算法模型评估测试结果。比如，优化算法模型鲁棒性导致评估测试结果下降明显，则此优化不可取。但是如果项目对于异常数据的鲁棒性要求高，或者用户对于鲁棒性数据要求较高，则在两者测试结果选择中倾向于鲁棒性测试结果。

8.6　AI 语音算法测试源码

1. y_true.txt

以下是y_true.txt文件举例：

```
METER_BLOOD_PRESSURE
METER_BLOOD_SUGAR
METER_BLOOD_PRESSURE
METER_BLOOD_SUGAR
METER_BLOOD_PRESSURE
METER_BLOOD_SUGAR
BLOOD_SUGAR_HISTORYDATA
BLOOD_PRESSURE_HISTORYDATA
RECORD_BLOOD_PRESSURE
RECORD_BLOOD_SUGAR
```

2. y_pred.txt

以下是y_pred.txt文件举例：

```
METER_BLOOD_PRESSURE
METER_BLOOD_SUGAR
METER_BLOOD_SUGAR
METER_BLOOD_SUGAR
METER_BLOOD_PRESSURE
METER_BLOOD_SUGAR
BLOOD_SUGAR_HISTORYDATA
BLOOD_SUGAR_HISTORYDATA
RECORD_BLOOD_PRESSURE
RECORD_BLOOD_SUGAR
```

3. Algorithm_Intent.py

Algorithm_Intent.py文件的源代码如下：

```
# -*- coding:utf-8 -*-
from sklearn import metrics

class Intent_Classify(object):
    """意图分类算法模型测试"""
    def __init__(self):
        """
        初始化
        """
        # 实际标签
        self.y_true = self.readTxt("y_true.txt")

        # 预测标签(算法模型运行后返回的结果)
        self.y_pred = self.readTxt("y_pred.txt")

    def readTxt(self, filename):
        """
        读取TXT文件中内容
        :param filename: TXT文件地址
        :return: TXT文件内容信息(列表格式)
        """
        # 定义一个列表存放内容信息
        allData = []

        # 打开TXT文件
        with open(filename, "r", encoding="utf-8") as fr:
            # for循环获取TXT文件内容
            for line in fr.readlines():
                # 去除内容前后的空格
                line = line.strip()
                # 添加每条内容信息
                allData.append(line)

        return allData

    def EvaluationIndex(self):
        """
        评价指标
```

```
        :return: 评价指标报表和混淆矩阵
        """
        # 评价指标报表：准确率、精确率、召回率、F1值
        report = metrics.classification_report(self.y_true, self.y_pred)

        # 混淆矩阵
        confusion = metrics.confusion_matrix(self.y_true, self.y_pred)

        return report, confusion

if __name__ == '__main__':
    # 实例化
    ic = Intent_Classify()

    # 输出：评价指标报表
    print("评价指标报表:\n{0}".format(ic.EvaluationIndex()[0]))

    # 输出：混淆矩阵
    print("混淆矩阵:\n{0}".format(ic.EvaluationIndex()[1]))
```

8.7　本章小结

AI语音交互最重要的部分是AI语音算法模型，为此针对AI语音算法模型的测试就是AI语音产品测试中最重要的一环。

本章首先介绍了算法模型应用上线的全流程，让读者详细了解了算法模型的诞生、训练、验证、测试，最后到上线部署。然后详细介绍了算法模型部署上线前最重要的步骤“测试验收”，并以自然语言处理中的意图分类算法为例，实战化地向读者展示了AI语音算法测试的每一个步骤。最后详细地给出了AI语音算法测试的验收指标，为最终的测试报告提供了指导方向和标准规范。

第 9 章

AI语音性能测试

本章主要介绍AI语音性能测试，包括AI语音应用性能测试和AI语音交互接口性能测试。详细讲解AI语音性能测试的原理、过程和实践。

9.1 AI 语音性能测试简介

语音性能测试主要是针对AI语音产品所在系统平台的性能和AI语音交互所需的接口性能进行性能测试。

以科大讯飞AI语音产品为例，AI语音应用性能测试是针对AI语音产品所在Android系统的性能测试，主要从CPU占用、内存占用、响应时间3个方面评估讯飞AI语音SDK的性能指标。

AI语音交互接口性能测试就是针对讯飞AI语音交互接口（比如语音识别接口、自然语言处理接口等）进行API性能测试，主要从请求成功率、响应时间、吞吐量（TPS）等来评估接口性能指标。

9.2 AI 语音性能测试的目的

语音性能测试目的主要分为两部分，一是针对AI语音应用性能测试的目的在于评估AI语音SDK所在系统平台的性能，判断系统是否满足预期指标的性能需求，同时寻找软件系统可能存在的性能问题，发现性能瓶颈；二是针对AI语音交互接口性能测试的目的在于判断接口性能是否满足预期指标的性能需求，同时寻找接口服务可能存在的性能问题，评估接口服务的性能瓶颈。

9.3 AI 语音应用性能测试

本节以Android系统为例，科大讯飞AI语音SDK为产品，详细讲解语音应用性能测试，主要包含CPU占用、内存占用和响应时间。

9.3.1　CPU 占用

1. 测试场景设计

（1）语音静态 CPU 占用

语音静态CPU占用主要是考查语音服务在监听（待唤醒）状态的CPU占用，分为平均值和峰值。

（2）语音动态 CPU 占用

语音动态CPU占用主要是考查语音识别录音状态的CPU占用，分为平均值和峰值。

（3）语音状态恢复后的 CPU 占用

语音动态恢复语音静态的CPU占用，主要是考查语音识别录音状态的CPU占用，分为平均值和峰值。

2. 测试方法

通过开源SoloPi工具或者Profiler工具进行Android系统性能测试，接下来将以SoloPi工具介绍。

SoloPi工具是蚂蚁金服开发的一款无线化、非侵入、免Root的Android专项测试工具。直接操控安卓系统的手机或智能设备，即可完成自动化的功能、性能、兼容性以及稳定性测试等工作，降低广大测试开发者的测试成本，提升测试效率。

使用SoloPi工具的性能测试CPU测试项，监控AI语音应用进程CPU占用的平均值和峰值。

3. 测试步骤

（1）安装SoloPi工具，SoloPi 版本下载地址：https://github.com/alipay/SoloPi/releases。

（2）打开性能测试，选择测试应用并勾选CPU测试项，如图9-1和图9-2所示。

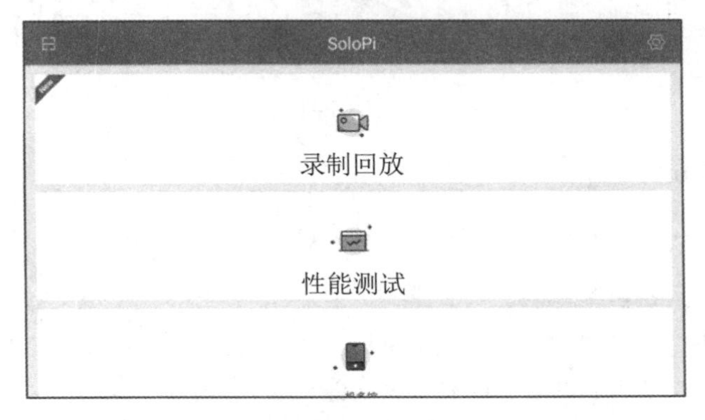

图 9-1　打开性能测试

图 9-2　选择测试应用并勾选 CPU 测试项

（3）运行SoloPi工具，监测CPU占用，如图9-3所示。

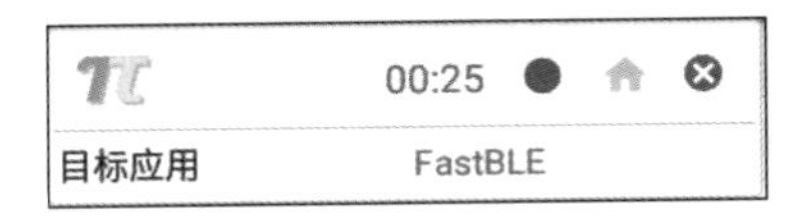

图 9-3　运行 SoloPi 工具

（4）根据测试场景设计操作AI语音产品。

（5）查看性能测试数据，如图9-4所示。

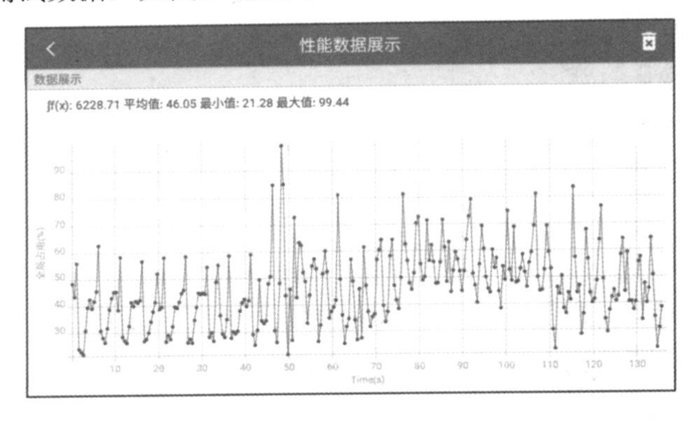

图 9-4　性能测试数据

4. 性能测试数据分析

（1）CPU 占用通用参考标准

- 应用CPU占用不能达到100%。
- CPU表现良好：应用CPU占用峰值≤50%，均值≤20%。
- CPU表现一般：应用CPU占用峰值≤65%，均值≤30%。
- CPU表现较差：应用CPU占用峰值>65%，均值>45%。

（2）真实环境 CPU 占用参考

- 语音服务在监听（待唤醒）状态的CPU占用，一般平均值为20%左右。
- 语音识别录音状态的CPU占用，一般平均值为30%左右。
- 语音识别退出后的CPU占用，一般平均值为20%左右。

说明　CPU占用数据仅供参考，各项目实际环境和场景不同，可能会有较大的差异。

9.3.2　内存占用

1. 测试场景设计

（1）语音静态内存占用

语音静态内存占用主要是考查语音服务在监听（待唤醒）状态的内存占用，分为平均值和峰值。

（2）语音动态内存占用

语音动态内存占用主要是考查语音识别录音状态的内存占用，分为平均值和峰值。

（3）语音状态恢复后的内存占用

语音动态恢复语音静态的内存占用，主要是考查语音识别录音状态的内存占用，分为平均值和峰值。

2. 测试方法

使用SoloPi工具的性能测试内存测试项，监控AI语音应用进程内存占用的平均值和峰值。

3. 测试步骤

（1）打开性能测试，选择测试应用并勾选内存测试项，如图9-5和图9-6所示。

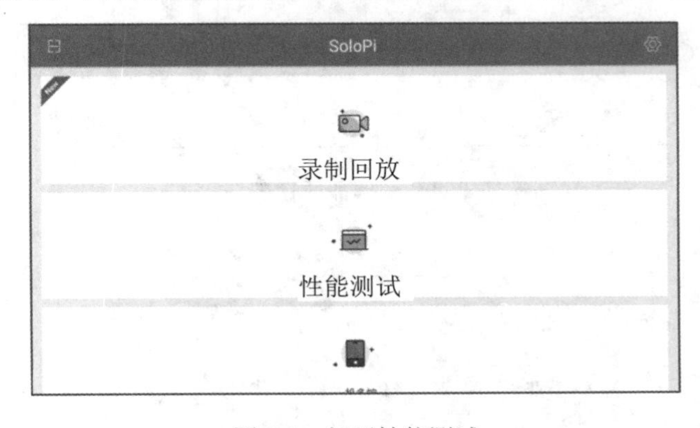

图 9-5　打开性能测试

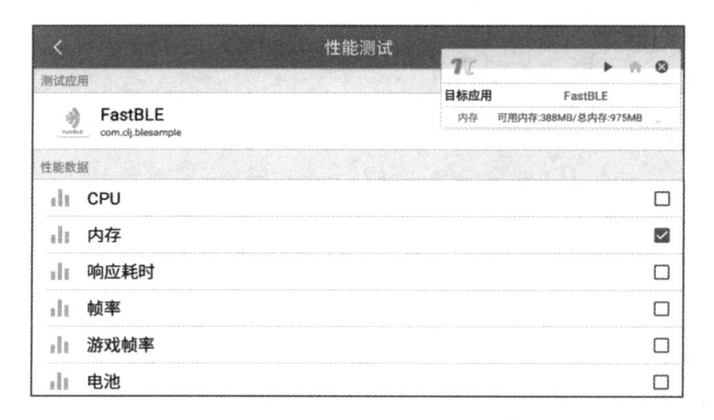

图 9-6　选择测试应用并勾选内存测试项

（2）运行SoloPi工具，监测内存占用，如图9-7所示。

图 9-7　运行 SoloPi 工具

（3）根据测试场景设计操作AI语音产品。

（4）查看性能测试数据，如图9-8所示。

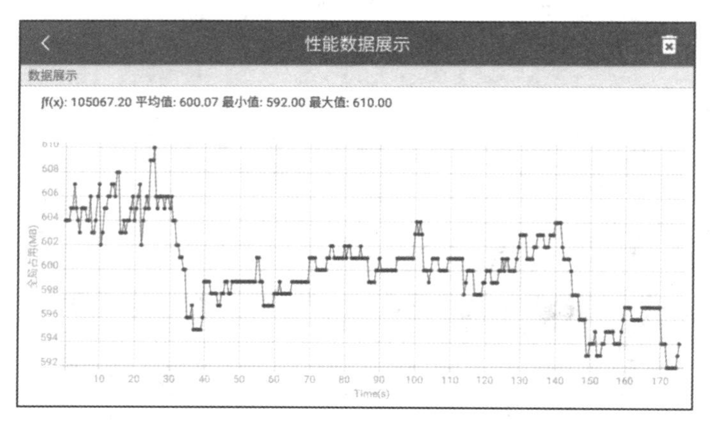

图 9-8　性能测试数据

4. 性能测试数据分析

内存占用通用参考标准：

- 应用内存占用<单个应用可用最大内存（通过adb命令查询dalvik.vm.heapgrowthlimit可得出单个应用可用最大内存）。

- 内存泄漏：是指不再用到的对象由于被错误引用而无法被GC回收，导致内存占用一直上升不下降。
- 内存溢出（OOM）：内存占用大于单个应用可用的最大内存，导致系统崩溃闪退。
- 内存抖动：是指短时间内大量的对象被创建又马上被释放，导致内存占用突然成倍增大且突然成倍降低。

9.3.3　响应时间

1. 测试场景设计

（1）唤醒冷启动时间

主要考查首次语音唤醒启动的响应时间。

- 开始时间点：语音输入唤醒词最后一个字结束。
- 结束时间点：
  - 语音TTS开始播报的瞬间。
  - 识别录音状态启动的瞬间。

（2）唤醒热启动时间

主要考查非首次语音唤醒启动的响应时间。

- 开始时间点：语音输入唤醒词最后一个字结束。
- 结束时间点：
  - 语音TTS开始播报的瞬间。
  - 识别录音状态启动的瞬间。

（3）打字机转写时间（ASR）

主要考查语音识别的转写响应时间。

- 开始时间点：语音输入语料最后一个字结束。
- 结束时间点：识别转写结果全部显示出来的瞬间。

（4）语义到端展现时间（NLP）

主要考查语义理解NLP后展现在前端的响应时间。此考查主要用于多轮对话场景中，对于多轮对话反馈结果进行选择的过程。

- 开始时间点：识别转写结果全部显示出来的瞬间。
- 结束时间点：语义理解反馈POI列表展示的瞬间。

（5）业务跳转响应时间

主要考查业务跳转的响应时间。

① 单轮对话

- 开始时间点：识别转写结果全部显示出来的瞬间。
- 结束时间点：业务展示跳转的瞬间或业务反馈TTS播报的瞬间。

② 多轮对话

- 开始时间点：选中语义理解反馈POI列表展示结果的瞬间。
- 结束时间点：业务展示跳转的瞬间或业务反馈TTS播报的瞬间。

（6）语音异常退出时间

主要考查无语音输入时识别最长处理的响应时间。

- 开始时间点：识别录音状态启动的瞬间。
- 结束时间点：识别录音状态退出的瞬间。

2. 测试方法

（1）方法一

通过高清摄像头和Adobe Premiere工具测试和分析各场景的响应时间，如图9-9所示。由于本次测试时间精度要求高，故精度为毫秒级别，保留小数点后2位。

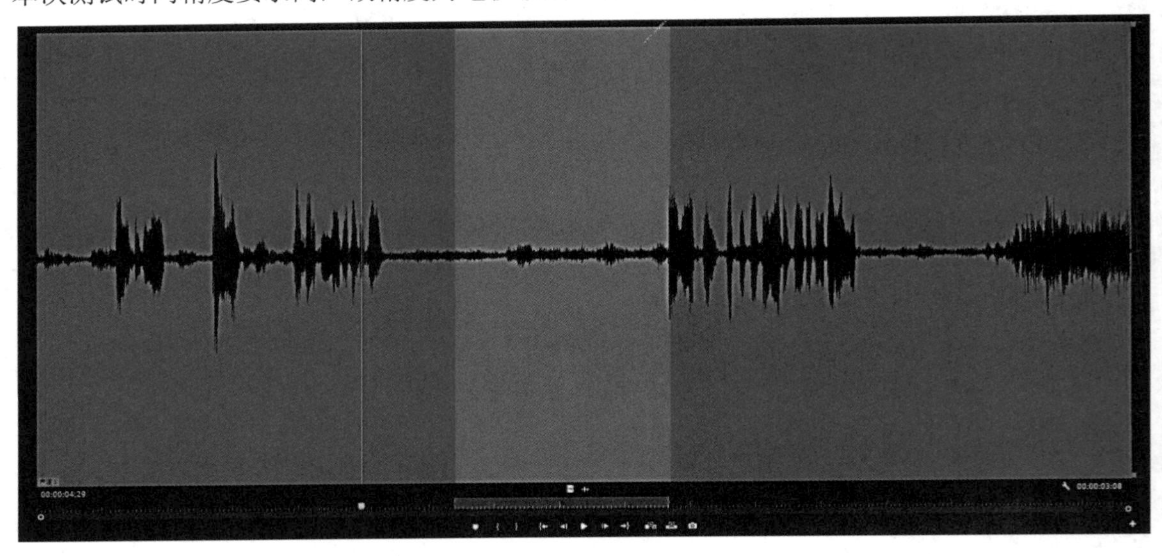

图 9-9　Adobe Premiere 工具分析响应时间

（2）方法二

使用东舟性能测试仪器测试各场景的响应时间，如图9-10所示。

图 9-10　东舟性能测试仪器

3. 测试步骤（以方法一为例）

（1）测试准备

准备一个高清摄像头，下载安装Adobe Premiere工具。同时保证网络正常，网速流畅。

（2）测试执行

根据各场景要求，测试执行并用高清摄像头记录下来。每个场景建议执行10次，取平均值。

（3）响应时间分析

通过Adobe Premiere工具打开拍摄的视频文件，分析并记录对应的响应时间。

4. 性能测试数据分析

行业内参考标准：

- 唤醒冷启动时间：建议≤0.8s。
- 唤醒热启动时间：建议≤0.5s。
- 打字机转写时间（ASR）：建议≤0.7s。
- 语义到端展现时间（NLP）：建议≤1.5s。
- 业务跳转响应时间：由于业务不同响应时间会有很大区别，以音乐为例，建议≤2.0s。
- 语音异常退出时间：建议≤8s。

9.4　NLP 接口性能测试

本节以NLP接口性能测试为例，主要从请求成功率、响应时间、TPS等来评估接口性能指标。

9.4.1　NLP 接口性能测试简介

NLP接口性能测试实际就是接口性能测试，不过这个接口对应的是AI语音交互的接口，比如ASR接口、NLP接口等。

接口性能测试是通过模拟生产运行的业务压力量和使用场景组合，测试系统的性能是否满足生产环境性能要求。

9.4.2 NLP 接口性能测试术语解释

1. 请求成功率

请求成功率是指从客户端向服务端发送请求成功占比，一般以百分比为单位。

2. 响应时间

响应时间是指系统对请求做出响应的时间，可以理解为从客户端发起一个请求开始，到客户端接收到从服务端返回的响应结束，整个过程所耗费的时间，一般以s或ms为单位。

响应时间主要是从客户端角度来看的一个性能指标，它是用户最关心并且容易感知到的一个性能指标。

3. 吞吐量

吞吐量（TPS）指单位时间内系统处理用户的请求数，从业务角度看，吞吐量可以用每秒请求数、每秒事务数、每秒页面数、每秒查询数等单位来衡量。从网络角度看，吞吐量也可以用每秒字节数来衡量。

吞吐量主要是从服务端的角度来看的一个性能指标，它可以衡量整个系统的处理能力。

4. 并发数

并发数即并发用户数，是指在同一时刻内登录系统并进行业务操作的用户数量。相对吞吐量来说，并发用户数是一个更直观但也更笼统的性能指标。

9.4.3 NLP 接口测试方案

1. 测试场景设计

（1）单轮对话交互

针对单轮对话交互（比如听歌）进行API性能测试，即单接口性能测试，用户发送识别语料文本请求，经NLP接口处理得出处理响应结果。

（2）多轮对话交互

针对多轮对话交互进行API性能测试，即多接口关联性能测试，发送识别语料文本请求，经NLP接口处理，反馈用户处理结果，等待用户给出新的指令，再发送新的识别语料文本请求，若收集到全部指令，即可得出处理响应结果，若没有收集到全部指令，则重复之前的操作或退出。

2. 测试方法

使用开源JMeter工具进行NLP接口性能测试，JMeter工具建议使用5.3+版本，Java JDK使用1.8+版本。JMeter是Apache组织基于Java开发的压力测试工具，用于对软件进行压力测试。

3. 测试步骤

（1）编写接口测试脚本

① 单轮对话交互

根据测试场景设计编写接口测试脚本，以听歌为例，JMeter脚本如图9-11所示。

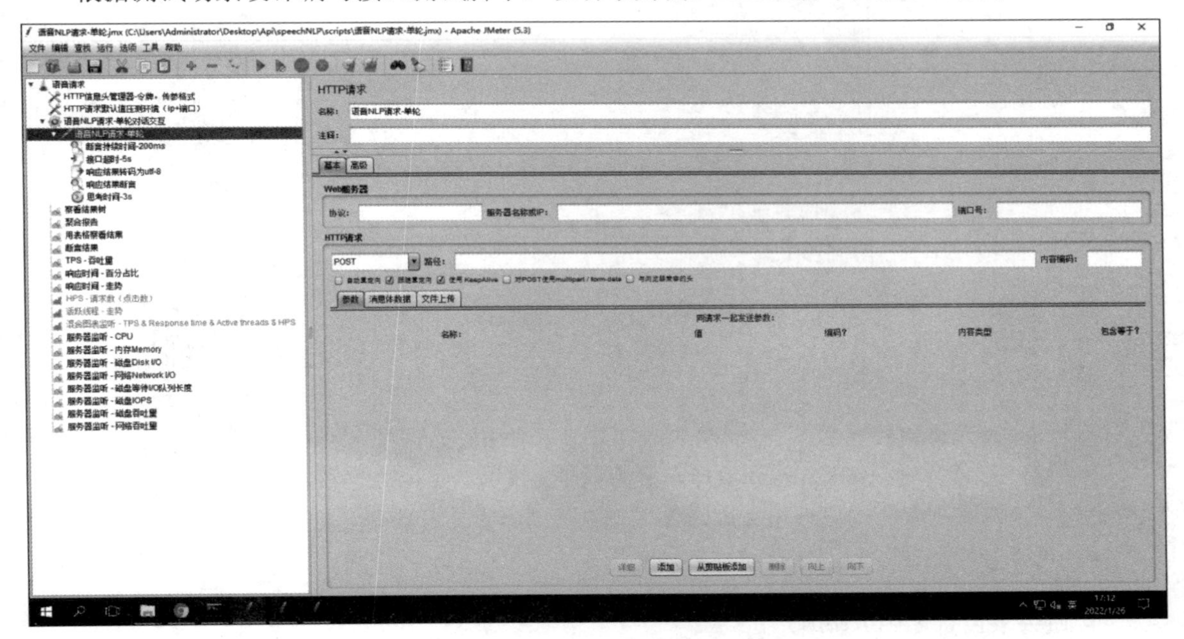

图 9-11　单轮对话交互的 JMeter 脚本

② 多轮对话交互

根据测试场景设计编写接口测试脚本，以记录血压为例，JMeter脚本如图9-12所示。

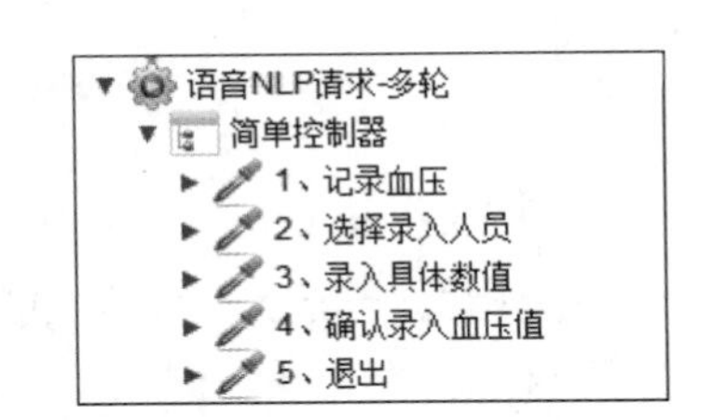

图 9-12　多轮对话交互的 JMeter 脚本

③ 脚本设置参数

线程组设置：

- 并发数：100（可根据实际项目需求自定义）。
- Ramp-Up时间：1s（默认设置一般都为1s）。
- 循环次数：选择“永远”并勾选调度器。
- 调度器持续时间：600s（可根据实际项目需求自定义）。

- 调度器启动延迟：0s。

线程组设置如图9-13所示。

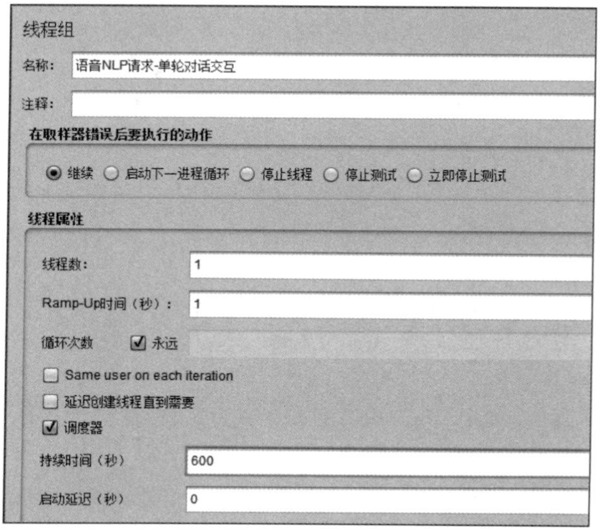

线程组
名称：
语音NLP请求-单轮对话交互
注释：
在取样器错误后要执行的动作
继续
启动下一进程循环
停止线程
停止测试
立即停止测试
线程属性
线程数：
1
Ramp-Up时间（秒）：
1
循环次数
永远
Same user on each iteration
延迟创建线程直到需要
调度器
持续时间（秒）
600
启动延迟（秒）
0

图 9-13　线程组设置

接口请求设置：

- 断言持续时间：200ms（可根据实际项目需求自定义）。
- 接口超时时间：5s（可根据实际项目需求自定义）。
- 响应结果断言：响应结果文本断言（可根据实际项目需求自定义）。
- 思考时间：3000ms（可根据实际项目需求自定义）。

接口请求设置如图9-14所示。

语音NLP请求-单轮
断言持续时间-200ms
接口超时-5s
响应结果断言
思考时间-3s

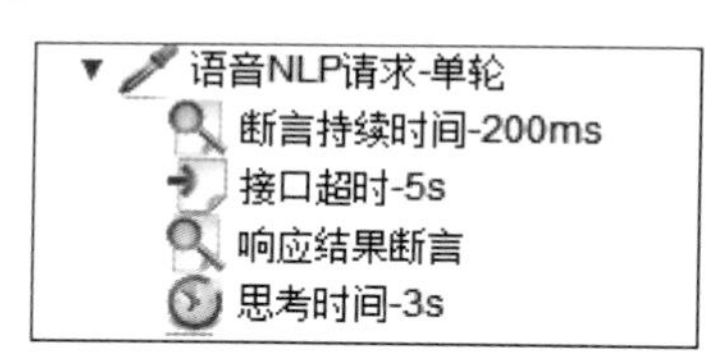

图 9-14　接口请求设置

（2）性能指标监测

性能指标一般分为业务性能指标和资源性能指标。业务性能指标是针对接口本身的性能，比如请求成功率、响应时间、吞吐量等。资源性能指标是针对服务器的系统性能，比如服务器CPU、服务器内存等。

性能指标监测方法：针对业务性能指标，监测可选用JMeter插件监听组件，也可以使用专业的监听工具（influxDB+Grafana），本文选用JMeter插件监听组件。

使用JMeter插件监听组件前，需要下载安装JMeter插件（客户端）。下载安装完成后，使用以下监听组件。

- 查看结果树：监听每个请求执行结果情况，如图9-15所示。

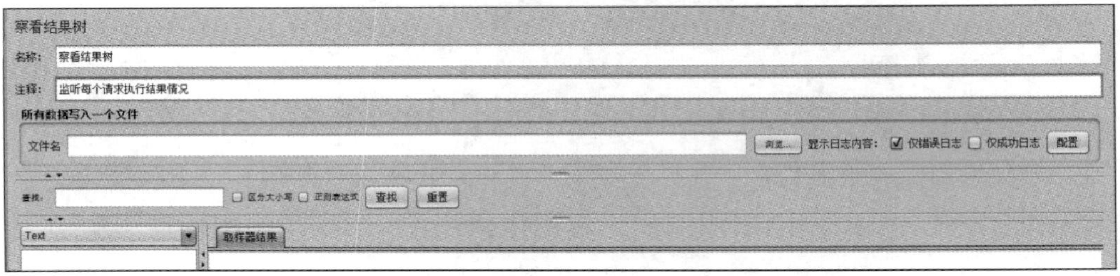

图 9-15　查看结果树

- 聚合报告：监听请求整体执行结果情况（响应时间、请求失败率、吞吐量、接收/发送数据大小等），如图9-16所示。单位：响应时间为ms，其他都有单位标识，在此不多描述。

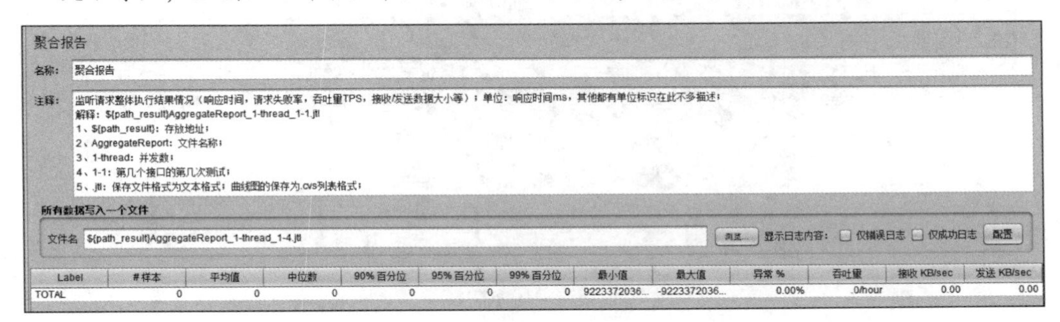

图 9-16　聚合报告

- TPS：监听吞吐量，如图9-17所示，单位：请求数/s。

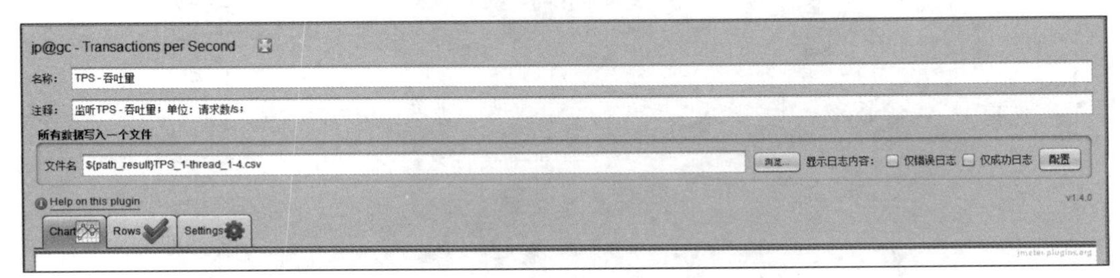

图 9-17　TPS

- 响应时间：监听响应时间走势，如图9-18所示，单位：ms。

图 9-18　响应时间

针对资源性能指标，监测可选用JMeter插件监听组件，也可以使用专业的监听工具（Grafana+Prometheus+node_exporter），接下来选用JMeter插件监听组件。

使用JMeter插件监听组件前，需要下载安装JMeter插件（服务端）。下载安装完成后，使用以下监听组件。

- CPU：监听服务器CPU使用率，如图9-19所示。

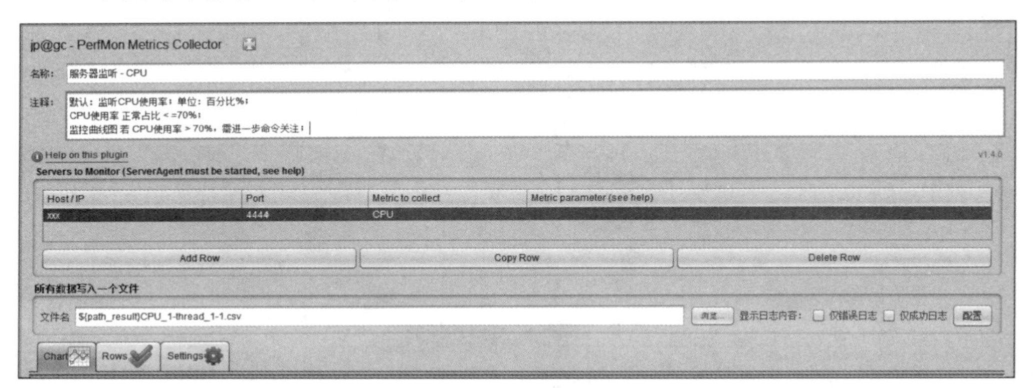

图 9-19　CPU

- 内存：监听服务器内存使用率，如图9-20所示。

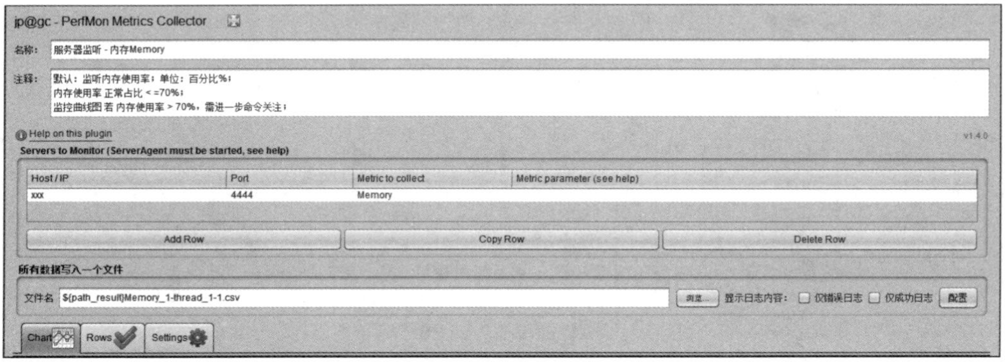

图 9-20　内存

（3）测试执行

运行JMeter脚本，可选用GUI运行模式或非GUI运行模式。若项目对于并发数要求高，则可通过分布式压测方式完成。

① GUI运行模式：单击“开始”按钮即可运行脚本。

② 非GUI运行模式：

```
jmeter -n -t test.jmx -l test.jtl -e -o resultReport（生成的文件夹名称）
```

- -n：非GUI模式执行JMeter。
- -t：执行测试文件所在的位置及文件名。
- -r：远程将所有agent启动，用在分布式测试场景下，不是分布式测试只是单点就不需要-r。
- -l：指定生成测试结果的保存文件，JTL文件格式。
- -e：测试结束后，生成测试报告（比如HTML格式）。
- -o：指定测试报告的存放位置，指定的文件及文件夹必须不存在，否则执行会失败，对应上面的命令就是resultReport文件夹必须不存在，否则报错。
- -H 代理主机：设置JMeter使用的代理主机。
- -P 代理端口：设置JMeter使用的代理主机的端口号。

（4）查看性能测试结果

查看各监听器数据和图形结果。

4. 性能测试数据分析

通过查看各监听器数据和图形结果，对比表9-1所示的性能指标，详细分析接口性能是否达标。

表 9-1　NLP 接口性能测试指标

指标名称	性能指标（默认）	性能指标参考
请求成功率	请求成功率=100%	一般请求成功率正常要求都是 100%，如果项目对于请求成功率要不高，牺牲请求成功率来提高服务性能，可以要求≥99%
响应时间	响应时间≤200ms	一、普通类公司（无特大用户基数） 1. 无数据库操作：响应时间≤200ms。 2. 有数据库操作。 （1）查询类接口 ① 不复杂的查询（比如单表查询、简单多表查询）：响应时间≤200ms。 ② 复杂的查询（比如复杂多表多数据查询，整体请求链路比较长）：响应时间≤500ms。 （2）数据库操作（增删改） 响应时间≤500ms

（续表）

指标名称	性能指标（默认）	性能指标参考
		二、电商类公司（特大用户基数） 普遍要求接口响应时间为 50～100ms
吞吐量	需根据实际项目来评估	根据经验，一般情况下： 金融行业：1000TPS～50000TPS，不包括互联网化的活动。 保险行业：100TPS～100000TPS，不包括互联网化的活动。 制造行业：10TPS～5000TPS。 互联网电子商务：10000TPS～1000000TPS。 互联网中型网站：1000TPS～50000TPS。 互联网小型网站: 500TPS～10000TPS
服务器－CPU	CPU 使用率正常占比≤70%（指标根据公司的标准来规定）	注意≥50% 告警≥70% 严重≥90%
服务器－内存	内存使用率正常占比≤70%（指标根据公司的标准来规定）	注意≥50% 告警≥70% 严重≥90%

注意 接口性能测试是一个很大的测试专题，以上性能指标是测试工作中常用的性能指标，其他如数据库指标、中间件指标、Java应用程序（JVM）指标可根据项目需要添加，本文暂不对这些指标进行测试。

9.5 本章小结

本章主要介绍了AI语音测试另一个重点“性能测试”，包含AI语音应用（App）性能测试和AI语音服务（API）性能测试，详细介绍了这两个方面的性能测试方法，测试时需要监控的性能指标，以及用什么工具或者操作命令去实现监控，最后介绍了如何分析性能测试数据，并以此得出可能存在的性能问题。同时通过具体实例“科大讯飞AI语音SDK”产品和NLP服务接口详细地向读者展示了性能测试的每个步骤和重点内容，最终为读者熟练地掌握AI语音性能测试打下基础。

参 考 文 献

［1］[日]杉山将著.图解机器学习.许永伟译.北京：人民邮电出版社，2015.

［2］[日]山下隆义著.图解深度学习.张弥译.北京：人民邮电出版社，2018.

［3］百度百科.语音：https://baike.baidu.com/item/语音/6140117.

［4］百度百科.语音：https://baike.baidu.com/item/人工智能/9180.

［5］张一梦.从零开始的机器学习：
https://github.com/Yimeng-Zhang/Machine-Learning-From-Scratch.

［6］放飞人夜.人工智能产品经理通识：https://zhuanlan.zhihu.com/p/105454729.

［7］夜空骑士.语音识别技术的前世今生：https://nieson.blog.csdn.net/?type=blog.

［8］科大讯飞MSC开发指南-Android：
https://www.kancloud.cn/iflytek_sdk/msc_manual_andorid/299553.

［9］数说.自然语言处理（NLP）分析：https://blog.csdn.net/weixin_41657760?type=blog.

［10］黄钊.AI技术通识：
https://mp.weixin.qq.com/mp/appmsgalbum?__biz=MjM5NzA5OTAwMA ==&action=getalbum&album_id=1684775601087283209&scene=173&from_msgid=2650005964&from_itemidx=1&count=3&nolastread=1#wechat_redirect.